《智能楼宇管理师》核心内容之一
“工程项目设计流程”和“施工工艺流程”双驱动

综合布线技术与施工

陈云萍◇编著

ZongHe BuXian
JiShu Yu ShiGong

中国商业出版社

图书在版编目(CIP)数据

综合布线技术与施工/陈云萍编著. —北京:中国商业出版社, 2015.8

ISBN 978-7-5044-7343-1

Ⅰ.①综… Ⅱ.①陈… Ⅲ.①智能化建筑-布线-工程施工-教材 Ⅳ.①TU855

中国版本图书馆 CIP 数据核字(2011)第 118538 号

责任编辑:刘树林

中国商业出版社出版发行
010-63180647 www.c-chook.com
(100053 北京广安门内报国寺1号)
新华书店经销
北京京丰印刷厂印刷

* * * * *

787×1092 毫米 开本:1/16 印张:16 字数:300 千字
2015 年 8 月第 1 版 2015 年 8 月第 1 次印刷

定价:35.00 元

* * * *

(如有印装质量问题可更换)

内容简介

本书深入浅出地介绍了综合布线系统的最新标准、最新技术和最新产品，涵盖了综合布线系统的规划、设计、实施、连接、管理、测试和验收等内容，并提供了大量综合布线实训项目和经典的综合布线设计方案。

本书是根据计算机网络技术及相关专业教学需要，培养熟练网络综合布线工程设计、施工和管理人员，为便于教学，提高学生的动手实践能力而编写，主要内容共分为四大篇十个项目。四大篇包括智能楼宇综合布线系统的构建、智能楼宇综合布线系统的设计、智能楼宇综合布线系统工程的测试与验收和 综合布线系统工程综合应用，全面讲述了综合布线基本技能和施工技术。本书层次清晰，图文并茂，操作实用性强。主要实训内容包括：网络配线和端接实训、网络跳线制作和测试实训、工作区子系统布线实训、水平子系统布线——PVC 线槽/管布线实训、水平子系统布线——支架固定 PVC 线槽/线管布线实训、水平子系统布线——桥架布线方式实训、垂直子系统布线——PVC 线槽/线管布线实训、垂直子系统布线——钢缆绑扎线缆实训、设备间子系统布线——机柜安装实训、管理区子系统——配线架、理线环安装实训等。

本书内容新、知识全，语言表述流程准确，具体操作实用性强，注重培养动手能力和分析能力。本书适合作为高职高专网络技术类、计算机通信类等专业的教材，也适合综合布线系统工程产品选型、方案设计、安装施工、测试与验收等相关工程技术人员阅读，同时可作为综合布线系统工程培训班教材。

前言

在信息时代,计算机网络的应用越来越广泛,各行各业都在建设本单位的网络工程,人们逐渐认识到网络布线的重要性。目前,计算机网络的布线主要采用综合布线系统,除了能够传送数据外,还能传送语音、图像、视频等信息,使语音、数据、图像、视频通信形成一个统一的系统,与公共网络相连。由此可见,综合布线系统是一条适应信息时代的建筑物内的“信息高速公路”。

综合布线系统具有统一的工业标准和严格的规范,是一个集标准与标准测试于一体的完整系统,具有高度的灵活性,能满足各种不同用户的需求。随着综合布线系统在网络工程中的广泛应用,每一个需要信息通信的建筑物都需要采用综合布线系统,这样就促使越来越多的行业需要了解综合布线系统的基础知识,社会上也需要大量的具有综合布线系统知识和技能的技术人员。

综合布线技术与施工课程是计算机网络技术专业课程体系中的一门核心专业课程,具有重要的地位。目前需要综合布线系统技术人员的单位主要有大型系统集成商,综合布线系统产品生产厂家、销售部门,综合布线系统施工单位、政府、学校、企业、网络工程监理公司等。他们从事综合布线系统产品的选型,方案设计,系统安装,系统测试、验收、维护和工程管理等工作。

本书以国家最新标准《综合布线系统工程设计规范》(GB 50311－2007)和《综合布线系统工程验收规范》(GB 50312－2007)为主要依据,并参考了 ANSI/TIA/EIA－568－B/C. ANSI/TIA/EIA－569－B. ISO/IEC 11801－2002 等国际最新标准和我国通信行业最新其他标准,如《住宅通信综合布线系统》(YD/T 1384－2005)、《大楼通信综合布线系统》(YD/T 926.1～3－2001)、《综合布线系统工程施工监理暂行规定》(YD 5124－2005)等,以及最新发布的数据中心布线系统设计与施工技术,光纤、屏蔽布线系统的设计与施工检测技术,综合布线系统管理与运行维护技术等白皮书,反映了综合布线系统领域最新的技术和成果。

全书共分四大篇 10 个项目,内容安排如下。

第一部分是智能楼宇综合布线系统的构建,共 4 个项目。内容主要包括智能建筑的概念、构成,综合布线系统概念、特点、应用范围以及综合布线系统的发展趋势;综合布线系统的标准,综合布线系统的构成、网络拓扑结构、子系统构成、实际工程结构,信道与链路,系统应用,综合布线系统选择,设计原则与步骤以及用户信息需求的调查和预测;综合布线系统工程中使用的传输介质(包括双绞线电缆、同轴电缆、光纤、无线与传输介质的选择),双绞线连接器件,光纤连接器件,布线器材(包括线管、线槽、桥架、机柜)和国内外综合布线系统厂商与产品选型。

第二部分是智能楼宇综合布线系统的设计,共 2 个项目。内容主要包括工作区、配线、干线、设备间、进线间、管理、建筑群等子系统的设计范围、线缆选择、布线方法、配置设计、设计步骤等内容以及综合布线系统的电气防护系统设计、接地系统设计和防火设计；综合布线系统工程施工技术。内容主要包括工程安全施工，工程施工的特点、施工阶段的划分、施工的依据和相关文件、安装施工的基本要求，施工前的准备工作及管路和槽道安装施工等；缆线施工范围和要求，电缆布线工具，引入建筑物的缆线施工和建筑物间缆线施工布线，配线子系统水平电缆布线施工，建筑物主干缆线施工，与其他系统合用的施工方法，双绞线电缆终接，机柜与配线设备的安装以及双绞线链路的连接和整理；光缆布线施工工具，基本要求，建筑物内光缆的敷设施工，建筑群干线光缆敷设施工，光缆通过进线间引入建筑物，吹光纤技术，光缆的接续和终端及光缆的连接与管理等。

第三部分是智能楼宇布线系统工程的测试与验收共3个项目。内容主要包括综合布线系统测试类型、标准，电缆传输通道认证测试，光纤传输通道测试，工程验收和工程的维护管理；数据中心概念，数据中心布线系统设计，数据中心布线系统安装与测试。

第四部分是智能楼宇布线系统工程综合应用。内容主要包括网络综合布线实训室设计案例，校园网综合布线系统设计案例，办公楼综合布线系统设计案例，智能化小区综合布线系统设计案例。

本书由陈云萍编著，在编写中得到德州职业技术学院领导的大力支持，王春莲老师对实训案例进行了整理，山东济南飞越机电科技有限公司王连文经理策划，在此表示感谢。

由于综合布线系统的技术发展速度较快，且尚有不少课题需继续深入探讨和开拓研究，今后必然会逐渐完善和提高。此外，因编写时间仓促，加之作者的业务素质和技术水平以及实际经验有限，书中难免有疏忽、遗漏之处，恳请读者提出宝贵意见和建议，以便今后改进和修正。作者 E－mail 地址为 cyp7786@ sina. com.

编者

2015 年 8 月

目 录

第四篇　智能楼宇布线系统工程应用

附录：

第一篇 智能楼宇综合布线系统的构建

项目一　综合布线系统

◆ 项目描述

综合布线系统是指建筑物内或建筑物之间的弱电线路系统集成，是信息传输的通道，是智能建筑的“信息高速公路”。综合布线是随着智能建筑概念的提出和兴起而出现的。它也是建筑技术与信息技术相结合的产物，是计算机网络工程的基础。

1.1 综合布线系统概述

综合布线系统的对象是建筑物或楼宇内的传输网络，以使话音和数据通信设备、交换设备和其他信息管理系统彼此相连，并使这些设备与外部通信网络连接。它包含着建筑物内部和外部线路（网络线路、电话局线路）间的民用电缆及相关的设备连接措施。布线系统是由许多部件组成的，主要有传输介质、线路管理硬件、连接器、插座、插头、适配器、传输电子线路、电气保护设施等，并由这些部件来构造各种子系统。

综合布线系统应该说是跨学科跨行业的系统工程，作为信息产业体现在以下几个方面：

(1) 楼宇自动化系统(BA)；

(2) 通信自动化系统(CA)；

(3) 办公室自动化系统(OA)；

(4) 计算机网络系统(CN)。

随着 Internet 网络和信息高速公路的发展，各国的政府机关、大的集团公司也都在针对自己的楼宇特点，进行综合布线，以适应新的需要。搞智能化大厦、智能化小区已成为新世纪的开发热点。理想的布线系统表现为：支持语音应用、数据传输、影像影视，而且最终能支持综合型的应用。由于是综合型的语音和数据传输，网络布线系统选用的线材、传输介质是多样的（屏蔽、非屏蔽双绞线、光缆等）。

综合布线一般采用星形拓扑结构，该结构下的每个分支子系统都是相对独立的单元，对每个分支子系统的改动都不影响其他子系统，只要改变节点连接方式就可使综合布线在星形、总线型、环形、树形等结构之间切换。

综合布线模块化结构。按每个模块的作用，可把它划分为6个部分，如图1－1所示。把它们概括为“一间、二区、三系统”，即：设备间、工作区、管理区、水平干线、垂直干线、楼宇（建筑群）。

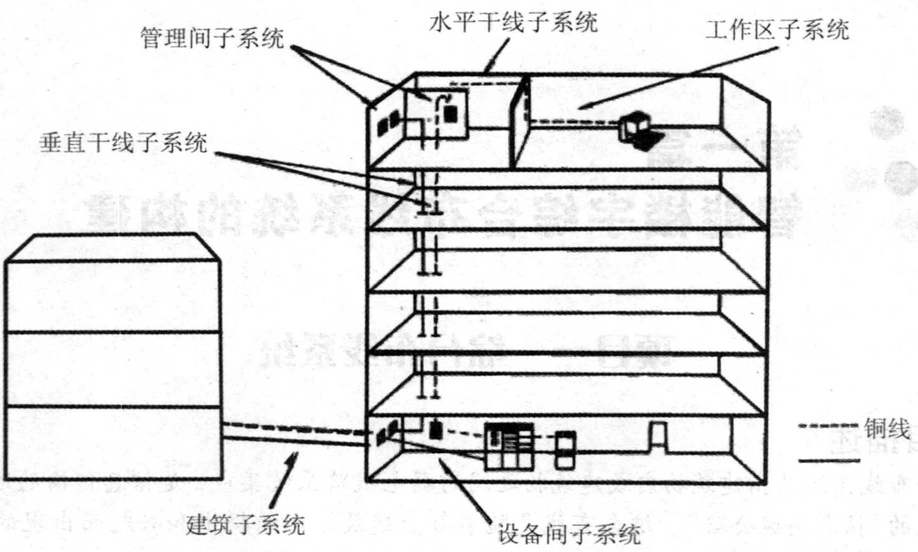

图 1－1　综合布线系统

1. 工作区子系统

工作区子系统又称为服务区(C·rerageArea)子系统，它是由 RJ45 跳线与信息座所连接的设备(终端或工作站)组成。其中，信息座有墙上型、地面型、桌上型等多种。

工作区子系统中所使用的连接器必须具备有国际 ISDN 标准的 8 位接口，这种接口能接受楼宇自动化系统所有低压信号以及高速数据网络信息和数码声频信号。

2. 水平干线子系统

水平干线(H·riz·ntalBackb·ne)子系统也称为水平子系统。水平干线子系统是整个布线系统的一部分，它是从工作区的信息插座开始到管理区子系统的配线架。结构一般为星型结构，它与垂直干线子系统的区别在于:水平干线子系统总是在一个楼层上，仅与信息插座、管理区连接。在综合布线系统中，水平干线子系统由 4 对 UTP(非屏蔽双绞线)组成，能支持大多数现代化通信设备，如果有磁场干扰或信息保密时可用屏蔽双绞线。在高宽带应用时，可以采用光缆。

从用户工作区的信息插座开始，水平布线子系统在交叉处连接，或在小型通信系统中的以下任何一处进行互联:远程(卫星)通信接线间、干线接线间或设备间。在设备间中，当终端设备位于同一楼层时，水平干线子系统将在干线接线间或远程通信(卫星)接线间的交叉连接处连接。在水平干线子系统的设计中，综合布线的设计必须具有全面介质设施方面的知识，能够向用户或用户的决策者提供完善而又经济的设计。

3. 管理区子系统

管理区子系统(Administrati·nSubsystem)由交连、互联和 I/O 组成。管理区为连接其他子系统提供手段，它是连接垂直干线子系统和水平干线子系统的设备，其主要设备是配线架、HUB 和机柜、电源。

交连和互联允许将通信线路定位或重定位在建筑物的不同部分，以便能更容易地管理通信线路。I/O 位于用户工作区和其他房间或办公室，使在移动终端设备时能够方便地进行插拔。

在使用跨接线或插入线时，交叉连接允许将端接在单元一端的电缆上的通信线路连接到端接在单元另一端的电缆上的线路。跨接线是一根很短的单根导线，可将交叉连接处的二根导线端点连接起来；插入线包含几根导线，而且每根导线末端均有一个连接器。插入线为重新安排线路提供了一种简易的方法。

互联与交叉连接的目的相同，但它不使用跨接线或插入线，只使用带插头的导线、插座、适配器。互联和交叉连接也适用于光纤。

在远程通信（卫星）接线区，如果是安装在墙上的布线区，交叉连接可以不要插入线，因为线路经常是通过跨接线连接到 I/·上的。

4. 垂直干线子系统

垂直干线子系统也称骨干（RiserBackb·ne）子系统，它是整个建筑物综合布线系统的一部分。它提供建筑物的干线电缆，负责连接管理区子系统到设备间子系统的子系统，一般使用光缆或选用大对数的非屏蔽双绞线。它也提供了建筑物垂直干线电缆的路由。该子系统通常是在二个单元之间，特别是在位于中央节点的公共系统设备处提供多个线路设施。该子系统由所有的布线电缆组成，或有导线和光缆以及将此光缆连到其他地方的相关支撑硬件组合而成。传输介质可能包括一幢多层建筑物的楼层之间垂直布线的内部电缆或从主要单元如计算机房或设备间和其他干线接线间来的电缆。

为了与建筑群的其他建筑物进行通信，干线子系统将中继线交叉连接点和网络接口（由电话局提供的网络设施的一部分）连接起来。网络接口通常放在设备相邻的房间。

垂直干线子系统还包括：

（1）垂直干线或远程通信（卫星）接线间、设备间之间的竖向或横向的电缆走向用的通道；

（2）设备间和网络接口之间的连接电缆或设备与建筑群子系统各设施间的电缆；

（3）垂直干线接线间与各远程通信（卫星）接线间之间的连接电缆；

（4）主设备间和计算机主机房之间的干线电缆。

5. 楼宇（建筑群）子系统

楼宇（建筑群）子系统也称校园（CampusBackb·ne）子系统，它是将一个建筑物中的电缆延伸到另一个建筑物的通信设备和装置，通常是由光缆和相应设备组成，建筑群子系统是综合布线系统的一部分，它支持楼宇之间通信所需的硬件，其中包括导线电缆、光缆以及防止电缆上的脉冲电压进入建筑物的电气保护装置。

在建筑群子系统中，会遇到室外敷设电缆问题，一般有三种情况：架空电缆、直埋电缆、地下管道电缆，或者是这三种的任何组合，具体情况应根据现场的环境来决定。设计时的要点与垂直干线子系统相同。

6. 设备间子系统

设备间子系统也称设备（Equipment）子系统。设备间子系统由电缆、连接器和相关支撑硬件组成。它把各种公共系统设备的多种不同设备互联起来，其中包括邮电部门的光缆、同轴电缆、程控交换机等。设计时注意要点为：

（1）设备间要有足够的空间保障设备的存放；

（2）设备间要有良好的工作环境（温度湿度）；

（3）设备间的建设标准应按机房建设标准设计。

对于上述 6 个子系统的详细设计，将在本书第六章介绍。

1.2 综合布线系统的优点

综合布线的主要优点为：

(1) 结构清晰，便于管理维护。

传统的布线方法是，各种不同的设施的布线分别进行设计和施工，如电话系统、消防与安全报警系统、能源管理系统等都是独立进行的。一个自动化程度较高的大楼内，各种线路如麻，拉线时又免不了在墙上打洞，在室外挖沟，造成一种“填填挖挖挖挖填，修修补补补补修”的难堪局面，而且还造成难以管理，布线成本高、功能不足和不适应形势发展的需要。综合布线就是针对这些缺点而采取的标准化的统一材料、统一设计、统一布线、统一安装施工，做到结构清晰，便于集中管理和维护。

(2) 材料统一先进，适应今后的发展需要。

综合布线系统采用了先进的材料，如五类非屏蔽双绞线，传输的速率在100Mbps以上，完全能够满足未来5~10年的发展需要。

(3) 灵活性强，适应各种不同的需求，使综合布线系统使用起来非常灵活。一个标准的插座，既可接入电话，又可用来连接计算机终端，实现语音/数据点互换，可适应各种不同拓扑结构的局域网。

(4) 便于扩充，既节约费用又提高了系统的可靠性。

综合布线系统采用的冗余布线和星型结构的布线方式，既提高了设备的工作能力又便于用户扩充。虽然传统布线所用线材比综合布线的线材要便宜，但在统一布线的情况下，可统一安排线路走向，统一施工，这样就减少用料和施工费用，也减少了使用大楼的空间，而且使用的线材是一个较高质量的材料。

1.3 综合布线系统标准

1. 综合布线系统标准

目前综合布线系统标准一般为CECS92:97和美国电子工业协会、美国电信工业协会的EIA/TIA为综合布线系统制定的一系列标准。这些标准主要有下列几种：

(1) EIA/TLA-568民用建筑线缆标准；

(2) EIA/TIA-569民用建筑通信通道和空间标准；

(3) EIA/TIA-607民用建筑中有关通信接地标准；

(4) EIA/TIA-606民用建筑通信管理标准。

(5) TSB67、TSB95。

这些标准支持下列计算机网络标准：

(1) IEE802.3总线局域网络标准；

(2) IEE802.5环形局域网络标准；

(3) FDDI光纤分布数据接口高速网络标准；

(4) CDDI铜线分布数据接口高速网络标准；

(5) ATM异步传输模式。

2007年4月6日，中华人民共和国建设部发布了中华人民共和国国家标准《综合布线系统工程设计规范》(GB/T50311-2007)，并于2007年10月1日实施。

2. 综合布线标准要点

无论是 GB/T50311－2007，还是 EIA/TIA 制定的标准，其标准要点为：

（1）目的

规范一个通用语音和数据传输的电信布线标准，以支持多设备、多用户的环境；为服务于商业的电信设备和布线产品的设计提供方向；能够对商用建筑中的结构化布线进行规划和安装，使之能够满足用户的多种电信要求；为各种类型的线缆、连接件以及布线系统的设计和安装建立性能和技术标准。

（2）范围

标准针对的是"商业办公"电信系统；布线系统的使用寿命要求在 10 年以上。

（3）标准内容

标准内容为所用介质、拓扑结构、布线距离、用户接口、线缆规格、连接件性能、安装程序等。

（4）几种布线系统涉及范围和要点

水平干线布线系统：涉及水平跳线架，水平线缆；线缆出入口/连接器，转换点等；垂直干线布线系统：涉及主跳线架、中间跳线架；建筑外主干线缆，建筑内主干线缆等；UTP 布线系统：UTP 布线系统传输特性划分为 5 类线缆：

· 5 类：指 100M/Hz 以下的传输特性。

· 4 类：指 20M/Hz 以下的传输特性。

· 3 类：指 16M/Hz 以下的传输特性。

· 超 5 类：指 155M/Hz 以下的传输特性。

· 6 类：指 200M/Hz 以下的传输特性。

目前主要使用 5 类、超 5 类。

光缆布线系统：在光缆布线中分水平干线子系统和垂直干线子系统，它们分别使用不同类型的光缆。

· 水平干线子系统：62.5/125μm 多模光缆（入出口有 2 条光缆），多数为室内型光缆。

· 垂直干线子系统：62.5/125μm 多模光缆或 10/125μm 单模光缆。

综合布线系统标准是一个开放型的系统标准，它能广泛应用。因此，按照综合布线系统进行布线，会为用户今后的应用提供方便，也保护了用户的投资，使用户投入较少的费用，便能向高一级的应用范围转移。

1.4 综合布线系统的设计等级

对于建筑物的综合布线系统，一般定为三种不同的布线系统等级。它们是：

（1）基本型综合布线系统；

（2）增强型综合布线系统；

（3）综合型综合布线系统。

下面简述之。

1. 基本型综合布线系统

基本型综合布线系统方案，是一个经济有效的布线方案。它支持语音或综合型语音/数据产品，并能够全面过渡到数据的异步传输或综合型布线系统。它的基本配置：

（1）每一个工作区有 1 个信息插座；

(2) 每一个工作区有一条水平布线 4 对 UTP 系统；
(3) 完全采用 110A 交叉连接硬件，并与未来的附加设备兼容；
(4) 每个工作区的干线电缆至少有 2 对双绞线。
它的特性为：
(1) 能够支持所有语音和数据传输应用；
(2) 支持语音、综合型语音/数据高速传输；
(3) 便于维护人员维护、管理；
(4) 能够支持众多厂家的产品设备和特殊信息的传输。
2. 增强型综合布线系统
增强型综合布线系统不仅支持语音和数据的应用，还支持图像、影像、影视、视频会议等。它具有为增加功能提供发展的余地，并能够利用接线板进行管理，它的基本配置：
(1) 每个工作区有 2 个以上信息插座；
(2) 每个信息插座均有水平布线 4 对 UTP 系统；
(3) 具有 110A 交叉连接硬件；
(4) 每个工作区的电缆至少有 8 对双绞线。
它的特点为：
(1) 每个工作区有 2 个信息插座，灵活方便、功能齐全；
(2) 任何一个插座都可以提供语音和高速数据传输；
(3) 便于管理与维护；
(4) 能够为众多厂商提供服务环境的布线方案。
3. 综合型综合布线系统
综合型布线系统是将双绞线和光缆纳入建筑物布线的系统。它的基本配置：
(1) 在建筑、建筑群的干线或水平布线子系统中配置 62.5μm 的光缆；
(2) 在每个工作区的电缆内配有 4 对双绞线；
(3) 每个工作区的电缆中应有 2 对以上的双绞线。
它的特点为：
(1) 每个工作区有 2 个以上的信息插座，不仅灵活方便而且功能齐全；
(2) 任何一个信息插座都可供语音和高速数据传输；
(3) 有一个很好环境，为客户提供服务。

1.5 综合布线系统的设计要点

综合布线系统的设计方案不是一成不变的，而是随着环境、用户要求来确定的。其要点为：
(1) 尽量满足用户的通信要求；
(2) 了解建筑物、楼宇间的通信环境；
(3) 确定合适的通信网络拓扑结构；
(4) 选取适用的介质；
(5) 以开放式为基准，尽量与大多数厂家产品和设备兼容；
(6) 将初步的系统设计和建设费用预算告知用户。
在征得用户意见并订立合同书后，再制定详细的设计方案。

1.6 综合布线系统的发展趋势

随着计算机技术的迅速发展，综合布线系统也在发生变化，但总的目标是向两个方向运动，具体表现为：

(1) 下一代的布线系统——集成布线系统；

(2) 智能大厦小区——家居布线系统。

1.6.1 集成布线系统

集成布线系统(T · talBuildingIntegrati · nCabling，TBIC)是美国西蒙公司于 1999 年 1 月在我国推出的。TBIC 系统扩展了结构化布线系统的应用范围，以双绞线、光缆和同轴电缆为主要传输介质支持话音、数据及所有楼宇自控系统弱电信号远传的连接。为大厦铺设一条完全开放的、综合的信息高速公路。它的目的是为大厦提供一个集成布线平台，使大厦真正成为即插即用(Plug&play)大厦。

结构化布线系统(StructuredCablingSystem)的诞生解决了电话和网络系统的综合布线问题。它独立于应用系统，支持多厂商和多系统应用，配置灵活方便，满足现在及未来需要。现在结构化布线早已成为一个国际标准，为大楼提供了综合的电讯系统的支持服务。

1. TBIC 系统的作用和意义

(1) 对大楼论证期的支持

· 系统集成支持。在当今系统集成技术尚不成熟的条件下使大楼具备将来不断装备新系统的能力是 TBIC 的功能之一。TBIC 使大厦具有不断学习的能力。业主可根据大楼具体特点、资金到位情况及当时技术水平合理选择系统，综合考虑哪个系统要上以及何时上等关键问题，同时不必忧虑未来扩充及采用新技术需要。因为集成布线为大厦提供了一个即插即用的物理平台。随着科技发展，许多全新的应用系统会陆续出现，集成布线的即插即用功能使增强新系统成为一件简单的事情。

· 有利于公平竞争。统一布线平台使属于同一应用系统的不同承包商之间的报价更具有可比性，使系统选择更加透明，从而简化了系统选择。

· 使业主拥有更大的自主权。有一著名的市场销售案例是：一家剃须刀厂商免费发送剃须刀，当产品被市场接受以后，提高刀片价格，使用户要更多的钱去买厂家的专利刀片。统一开放式的布线平台使应用系统更换、升级换代具有更大的选择性。TBIC 把选择产品的更大的自主权还给用户，有利于消除“骑虎难下”的被动局面。

(2) 对大楼设计期的支持

一个设计师统一考虑大楼的布线方案，这有利于统筹兼顾整座大厦的互联要求，他站在系统的高度设计布线，对线缆之间进行统一设计，充分利用资源，保护用户投资。这对设计者也提出了更高的要求。

(3) 对大楼施工期的支持

· 布线系统施工。一个布线施工队伍进行统一布线施工，使用相同的线缆和走线方式，不仅降低材料和人工的综合费用，而且大大减少了不同施工队在同一时间和同一地点施工的机率，减少了由此带来的施工管理上的困难。

· 应用系统施工。对应用系统来说，管线施工是一件低效费时的工作，现在全委托给同一个施工队进行统一施工，这样有利于提高工作效率，使从土建→布线→设备安装这一施工过程层次更加分明。集成布线系统使施工管理更加线性化。这一阶段的关键是如何协调各应用系统施工队之间的配合。这对集成布线系统承包商也提出了更高的要求。

（4）对大楼运行及维护期的支持

· 单一布线系统使培训费用降低；

· 所有线缆具备可管理性，有利于快速查找系统故障点；

· 线缆可重复使用；

· 增加新系统易如反掌。

2. 几个共同关心的问题

系统造价。价格是大楼业主最关心的要素之一。TBIC 系统使业主是增加投资还是减少投资？幅度是多少？这两个问题也是我们一直所关注的。根据西蒙公司在美国市场的估算，TBIC 使业主减少约 10% ~20% 的相对于传统布线系统的投资，若算上整个生命周期中节约的费用，相信会超过 30%。

工业标准。大厦集成布线系统正逐渐成为一种国际潮流，越来越多的厂家和标准化组织已意识到集成布线系统的重要性和必要性。美国楼宇工业通讯服务国际协会（BuildingIndustryC · mmunicati · nServiceInternati · nal，BICSI）已在着手制定相应的标准及设计安装手册。

IS · /IEC 也正在准备颁布集成布线系统的标准。西蒙公司是这些标准化组织的积极成员，TBIC 系统正是与这些即将颁布的标准相兼容。

西蒙公司对集成布线系统作了如下的设计指南：

因为各弱电子系统都是网络化的，所以它们都可以很容易纳入电信布线系统中来。TBIC 就是这样一套为所有弱电远传信号提供传输通路的集成布线系统。TBIC 的子系统与美国一标准 ANSI/EIA/TIA－568A 及国际布线标准 IS · /IEC11801 兼容。

（1）系统组成及拓扑结构

主子系统的物理拓扑结构仍采用常规的星形结构，即从主配线架（MC）、经过互联配线架（IC）到楼层配线架（HC），或直接从 MC 到 HC。

水平系统从 HC 配置成单星形或多星形结构。单星形结构是指从 HC 直接连到设备上，而多星形结构则要通过另一层星形结构—区域配线架（Z · neCr · ss－c · nnect，ZC），为应用系统提供了更大的灵活性。TBIC 系统的拓扑结构如图 1－2 所示。

（2）长度限制要求：

MC 与任何一个 HC 之间的距离不能超过：

· 3000m－单模光纤；

· 2000m－62.5/125 或 50/125μm 多模光纤；

· 800m－UTP/ScTP 电缆。

IC 与任何一个 HC 之间的距离不能超过 500m；无论使用哪种传输介质，从 HC 到信息出口的最大距离不能超过 90m；整个水平通讯的最大传输距离为 100m。

（3）子系统

与结构化布线系统相比，各子系统是一致的。惟一区别是在 TBIC 系统中针对 BAS 的应用，允许使用区域配线架来取集合点。

（4）区域配线架

区域配线架为水平布线的连接提供了更灵活、方便的服务。它类似集合点的概念，而且可以与集合点并排安装在同一地点。ZC 的主要用途是连接楼宇控制系统的设备，而集合点(CP)是用于连接信息出口/连接器。

ZC 允许跳线，安装各种适配器和有源设备，而集合点不能。有源设备包括各种控制器、电源和电气设备。从 ZC 到现场设备的连接可用星形、菊花链或任何一种连接方式，它是自由拓扑结构。它给出了许多现场信号(比如消防报警信号)，这使设计者有更大的自由度去按照本系统要求进行连接。

(5) 区域配线架安装位置

以下的各种因素需要考虑:楼层面积、现场设备数量、有源设备及电源要求、连接硬件种类、对保护箱的要求、与集合点并存。

区域配线架应安装在所有服务区域的中心位置附近，这有利于减少现场电缆长度。

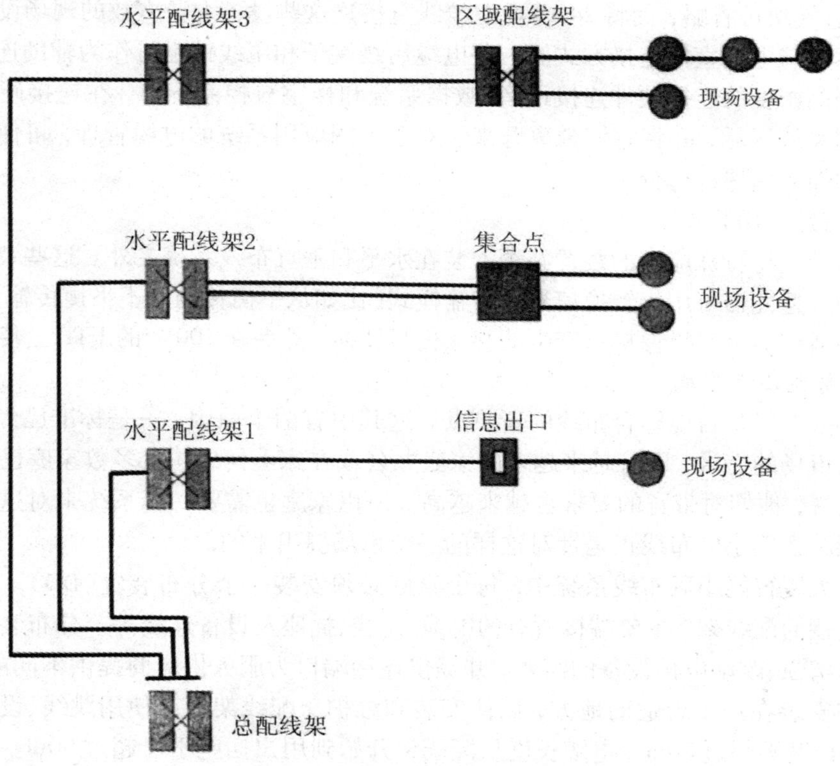

图 1-2　西蒙 TBIC 系统的拓扑结构

(6) 现场设备的连接

根据现有的系统应用，现场设备连接可分为两种:第一种是星形连接方式，也就是设备直接通过水平线缆连接到 HC 或 ZC。第二种是自由连接方式，一些现场设备可使用桥式连接或 T 形连接至 ZC。

这种自由连接方式只能用于连接 ZC 与现场设备。从 HC 到 ZC 或从 HC 到到现场设备的连接必须使用星形连接方式。

(7) 楼控系统控制盘位置

网络化的控制器可用一个信息插座来连接，也可以直接连到 ZC 或 CP 上。若使所有设备连接并具有最强的灵活性，各应用系统的控制器(如 DDC 控制器)应靠近 ZC 或 HC，因为控制器处于布线连接的中心位置。

(8) 共用线缆

当布线系统支持多种应用时，比如语音、数据、图像以及所有的弱电控制信号等，一根线缆支持多种应用是不允许的。应用独立的线缆支持某一特定应用。例如，当使用2芯线来连接一个特定的现场设备时，4对UTP电缆中的剩余的6芯线不可用于其他应用，但可用于支持同一应用系统的其他用途，如作为24V电源线等。

(9) 连接硬件

每个用于连接水平布线或垂直布线的连接硬件应支持某些具体应用系统。

当现场设备具备RJ45或RJ11插孔时，应选用MC系列的、具备相同或更高传输特性的连线。MC系列连接线分T568A和T568B两种不同的标准型，可被用作连接系统控制器和操作员工作站，或其他标准的网络节点的场所。当用于连接其他现场设备时(像传感器和执行器等)，信息模块可省略，而将24AWG双绞线直接连这些设备上。多数的现场设备的连接是使用压线螺丝与电缆直接连接方式。一些电缆压线端子和压线针也可作为辅助连接方式。

当使用高密度的连接硬件连接语音/数据系统和楼宇自控系统时，在连接硬件上必须明确划分应用系统区域，并将它们分离开来。对于不同应用系统的电缆管理，可使用带不同颜色的标签和插入模块进行分辨。

(10) 特殊应用装置

所有用于支持特殊应用的装置必须安装在水平和垂直布线系统之外。这些装置包括各种适配器。用户适配器可用于转换信号的传输模式(比如从平衡传输到不平衡传输)。比如，一个基带视频适配器可对摄像机所产生的视频信号转换，然后在100W的UTP上传输。

1.6.2 智能小区布线

智能小区布线是目前综合布线的新热点。这其中有两个原因，一是标准已经成熟，另外一个原因是市场的需求，即有越来越多的家庭办公或在家上网，并且多数家庭已不止一部电话和一台电视，他们对带宽的要求也越来越高。所以家庭也需要一套系统来对这些接线进行有效的管理。智能小区布线正是针对这样的一个市场提出来的。

在多层大厦智能小区布线系统中，每个家庭必须安装一个分布装置(DD)。分布装置是一个交叉连接的配线架，主要端接所有的电缆、跳线、插座及设备连线等。分布装置配线架主要提供用户增强、改动电信设备的需要，并提供连接端口为服务供应商提供不同的系统应用。配线架必须安装在一个合适的地方，以便安装和维护。配线架可以使用跳线、设备线来提供互联方法，长度不超过10m。电缆长度从配线架开始到用户插座不可超过90m。如两端加上跳线和设备连线后，总长度不可超过100m。所有新建筑从插座到配线架电缆必须埋于管道内，不可使电缆外露。主干必须采用星形拓扑方法连接，介质包括光缆、同轴电缆和非屏蔽双绞线，并使用管道保护。通信插座的数量必须满足需要。插座必须安装于固定的位置上，如果使用非屏蔽双绞线必须使用8芯568A(或568B)接线方式。如果某网络及服务需要连接一些特别的电子部件，如分频器、放大器、匹配器等，必须安装于插座外。

智能小区布线除支持数据、语音、电视媒体应用外，还可提供对家庭的保安管理和对家用电器的自动控制以及能源自控等。

智能小区和办公大楼的主要区别在于智能小区是独门独户，且每户都有许多房间，因此布线系统必须以分户管理为特征的。一般来说，智能小区每一户的每一个房间的配线都应是独立的，使住户可以方便地自行管理自己的住宅。另外，智能小区和办公大楼布线的一个较大的区别是智能住宅需要传输的信号种类较多，不仅有语音和数据，还有有线电视、楼宇对讲等。因此，智能小区每个房间的信息点较多，需要的接口类型也较为丰富。由于智能小区有以上特点，所以建议房地产开发商在建筑智能住宅时，最好选用专门的智能布线产品。

◇ 项目小结：

本项目阐述综合布线系统的基础；综合布线系统的优点；综合布线系统标准；综合布线系统的设计等级；综合布线系统的发展趋势。

要求学员掌握综合布线系统的概念、组成、优点、标准、设计等级的要点。

习题及思考

1. 综合布线系统由哪六个子系统组成？
2. 综合布线的主要优点是什么？
3. 综合布线系统标准是什么？
4. 综合布线的设计等级有哪些？

■ 实训一　了解综合布线系统图的绘制

一、实训目的

1. 掌握综合布线系统逻辑图、信息点分布图、缆线敷设路由图的绘制
2. 掌握设备材料清单编制

二、实训器材

Auto · CAD 绘图软件

三、实训内容

1. 通过现场勘察了解综合实验楼的建筑结构，仔细研究建筑物平面图
2. 分析用户需求，制定设计标准和设计等级
3. 确定设备间位置，信息点数及分布
4. 绘制布线系统逻辑图、信息点分布图、缆线敷设路由图
5. 根据用户需求和设计等级，确定线缆类型和数量
6. 根据信息点数量确定配线架和信息模块类型和数量
7. 根据 5 、6 两项内容确定其他材料和设备
8. 编制设备材料清单

项目二　综合布线系统标准与规范

◆ 项目描述

由于我国对计算机的信息、网络布线方面的标准规制比国外晚几年，现在逐步在各行业中建立起标准或条例。现介绍标准中的主要内容。

2.1 系统设计

(1)综合布线系统(GCS)应是开放式结构，应能支持语音、数据、图像、多媒体业务等信息的传递。

设计综合布线系统应采用星型拓扑结构，该结构下的每个分支子系统都是相对独立的单元，对每个分支单元系统改动都不影响其他子系统。只要改变结点连接就可使网络的星型、总线、环形等各种类型网络间进行转换。

(2)本规范参考 GB 50311 －2007《综合布线系统工程设计规范》国家标准的规定，将建筑物综合布线系统分为以下七个子系统：

工作区子系统、配线(水平)子系统、干线(垂直)子系统、设备间子系统、管理子系统、建筑群子系统、进线间子系统。

(3)智能建筑与智能建筑园区的工程设计，应根据实际需要，选择适当型级的综合布线系统，宜符合下列要求：

①基本型，适用于综合布线系统中配置标准较低的场合，用铜芯对绞电缆组网。

基本型综合布线系统配置：

·每个工作区有 1 个信息插座；·每个工作区的配丝电缆为 1 条 4 对对绞电缆。

·采用夹接式交接硬件；·每个工作区的干线电缆至少有 2 对对绞线。

②增强型，适用于综合布线系统中中等配置标准的场合，用铜芯对绞电缆组网。

增强型综合布线系统配置：

·每个工作区有 2 个或以上信息插座；·每个工作区的配线电缆为 2 条 4 对对绞电缆。

·采用增值接式或插接交接硬件；·每个工作区的干线电缆至少有 3 对对绞线。

③综合型，适用于综合布线系统中配置标准较高的场合，用光缆和铜芯对绞电缆混合组网。

综合型综合布线系统配置应在基本型和增强型综合布线的基础上增设光缆系统。

所有基本型、增强型、综合型综合布线系统都能支持话音/数据等系统，能随工程的需要转向更高功能的布线系统。

它们之间的主要区别在于：支持话音和数据服务所采用的方式，以及在移动和重新布局时实施线路管理的灵活性。

基本型综合布线系统大多数能支持话音/数据，其特点为:是一种富有价格竞争力的综合布线方案，能支持所有话音和数据的应用;应用于语音、话音/数据或高速数据;便于技术人员管理;采用气体放电管式过压保护和能够自复的过流保护;能支持多种计算机系统数据的传输。

增强型综合布线系统不仅具有增强功能，而且还可提供发展余地。它支持话音和数据应用，并可按需要利用端子板进行管理。

增强型综合布线系统特点:每个工作区有2个信息插座，不仅机动灵活，而且功能齐全;任何一个信息插座都可提供话音和高速数据应用;可统一色标，按需要可利用端子板进行管理;是一个能为多个数据设备创造部门环境服务的经济有效的综合布线方案;采用气体放电管式过压保护和能够自复的过流保护。

综合型综合布线系统的主要特点是引入光缆，可适用于规模较大的智能大楼，其余特点与基本型或增强型相同。

(4)综合布线系统应能满足所支持的数据系统的传输速率要求，并应选用相应等级的缆线和传输设备。计算机系统传输速率要求见表2－1所示。

表2－1　　传输速率要求

规程	传输速率要求(bps)
RS－232	≤20K
DCP	100K
Star LAN1	1M
IBM 3270	1M～10M
4M T·ken Ring	4M
10 BASE－T	10M
16M T·ken Ring	16M
TP－PMD/CDDI	100M
100BASE－T	100M
ATM	155M/622M

(5)综合布线系统应能满足所支持的电话、数据、电视系统的传输标准要求。

(6)综合布线系统的分级和传输距离限值应符合表2－2所列的规定。

表 2－2　系统分级和传输距离限值表

系统分级	最高传输频率	对绞电缆传输距离(m) 100Ω3 类 100Ω4 类 100Ω5 类 150Ω	光缆传输距离(m) 多模　单模	应用举例
A	100 MHz	2000　3000　3000		PBX X. 21/V. 11
B	1MHz	200　260　260　400		N－ISDN CSDA/CD 1BASE5
C	16MHz	100①　150③　160③　250③		CSMA/CD1BASE－T 令牌环 4Mbps 令牌环 16Mbps
D	100MHz	100① 150③	令牌环	16Mbps B－ISDN（ATM） TP－PMD
光缆	100MHz	2000 3000②	CAMA/CD/F · IRL	CSMA/CD 10BASE－F 令牌环 FDDI LCF FDDI HIPPI ATM PC

注:①100m 距离包括连接软线/跳线、工作区和设备区接线在内的 10m 允许总长度，链路的技术条件按 90m 水平电缆，7.5m 长的连接电缆及同类的 3 个连接器来考虑，如果采用综合性的工作和设备区电缆附加总长度不大于 7.5m，则此类用途是有效的。

②3000m 是国际标准范围规定的极限，不是介质极限。

③关于距离大于水平电缆子系统中的长度为 100m 对绞电缆，应协商可行的应用标准。

系统分级和传输距离限值采用 IS · /IEC11801:1995(E)国际标准，该标准着眼于各式计算机网络的要求。当综合布线系统用于公用电话网或公用数据通信等其他用途时，应按照相关的标准要求进行设计。

(7)综合布线系统的组网和各段缆线的长度限值应符合图 2－1 所示的规定:

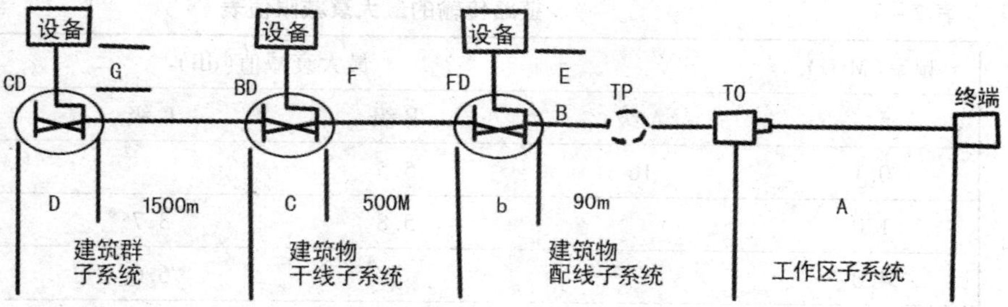

注：A.B.C.D.E.F.G.表示相关区段缆线或跳线的长度。

A+B+E＜10m

C和D＜20m

F和G＜30m

图2－1　综合布线系统组网和缆线长度限值图

(8)综合布线系统工程设计，选用的电缆、光缆、各种连接电缆、跳线，以及配线设备等所有硬件设施，均应符合IS・/IEC11801:1995(E);国际标准的各项规定，确保系统指标得以实施。

综合布线系统工程设计，应按照近期和远期通信业务、计算机网络拓扑结构等需要，选用合适的综合布线硬件设施，选用产品的各项指标应高于系统指标，才能保证系统指标得以满足，但不一定越高越好，选得太高，会增加工程造价，选得太低，不能满足工程需要，应当恰如其分。

(9)综合布线系统应设置汉显计算机信息管理系统。人工登录与综合布线系统相关的硬件设施的工作状态信息，包括:设备和缆线的用途，使用部门，组成局域网的拓扑结构，传输信息速率，终端设备配置状况，占用硬件编号，色标，链路的功能和各项主要特征参数，链路的完好状况，故障记录等内容。还应登录设备位置和缆线走向等内容，例如:建筑物名称、位置、区号、楼层号、房间号等内容。

考虑到综合布线系统适用于各种通信业务和计算机网络等多种服务，而且也适用于各个单位或部门共同使用同一个大楼的综合布线系统，为了保证综合布线系统的运行能够一目了然，规范规定设置计算机信息管理系统，人工登录各种运行状态，便于操作人员迅速准确地调度应用和及时处理故障状况。

(10)在系统设计时，全系统所选的缆线，连接硬件、跳线、连接线等必须与选定的类别相一致。如采用屏蔽措施时，则全系统必须都按屏蔽设计。

2.2 系统指标

本节规定的系统指标，均参考IS・/IEC11801国际标准的相关部分。有关电缆、连接硬件等产品标准也应符合国际标准。

(1)综合布线系统链路传输的最大衰减限值，包括两端的连接硬件、跳线和工作区连接电缆在内，应符合表2－3的规定。

表 2－3　　链路传输的最大衰减限值表

频率(MHz)	最大衰减值(dB)			
	A 级	B 级	C 级	D 级
0.1	16	5.5		
1.0		5.8	3.7	2.5
4.0			6.6	4.8
10.0			10.7	7.5
16.0			14.0	9.4
20.0				10.5
31.25				13.1
62.5				18.4
100.0				23.2

注：要求将各点连成曲线后，测试的曲线全部应在标准曲线的限值范围之内。

(2)综合布线系统任意两线对之间的近端串音衰减限值，包括两端的连接硬件、跳线和工作区连接电缆在内(但不包括设备连接器)，应符合表 2－4 的规定。

表 2－4　　线对间最低端串音衰减限值表

频率(MHz)	最大衰减值(dB)			
	A 级	B 级	C 级	D 级
0.1	27	40		
1.0		525	39	54
4.0			29	45
10.0			23	39
16.0			19	36
20.0				35
31.25				32
62.5				27
100.0				24

注：(1)所有其他音源的噪声比全部应用频率的串音噪音低 10db。

(2)在大对数主干电缆中，最坏线对的近端串音衰减值，应以功率累计数来衡量。

(3)桥接分岔或多组合电缆，以及连接到多重信息插座的电缆，任一对称电缆组或单元之间的近端串音衰减至少要比单一组合的 4 对电缆的近端串音衰减好一个数值△。

$\triangle = 6dB + 10lg(n+1)dB$

式中：n 为电缆中非光纤的对称电缆组数。

(3)综合布线系统中任一电缆接口处的反射衰减限值，应符合表 2－5 的规定：

表 2－5　　链路传输的最大衰减限值表

频率(MHz)	最大衰减值(dB)	
	C 级	D 级
1≤f≤10	18	18
10≤f≤16	15	15
16≤f≤20		15
20≤f≤100		10

(4)综合布线系统链路衰减与近端串音衰减的比率(ACR)，应符合表 2－6 的规定。

表 2－6　　最小 ACR 限值表

频率(MHz)	最低近端串音衰减值(dB)
	D 级
0.1	
1.0	
4.0	40
10.0	35
16.0	30
20.0	28
31.25	23
62.5	13
100.0	4

注：(1) ACR(dB) = aN(dB) － a(dB)

式中：aN－任意两线对间的近端串音衰减

a－链路传输的衰减值

(2)本表所列的 ACR 值优于计算值，在衰减和串音衰减之间允许有一定限度的权衡选择，其选择范围如表 2－7 所示。

表 2-7 衰减和近端串音衰减的选择极限表

频率(MHz)	最大衰减值(dB/100m)	最小近端串音衰减量在 100m 时(dB)
20.0	8	41
31.25	10.3	33
100.0	19	29

综合布线系统链路衰减与近端串音衰减的比率(ACR),以 100MHz 为例,表 2-6 中的规定的 4dB,表 2-7 中规定为 19dB,而按照表 2-6 和表 2-7 相减得到 0.8dB,ACR 出现 3 个数值,设计时应按照使用要求合理选用。

(5)综合布线系统线对的直流环路电阻限值,当系统分级和传输距离在表 2-2 规定的情况下,应符合表 2-8 的规定:

表 2-8 直流环路电阻限值表

链路级别	A 级	B 级	C 级	D 级
最大环路电阻(Ω)	560	170	40	40

注:100 对绞电缆的直流环路电阻值应为 19.2W/100m;
150 对绞电缆的直流环路电阻值应为 12W/100m。

(6)综合布线系统线对的传播延迟限值,应符合表 2-9 的规定:

表 2-9 最大传播延迟限值表

测量频率(MHz)	级别	延迟(us)
0.01	A	20
1	B	1
30	D	1

注:配线(水平)子系统的最大传播延迟不得超过 1μs。

(7)综合布线系统的纵向差分转换衰减(平衡)限值,应符合表 2-10 的规定。

表 2-10 纵向差分转换衰减限值表

频率(MHz)	最小纵向差分转换衰减值表(dB)			
	A 级	B 级	C 级	D 级
0.1	30	45	35	40
1.0		20	30	40
4.0			待定	待定
10.0			25	30
16.0			待定	待定

续表

频率(MHz)	最小纵向差分转换衰减值表(dB)			
	A级	B级	C级	D级
20.0			待定	待定
100			待定	待定

注:纵向差分转换衰减的测试方法正在研究。

(8)综合布线系统光缆波长窗口的各项参数，应符合表2-11的规定。

表2-11　**光缆波长窗口参数表**

光纤模式,标称波长(nm)	下限(nm)	上限(nm)	基准试验波长(nm)	最大光谱宽度FWHM(nm)
多模850	790	910	850	50
多模1300	1285	1330	1300	150
单模1310	1288	1339	1310	10
单模1550	1525	1575	1550	10

注:①多模光纤:芯线标称直径为62.5/125或50/125;850nm波长时最大衰减为3.5dB/km;最小模式带宽为200MHz.km，1300nm波长时最大衰减为1dB/km;最小模式带宽为500MHz.km。

②单模光纤:芯线应符合IEC793-2，型号BI和ITU-TG，652标准;1310nm和1550波长时最大衰减为≤1dB/km;截止波长应<1280nm。1310nm时色散应≤6ps/km·nm;1550nm时色散应≤20ps/km·nm。

③光纤连接硬件:最大衰减0.5;最小反射衰减:多模20dB，单模26dB。

表2-11注的内容是光纤和光纤连接硬件的基本要求，本规范引用IS·/IEC11801国际标准的相关部分。注1中最小模式带宽为1km长度光纤的带宽，而在表2-13中规定的是链路的最小模式带宽，本规范在规定多模光纤的最大链路长度为2km，因此，链路的最小模式带宽分别为100MHz(850nm波长)和250HMz(1300nm波长)。

(9)综合布线系统的光缆，在规定各参数的条件下，光纤链路可允许的最大传输距离，应符合表2-12的规定。

表2-12　**光纤链路允许最大传输距离表**

光缆应用类别	链路长度(m)	多模衰减值(dB)■		单模衰减值(dB)■	
		850(nm)■	1300(nm)■	1310(nm)■	1550(nm)
配线(水平)子系统	100	2.5	2.2	2.2	2.2
干线(垂直)子系统	500	3.9	2.6	2.7	2.7
建筑群子系统	1500	7.4	3.6	3.6	3.6

注:①表中规定的链路长度，是在采用符合2.2.8条规定的光缆和光纤连接硬件的条件下，允许的最大距离。

②对于短距离的应用场合，应插入光衰减器，保证达到表中规定的衰减值。

(10)综合布线系统多模光纤链路的最小光学模式带宽，应符合表2－13的规定。

表2－13　　多模光纤链路的光学模式带宽表

标称波长(nm)■	最小光学模式宽带(MHz)
850	100
1300	250

注：单模光纤链路的光学模式带宽，IS·/IEC11801:1995(E)尚未作出规定。

(11)综合布线系统光纤链路任一接口的光学反射衰减限值，应符合表2－14的规定：

表2－14　　光纤链路的光学反射衰减限值表

光纤模式，标称波长(nm)■	最小反射衰减限值(dB)
多模850	20
多模1300	20
单模1310	26

(12)综合布线系统的缆线与设备之间的相互联接应注意阻抗匹配和平衡与不平衡的转换适配。特性阻抗的分类应符合100.150两类标准，其允许偏差值为15(适用于频率>1MHz)。

2.3 工作区子系统

一个独立的需要设置终端设备的区域宜划分为一个工作区，工作区子系统应由配线(水平)布线系统的信息插座延伸到工作站终端设备处的连接电缆及适配器组成，一个工作区的服务面积可按5～10m^{2}估算，每个工作区设置一个电话机或计算机终端设备，或按用户要求设置。工作区的每一个信息插座均宜支持电话机、数据终端、计算机、电视机及监视器等终端设备的设置和安装。

工作区子系统包括办公室、写字间、作业间、技术室等需用电话、计算机终端、电视机等设施的区域和相应设备的统称。

工作区适配器的选用宜符合下列要求：

(1)在设备连接器处采用不同信息插座的连接器时，可以用专用电缆或适配器；

(2)当在单一信息插座上开通ISDN业务时，宜用网络终端适配器；

(3)在配线(水平)子系统中选用的电缆类别(介质)不同于设备所需的电缆类别(介质)时，宜采用适配器；

(4)在连接使用不同信号的数模转换或数据速率转换等相应的装置时，宜采用适配器；

(5)对于网络规程的兼容性，可用配合适配器；

(6)根据工作区内不同的电信终端设备可配备相应的终端适配器。

2.4 配线子系统

配线子系统宜由工作区用的信息插座、每层配线设备至信息插座的配线电缆、楼层配线设备和跳线等组成。

配线子系统是用于每层配线(水平)电缆的统称。

配线子系统应根据下列要求进行设计：

(1)根据工程提出近期和远期的终端设备要求；

(2)每层需要安装的信息插座数量及其位置；

(3)终端将来可能产生移动、修改和重新安排的详细情况；

(4)一次性建设与分期建设的方案比较。

配线子系统宜采用4对对绞电缆。配线子系统在有高速率应用的场合，宜采用光缆。配线子系统根据整个综合布线系统的要求，应在二级交接间、交接间或设备间的配线设备上进行连接，以构成电话、数据、电视系统并进行管理。

综合布线系统的信息插座宜按下列原则选用：

(1)单个连接的8芯插座宜用于基本型系统；

(2)双个连接的8芯插座宜用于增强型系统。

另外，还应注意以下问题：

(1)配线系统宜选用普通型铜芯对绞电缆；

(2)一个给定的综合布线系统设计可采用多种类型的信息插座；

(3)配线子系统电缆长度应为90m以内；

(4)信息插座应在内部做固定线连接。

2.5 干线子系统

干线子系统具有如下特点：

(1)干线子系统应由设备间的配线设备和跳线以及设备间至各楼层配线间的连接电缆组成。干线子系统用于楼层之间垂直干线电缆的统称。

(2)在确定干线子系统所需要的电缆总对数之间，必须确定电缆中话音和数据信号的共享原则。对于基本型每个工作区可选定2对;对于增强型每个工作区可选定3对对绞线。对于综合型每个工作区可在基本型或增强型的基础上增设光缆系统。

(3)应选择干线电缆最短、最安全和最经济的路由。宜选择带门的封闭型通道敷设干线电缆。

建筑物有两大类型的通道，封闭型和开放型。封闭型通道是指一连串上下对齐的交接间，每层楼都有一间，利用电缆竖井、电缆孔、管道电缆、电缆桥架等穿过这些房间的地板层。每个交接间通常还有一些便于固定电缆的设施和消防装置。开放型通道是指从建筑物的地下室到楼顶的一个开放空间、中间没有任何楼板隔开，例如:通风通道或电梯通道，不能敷设干线子系统电缆。

(4)干线电缆可采用点对点端接，也可采用分支递减端接以及电缆直接连接方法。点对点端接是最简单、最直接的接合方法，干线子系统每根干线电缆直接延伸到指定的楼层和交接间。

分支递减端接是用1根大容量干线电缆足以支持若干个交接间或若干楼层的通信容量，经过电缆接头保护箱分出若干根小电缆，它们分别延伸到每个交接间或每个楼层，并端接于目的地的连接硬件。

而电缆直接连接方法是特殊情况使用的技术。一种情况是一个楼层的所有水平端接都集中在干线交接间，另一种情况是二级交接间太小，在干线交接间完成端接。

(5)如果设备间与计算机机房处于不同的地点，而且需要把话音电缆连至设备间，把数据电缆连至计算机房，则宜在设计中选取不同的干线电缆或干线电缆的不同部分来分别满足不同路由话音和数据的需要。当需要时，也可采用光缆系统予以满足。

2.6 设备间子系统

设备间子系统具有如下特点：

(1)设备间是在每幢大楼的适当地点设置进线设备，进行网络管理以及管理人员值班的场所。设备间子系统应由综合布线系统的建筑物进线设备、电话、数据、计算机等各种主机设备及其保安配线设备等组成。

设备间系统的电话、数据、计算机主机设备及其保安配线设备宜设置在一个房内。必要时，可以分别设置，但程控电话交换机及计算机主机房离设备间的距离不宜太远。

(2)设备间内的所有进线终端设备宜采用色标区别各类用途的配线区。

(3)设备间位置及大小应根据设备的数量、规模、最佳网络中心等内容，综合考虑确定。

2.7 管理子系统

管理子系统具有如下特点：

(1)管理子系统设置在每层配线设备的房间内。管理子系统应由交换间的配线设备、输入/输出设备等组成。也可应用于设备间子系统。

管理子系统提供了与其他子系统连接的手段。交换间使得有可能安排或重新安排路由，因而通信线路能够延续到连接建筑物内部的各个信息插座，从而实现综合布线系统的管理。

(2)管理子系统宜采用单点管理双交接。交接场的结构取决于工作区、综合布线系统规模和选用的硬件。在管理规模大、复杂、有二级交委间时，才设置双点管理双交接。在管理点，宜根据应用环境用标记插入条来标出各个端接场。

单点管理位于设备间里面的交换机附近，通过线路不进行跳线管理，直接连至用户间或服务接线间里面的第二个接线交接区。双点管理除交接间外，还设置二个可管理的交接。双交接为经过二级交接设备，在每个交接区实现线路管理的方式是在各色标场之间接上跨接线或插接线，这些色标用来分别标明该场是干线电缆、配线电缆或设备端接点。这些场通常分别分配给指定的接线块，而接线块则按垂直或水平结构进行排列。

(3)交接区应有良好的标记系统，如建筑物名称、建筑物面积、区号、起始点和功能等标志。

综合布线系统使用了三种标记:电缆标记、场标记和插入标记。其中插入标记最常用。这些标记通常是硬纸片或其他方式，由安装人员在需要时取下来使用。

(4)交接间及二级交接间的本线设备宜采用色标区别各类用途的配线区。

(5)交接设备连接方式的选用宜符合下列规定：

对楼层上的线路较少进行修改、移位或重新组合时，宜使用夹接线方式；

在经常需要重组线路时宜使用插接线方式。

(6)在交接场之间应留出空间，以便容纳未来扩充的交接硬件。

2.8 建筑群子系统

建筑群子系统具有如下特点：

(1)建筑群子系统由二个及以上建筑物的电话、数据、电视系统组成一个建筑群综合布线系统，其连接各建筑物之间的缆线和配线设备(CD)组成建筑群子系统。

(2)建筑群子系统宜采用地下管道敷设方式。管道内敷设的铜缆或光缆应遵循电话管道和入孔的各项设计规定。此外安装时至少应予留1~2个备用管孔，以供扩充之用。

(3)建筑群子系统采用直埋沟内敷设时，如果在同一沟内埋入了其他的图像、监控电缆，应设立明显的共用标志。

(4)电话局来的电缆应进入一个阻燃接头箱，再接至保护装置。

(5)对于建筑群子系统电缆敷设方式的优缺点如表2-15所示。

表2-15　电缆敷设方式

方式	优点	缺点
管道内	提供最佳的机械保护，任何时候都可以敷设电缆，电缆的敷设、扩充都很容易，能保持道路和建筑物的外貌整齐	挖沟、开管道、建入孔的初次投资较高
直埋	提供某种程度的机械保护，保持道路和建筑物的外貌整齐，初次投资较低	扩容和更换电缆时会破坏道路和建筑物的外貌整齐
架空	如果本来有电杆，则成本最低	没有提供机械保护,安全性差，影响建筑物美观

2.9 光缆传输系统

光纤传输系统具有如下特点：

(1) 当综合布线系统需要一个建筑群之间的长距离线路传输，建筑内线路将电话、计算机、集线器、专用交换机和其他信息系统组成高速率网络，或者外界与其他网络特别与电力电缆网络一起敷设电抗电磁干扰要求时宜采用光缆数字复用设备作为传输媒介。光缆传输系统应能满足建筑与建筑群环境对电话、数据、计算机、电视等综合传输要求，当用于计算机局域网络时，宜采用多模光缆;作为公用电话或数据网的一部分时，宜采用单模光缆。

光缆传输系统可以提供更高的速率，传输更多的信息量，适合大规模的综合布线系统使用。目前已能提供实用的光缆传输设备、器件及光缆。

综合布线系统，综合话音、数据、会议电视、监视电视等多种信息系统，使用光缆可增长传输距离，因此综合布线系统是光缆和铜缆组成的集成分布网路系统。光缆传输系统可组成抗电磁干扰的网路。

(2)综合布线系统交接硬件采用光缆部件时，设备间可作为光缆主交接场的设置地点。干线光缆从这个集中的端接和进出口点出发延伸到其他楼层，在各楼层经过光缆及连接装置沿水平方向分布光缆。

(3)光缆传输系统应使用标准单元光缆连接器，连接器可端接于光缆交接单元，陶瓷头的连接应保证每个连接点的衰减不大于0.4dB。塑料头的连接器每个连接点的衰减不大于0.5dB。

对于陶瓷头的STII连接器，每1000次重新连接所引起的衰减变化量小于0.2dB。对于塑料头的STII连接器，每200次重新连接所引起的衰减变化量小于0.2dB。

无论是那种型号的STII连接器，安装一个连接器所需的平均时间约为16分钟。但同时安装12个STII连接器，则每个连接器的平均安装时间为6分钟。

(4)综合布线系统宜采用光纤直径62.5μm而光纤包层直径125μm的缓变增强型多模光缆，标称波长为850nm或1300nm；也可采用标称波长为1310nm或1550nm的单模光缆。

建筑物内综合布线一般用多模光缆。单模光缆一般用于长距离传输。

(5)光缆数字传输系统的数字系列比特率、数字接口特性，应符合下列规定：

PDH数字系列比特率等级应符合国家标准GB4110－83《脉冲编码调制通信系统系列》的规定，如表2－16。

表2－16　　系列比特率

数字系列等级	基群	二次群	三次群	四次群
标称比特率(kbps)	2048	8448	34368	139264

数字接口的比特率偏差、脉冲波形特性、码型、输入与输出规范等，应符合国家标准GB7611－87《脉冲编码调制通信系统网络数字接口参数》的规定。

(6)光缆传输系统宜采用松套式或骨架式光纤束合光缆，也可采用带状光纤光缆。

(7)光缆传输系统中标准光缆连接装置硬件交接设备，除应支持连接器外，还应直接支持束合光缆和跨接线光缆。

(8)各种光缆的接续应采用通用光缆盒，为束合光缆、带状光缆或跨接线光缆的接合处提供可靠的连接和保护外壳。通用光缆盒提供的光缆入口应能同时容纳多根建筑物光缆。

光缆和铜缆一样也有铠装、普通和填充等类型。当带状光缆与带状光缆互联时，就必须使用陈列接合连接器。如果一根带状光缆中的光缆要与一根室内非带状光缆互联，应使用增强型转换接合连接器。

(9)光缆布线网路可以安装于一建筑物或建筑群环境中，而且可以支持在最初设计阶段没有明确的各种宽带通信服务。这样的布线系统可以用作独立的局域网(LAN)或会议电视、监视电视等局部图像传输网，也可连接到公用电话网。

2.10 电源、防护及接地

1.电源

(1)设备间内安放计算机主机时，应按照计算机主机电源要求进行工程设计。

(2)设备间内安放程控用户交换机时应按照《工业企业程控用户交换机工程设计规范》CECS09:89进行工程设计。

(3)设备间、交接间应用可靠的交流220V、50Hz电源供电。

设备间应有可靠交流电源供电，不要用邻近的照明开关来控制其电源插座，减少偶然断电事故发生。

2. 电气防护及接地

综合布线网络在遇有下列情况时，应采取防护措施：

(1)在大楼内部存在下列的干扰源，且不能保持安全间隔时：

配电箱和配电网产生的高频干扰；大功率电动机电火花产生的谐波干扰；荧光灯管，电子启动器；开关电源；电话网的振铃电流；信息处理设备产生的周期性脉冲。

(2)在大楼外部存在下列的干扰源，且处于较高电磁场强度的环境：

雷达，无线电发射设备，移动电话基站，高压电线，电气化铁路，雷击区。

(3)周围环境的干扰信号场强或综合布线系统的噪声电平超过下列规定时：

对于计算机局域网，引入10kHz至600MHz以下的干扰信号，其场强为1V/m；600MHz至2.8GHz的干扰信号，其场强为5V/m；对于电信终端设备，通过信号、直流或交流等引入线引入RF0、15MHz至80MHz的干扰信号，其场强为3V，(幅度调制80%，1kHz)；具有模拟/数字终端接口的终端设备，提供电话服务时，噪声信号电平应符合表2－17的规定。

表2－17 噪声信号电平限值表

频率范围(MHz)	噪声信号限值(dBm)
0.15～30	－40
30～890	－20
890～915	－40
915～1000	－20

注：①噪声电平超过－40dBm的带宽总和应小于200MHz。

当终端设备提供声学接口服务时，噪声信号电平应符合表2－18的规定：

表2－18 噪声信号电平限值表

频率范围(MHz)	噪声信号限值(dBm)
0.15～30	基准电平
30～890	基准电平＋20Db①
890～915	基准电平
915～1000	基准电平＋20dB①

注：①A噪声电平超过基准电平的带宽总和应小于200MHz

②基准电平的特性：1kHz－40dBm的正弦信号。

ISDN 的初级接入设备的附加要求是在 10 秒测试周期内，帧行丢失的数目应小于 10 个；背境噪声最少应比基准电平小 –20dB。

综合布线系统的发射干线干扰波的电场强度超过表 2 – 19 的规定时：

表 2 – 19　　发射干扰波电场强度限值表

测量距离 / 频率范围	A 类设备 30 m	B 类设备 10m
30MHz ~ 230 MHz	30dBμV/m	30BμV/m
>230MHz ~ 1GHz	37 dBμV/m	37 dBμV/m

注：①A 类设备：第三产业；B 类设备：住宅。

②较低的限值适用于降低频率的情况。

综合布线系统是否需要采取防护措施的因素比较复杂，其中危害最大的莫过于防电磁干扰的电磁辐射。电磁干扰将影响综合布线系统能否正常工作；电磁辐射则涉及综合布线系统在正常运行情况下信息不被无关人员窃取的安全问题，或者造成电磁污染。在进行综合布线系统工程设计时，必须根据建设单位的要求，进行周密的安排与考虑，选用合适的防护措施。

根据综合布线的不同使用场合，应采取不同的防护措施要求，规范中列举了各种类型的干扰源，提示设计时应加以注意，现将防护要点说明如下：

对于计算机局域网，600MHz 以下的干扰信号，对计算机网络信号的影响较大，属于同频干扰的范畴；600MHz 及以上则属于杂音干扰，相对而言，影响要小一些。因此，前者规定干扰信号场强限值为 1V/m；后者规定为 5V/m。

对于电信终端设备，通过信号、直流或交流等引入线引入 RF0、15MHz 至 80MHz 的干扰信号强度为 3V，调制度为 80% 的 1kMHz 正弦波干扰时，电信终端设备的性能将不受影响。

对于具有模拟或数字终端接口的终端设备，提供电话服务时，噪声信号电平的限值规定为比相对于电话接续过程中信号电平低 –40dBm，而且限定噪音电平超过 –40dBm 的带宽总和应小于 200MHz；提供声学接口服务时（例如：话筒），噪声信号电平的限值规定为：基准电平（定义为：1kHz –40dBm 的正弦信号）或基准电平加 20dBm，同样限定噪声电平超过基准电平的带宽总和应小于 200MHz。

对于 ISDN 的初级接入设备，规范规定增加的附加要求是在 10 秒测试周期内，帧行丢失的数目应少于 10 个。

一般来说，背境噪声最小应比基准电平小 –12dB。

本规范制订电磁干扰标准主要参考 EN5024 信息技术设备的抗干扰标准，同时还参考了 IEC801 –2 ~4 和 EN50082 – X 等相关国际标准中的有关部分。

抗干扰标准见表 2 –20。

表 2-20　　　　　　　　　　抗干扰标准

干扰类别 / 干扰标准 / 标准类别	静电放电(ESD)		辐射磁场	快速瞬变的无线电脉冲(EFT)	
	空气	接触点		供电线装置	信号线
低水平 EM 环境	2kV	2kV	1V/m	0.5kV	0.25 kV
中等 EM 环境	4 kV	4 kV	3V/m	1 kV	0.5 kV
恶劣 EM 环境	8 kV	6 kV	10V/m	2 kV	1 kV
极其恶劣 EM 环境	15 kV	8 kV	待定	4 kV	2 kV
特定 EM 环境	待定	待定	待定	待定	待定
衰减环境	B 类	B 类	A 类	B 类	B 类

注:①A 类:一批设备连续运转，不允许低于制造业特定的性能降低或功能损失。

②B 类:在测试期间允许性能降低或功能损失，但在测试之后，不允许低于制造业特有的规定。

③辐射场强的频率范围 27 ~500MHz。

④辐射场强中:低水平 EM 环境指无线电/电视发射机 >1km。中等 EM 环境指手提式无线电收发机，在 1m 范围以内。恶劣 EM 环境指临近的高功率无线电收发机。

EN50082-X 通用抗干扰标准(见表 2-21、表 2-22)

表 2-21　　　　　　　　　　居住区/商业区抗干扰标准

干扰类别 / 干扰标准 / 标准类别	静电放电(ESD)		辐射磁场	快速瞬变的无线电脉冲(EFT)	
	空气	接触点		供电线装置	信号线
恶劣 EM 环境	8 kV	6 kV	3V/m	1kV	0.5kV
衰减环境	B 类	B 类	A 类	B 类	B 类

注:①A 类:一批设备连续运转，不允许低于制造业特定的性能降低或功能损失。

②B 类:在测试期间允许性能降低或功能损失，但在测试之后，不允许低于制造业特有的规定。

③辐射场强的频率范围 27 ~500MHz。

表 2-22　　　　　　　　　　工业区抗干扰标准

干扰类别 / 干扰标准 / 标准类别	静电放电(ESD)		辐射磁场	快速瞬变的无线电脉冲(EFT)	
	空气	接触点		供电线装置	信号线
恶劣 EM 环境	8 kV	4 kV	10V/m	2kV	1kV
衰减环境	B 类	B 类	A 类	B 类	B 类

注:①A 类、B 类的解释同表 2-21 的注。

②辐射场强的频率范围 27 ~500MHz。

③防电磁辐射。

综合布线系统用于高速率传输的情况下，由于对绞电缆的平衡度公差等硬件原因，也可能造成传输信号向空间辐射。在同一大厦内，很可能存在不同的单位或部门，相互之间不希望窃取对方的信息或造成对方网络系统工作的不稳定。因此，在设计时应根据用户要求，除了考虑抗电磁干扰外，还应该考虑防电磁辐射的要求，这是一个问题的两个方面，采取屏蔽措施后，两者都能得以解决。发射干扰波电场强度的限值标准的制订，主要参考 EN55022 和 CISPR22《信息技术设备无线电干扰特征的限值和测量方法》中有关无线电干扰电场强度的限值。引用 EN55022 或 CISPR22 中上述标准，应注意下列几点：

如果由于高的环境噪声电平或其他理由不能在 30m 的情况下进行场强测量，可以在封闭距离内进行例如 10m 的测量；因为发生干扰的情况而要求额外的规定条款，可以协商解决；A 类信息技术设备只满足 A 类干扰限值，不满足 B 类干扰限值。某些国家 A 类设备可以申请有限制地销售和采用（保护距离 30m）；B 类信息技术设备满足 B 类干扰限值，此类设备将不申请限制销售，也不限制采用（保护距离 10m）。通用的测量条件：

· 噪声电平最低限度应低于 6dB 特定限值。
· 信号源加上环境条件的环境噪声电平最低限底应低于 6dB。
· 环境噪声电平最低限度应低于 4.86dB 特定的限值。

3. 综合布线系统有关防护的其他要求

（1）综合布线系统与其他干扰源的间距应符合表 2－23 的要求：

表 2－23　与其他干扰源的间距表

其他干扰源	与综合布线状况接近	最小间距（cm）
380V 以下电力电缆 <2kVA	与缆线平行敷设	13
	有一方在接地的线槽中	7
	双方都在接地的线槽中	注 1
380V 以下电力电缆 2～5kVA	与缆线平行敷设	30
	有一方在接地的线槽中	15
	双方都在接地的线槽中	8
380V 以下电力电缆 ＞ 5kVA	与缆线平行敷设	60
	有一方在接地的线槽中	30
	双方都在接地的线槽中	15
荧光灯、氩灯、电子启动器或交感性设备	与缆线接近	15～30
无线电发射设备（如天线、传输线、发射机等） 雷达设备、其他工业设备 （开关电源、电磁感应炉、绝缘测试仪等）	与缆线接近（当通过空间电磁较大时，应按 11.1.10.2 条规定办理）	≥150
配电箱	与配线设备接近	≥100
电梯、变电室	尽量远离	≥200

注：①双方都在接地的线槽中，且平均长度≤10m 时，最小间距可以是 1cm。

②电话用户存在振铃电流时，不能与计算机网络在同一对弱电缆中一起运用。

综合布线系统与其他干扰源的间距要求，主要参考 ALCATEL，IBM，N·RDX/CDT，P·YET 等相关公司的标准综合取定的，凡是公司之间不统一的，本规范按较大的间距取定。

（2）综合布线系统应根据环境条件选用相应的缆线和配线设备，应符合下列要求。

各种缆线和配线设备的抗干扰能力，屏蔽后的综合布线系统平均可减少噪声 20dB；各种缆线和配线设备的选用原则宜符合下列要求：

· 当周围环境的干扰场强度或综合布线的噪声电平低于 2.10 第 2 条款规定，干扰源信号或计算机网络信号频率小于 30MHz，又能符合 2.10 的各项规定时，可采用 UTP 缆线系统和非屏蔽配线设备。

· 当周围环境的干扰场强度或综合布线系统的噪声电高于 2.10 第 2 条 3 款规定，干扰源信号或计算机网络信号频率大于或等于 30MHz，应根据其超过标准的量级大小，分别选用 FTP、SFTP、STP 等不同的屏蔽缆线系统和屏蔽配线设备。另外，表 2－23 要求的间距不能保证时，应采取适当的保护措施。

· 当周围环境的干扰场强度很高，采用屏蔽系统已无法满足各项标准的规定时，应采用光缆系统。

· 当用户对系统有保密要求，不允许信号往外发射时，或系统发射指标不能满足规定时，应采用屏蔽缆线和屏蔽配线设备，或光缆系统。

（3）综合布线系统选择缆线和配线设备，应根据用户要求，并结合建筑物的环境状况进行考虑，其选用原则说明如下：

当建筑物还在建设或虽已建成但尚未投入运行时，要确定综合布线系统的选型时，应测定建筑物周围环境的干扰场强度及频率范围；与其他干扰源之间的距离能否符合规范要求应进行摸底；综合布线系统采用何种类别也应有所预测。根据这些情况，用规范中规定的各项指标要求进行衡量，选择合适的硬件和采取相应的措施。当现场条件许可，或进行改建的工程，有条件测量综合布线系统的噪声信号电平时，可采用规范中规定的噪声信号电平限值来衡量，选择合适的硬件和采取相应的措施；各种缆线和配线设备的抗干扰能力可参考下列数值：

UTP 电缆（无屏蔽层）40dB

FTP 电缆（纵包铝箔）85dB

SFTP 电缆（纵包铝箔，加铜编织网）90dB

STP 电缆（每对芯线和电缆绕包铝箔，加铜编织网）98dB

配线设备插入后恶化≤30dB

在选择缆线和连接硬件时，确定某一类别后，应保证其一致性。例如，选择 5 类，则缆线和连接硬件都应是 5 类；选择屏蔽，则缆线和连接硬件都应屏蔽，且应作良好的接地系统。

在选择综合布线系统时，应根据用户对近期和远期的的实际需要进行考虑，不宜一刀切。应根据不同的通信业务要求，综合考虑，在满足近期用户要求的前提下，适当考虑远期用户的要求，有较好的通用性和灵活性，尽量避免建成后较短时间又要进行改扩建，造成不必要的浪费；如果满足时间过长，又将造成初次投资增加，也不一定经济合理。一般来说，水平配线扩建难，应以远期需要为主，垂直干线易扩建，应以近期需要为主，适当满足远期的需要。

（4）综合布线系统采用屏蔽措施时，应有良好的接地系统，并应符合下列规定：

保护地线的接地电阻值，单独设置接地体时，不应大于 4Ω；采用联合接地体时，综合布线系统的所有屏蔽层应保持连续性，并注意保证导线相对位置不变；屏蔽层的配线设备（FD或BD）端应接地，用户（终端设备）端视具体情况宜接地，两端的接地应尽量连接同一接地体。若接地系统中存在两个不同的接地体时，其接地电位差不应大于1Vr. m. s。

(5) 每一楼层的配线柜都应单独布线至接地体，接地导线的选择应符合表2－24的规定：

表2－24 **接地导线选择表**

名称	接地 距离 ≤30m	接地距离≤100m
接入自动交换机的工作站数量（个）	≤50	>50，≤300
专线的数量（条）	≤15	>15，≤80
信息插座的数量（个）	≤75	>75，≤450
工作区的面积（㎡）	≤750	>750，≤4500
配线室或电脑室的面积（㎡）	10	15
选用绝缘铜导线的截面（m ㎡）	6～16	6～16

(6) 信息插座的接地可利用电缆屏蔽层连至每层的配线柜上。工作站的外壳接地应单独布线连接至接地体，一个办公室的几个工作站可合用同一条接地导线，应选用截面不小于2.5m2的绝缘铜导线。

(7) 综合布线的电缆采用金属槽道或钢管敷设时，槽道或钢管应保持连续的电气连接，并在两端应有良好的接地。综合布线系统采用屏蔽措施时，应有良好的接地系统，且每一楼层的配线柜都应采用适当截面的导线单独布线至接地体，接地电阻应符合规定，屏蔽层应连续且宜两端接地，若存在两个接地体，其接地电位差不应大于1Vr. m. s.（有效值）。这是屏蔽系统的综合性要求，每一环节都有其特定的作用，不可忽视，否则将降低屏蔽效果，严重者将造成恶果。

国外曾对非屏蔽对绞线（UTP）与金属箔对绞线（FTP）的屏蔽效果作过比较。以相同的干扰线路和被测对绞线长度，调整不同的平行间距和不同的接地方式，以误码率百分比比较结果，如表2－25所示。

表2－25 **屏蔽效果比较表**

对绞线型号	平行间距和接地方式	误码率
UTP	0间距	37%
FTP	0间距不接地	32%
FTP	0间距发送端接地	30%
UTP	20cm间距	6%
UTP	50cm间距	6%
UTP	100cm间距	1%
FTP	0间距排流线两端接地	1%
FTP	0间距排流线屏蔽层两端接地	0

上述结果，足以说明屏蔽效果与接地系统有着密切相关的联系，应予以重视接地系统的每一环节。

(8) 干线电缆的位置应接近垂直的地导体(例如建筑物的钢结构)并尽可能位于建筑物的网络中心部分。在建筑物的中心部分的附近雷电的电流最小，而且干线电缆与垂直地导体之间的互感作用可最大限度地减小通信线对上感应生成的电势。应避免把干线安排在外墙，特别是墙角。在这些地方，雷电的电流最大。

(9) 当电缆从建筑物外面进入建筑物内部容易受到雷击、电源碰地、电源感应电势或地电势上浮等外界影响时，必须采用保护器。

(10) 在下述的任何一种情况下，线路均属于处在危险环境之中，均应对其进行过压过流保护。

雷击引起的危险影响;工作电压超过 250V 的电源线路碰地;地电势上升到 250V 以上而引起的电源故障;交流 50Hz 感应电压超过 250V。

满足下列任何条件的一个，可认为遭雷击的危险影响可以忽略不计。

该地区年雷暴日不大于五天，而且土壤电阻系统数小于 100W－m;建筑物之间的直埋电缆短于 42m，而且电缆的连续屏蔽层在电缆两端处均接地;电缆完全处于已经接地的邻近高层建筑物或其他高构筑物所提供的保护伞之内，且电缆有良好的接地系统。

(11) 综合布线系统的过压保护宜选用气体放电管保护器。

气体放电管保护器的陶瓷外壳内密封有两个电极，其间有放电间隙，并充有惰性气体。当两个电极之间的电位差超过 250V 交流电源或 700V 雷电浪涌电压时，气体放电管开始出现电弧，为导体和地电极之间提供一条导电通路。固态保护器适合较低的击穿电压(60～90V)而且其电路不可有振铃电压，它对数据或特殊线路提供了最佳的保护。

(12) 过流保护宜选用能够自复的保护器。

电缆的导线上可能出现这样或那样的电压，如果连接设备为其提供了对地的低阻通路，它就不足以使过压保护器动作。而产生的电流可能会损坏设备或着火。例如:220V 电力线可能不足以使过压保护器放电，有可能产生大电流进入设备，因此，必须同时采用过电流保护。为了方便维护，规定采用能自复的过流保护器，目前有热敏电阻和雪崩二级管可供选用，但价贵，故也可选用热线圈或熔断器。这两种保护器具有相同的电特性，但工作原理不同，热线圈在动作时将导体接地。而熔断器在动轮转时将导体断开。

(13) 在易燃的区域或大楼竖井内布放的光缆或铜缆必须有阻燃护套;当这些缆线被布放在不可燃管道里，或者每层楼都采用了隔火措施时，则可以没有阻燃护套。

(14) 综合布线系统有源设备的正极或外壳，电缆屏蔽层及连通接地线均应接地，宜采用联合接地方式，如同层有避雷带及均压网(高于 30m 时每层都设置)时应与此相接，使整个大楼的接地系统组成一个笼式均压体。

联合接地方式有下列主要优点:

当大楼遭受雷击时，楼层内各点电位分布比较均匀，工作人员和设备的安全将得到较好的保障。同时，大楼框架式结构对中波电磁场能提供 10～40dB 的屏蔽效果。

它容易获得比较小的接地电阻值;

它可以节省金属材料、占地少。

2.11 环境保护

在环境保护方面应注意以下问题:

(1)在易燃的区域和大楼竖井内布放电缆或光缆，宜采用防火和防毒的电缆；相邻的设备间应采用阻燃型配线设备。对于穿钢管的电缆或光缆可采用普通外套护套。

关于防火和防毒电缆的推广应用，考虑到工程造价的原因没有大面积推广，只是限定在易燃区域和大楼竖井内采用，配线设备也应采用阻燃型。如果将来防火和防毒电缆价格下降，适当扩大使用面也未必不可以，万一着火，这种电缆可减少散发有害气体，对于疏散人流会起好的作用。

目前市场有以下几种类型的产品可供选择：

LSHF－FR 低烟无卤阻燃型，不易燃烧，释放 C·少，低烟，不释放卤素，危害性少。

LS·H 低烟无卤型，有一定的阻燃能力，过后会燃烧，释放 C·，但不释放卤素。

LSDC 低烟非燃型，不易燃烧，释放 C·少，低烟，但释放少量有害气体。

LSLC 低烟阻燃型，稍差于 LSNC 型，情况与 LSNC 类同。

(2)利用综合布线系统组成的网络，应防止由射频产生的电磁污染，影响周围其他网络的正常运行。

随着信息时代的高速发展，各种高频率的通信设施不断出现，相互之间的电磁辐射和电磁干扰影响也日趋严重，在国外，已把电磁影响看作一种环境污染，成立专门的机构对电信和电子产品进行管理，制订电磁幅射限值标准，加以控制。

2.12 安装工艺要求

1. 设备间

(1)设备间的设计应符合下列规定：

设备间应处于干线综合体的最佳网络中间位置；设备间应尽可能靠近建筑物电缆引入区和网络接口。电缆引入区和网络接口的相互间隔宜≤15m；设备间的位置应便于接地装置的安装；设备间室温应保持在 10℃至 27℃之间，相对湿度应保持 60%至 80%。这里未分长期温、湿度工作条件与短期温、湿度工作条件。长期工作条件的温、湿度是在地板上 2m 和设备前方 0.4m 处测量的数值；短期工作定为连续不超过 48 小时和每年积累不超过 15 天，也可按生产厂家的标准要求。短期工作条件可低于条文规定数值。

设备间应安装符合法规要求的消防系统，应使用防火防盗门，至少能耐火 1 小时的防火墙；设备间内所有设备应有足够的安装空间，其中包括：程控数字用户电话交换机，计算机主机，整个建筑物用的交接设备等。

设备间内安装计算机主机，其安装工艺要求应按照计算机主机的安装工艺要求进行设计。

设备间安装程控用户交换机，其安装工艺要求应按照程控用户电话交换机的安装工艺进行设计。

(2)设备间的室内装修、空调设备系统和电气照明等安装应在装机前进行。设备间的装修应满足工艺要求，经济适用。容量较大的机房可以结合空调送风、架间走缆和防静电等要求，设置活动地板。

设备间的地面面层材料应能防静电。

(3)设备间应防止有害气体(如 SO_2、H_2O、NH_3、NO_2 等)侵入，并应有良好的防尘措施，允许尘埃含量限值可参见表 2－26 的规定。

表 2－26　　允许尘埃限值表

灰尘颗粒的 最大直径(μm)	0.5	1	3	5
灰尘颗粒的最大 浓度(粒子数/m3)	1.4×103	71×103	2.4×103	1.3×103

注:灰尘粒子应是不导电的，非铁磁性和非腐蚀性的。

(4)至少应为设备间提供离地板 2.55m 高度的空间，门的高度应大于 2.1m，门宽应大于 90cm，地板的等效均布活荷载应大于 $5kN/m^2$。凡是安装综合布线硬件的地方，墙壁和天棚应涂阻燃漆。

(5)设备间的一般照明，最低照明度标准应为 150lx，规定照度的被照面，水平面照度指距地面 0.8m 处，垂直面照度指距地面 1.4m 处的规定。

2. 交接间

(1)确定干线通道和交接间的数目，应从所服务的可用楼层空间来考虑。如果在给定楼层所要服务的信息插座都在 75m 范围以内，宜采用单干线接线系统。凡超出这一范围的，可采用双通道或多个通道的干线系统，也可采用经过分支电缆与干线交接间相连接的二级交接间。

(2)干线交接间兼作设备间时，其面积不应小于 $10m^2$。干线交接间的面积为 $1.8m^2$ 时(1.2m×1.5m)可容纳端接 200 个工作区所需的连接硬件和其他设备。如果端接的工作区超过 200 个，则在该楼层增加 1 个或多个二级交接间，其设置要求宜符合表 2－27 的规定，或可根据设计需要确定。

表 2－27　　交接间的设置表

工作区数量(个)	交接间数量和大小(个－m^2)	二级交接间数量和大小(个－m^2)
≤200	1. ≥1.2×1.5	0
201～400	1. ≥1.2×2.1	1. ≥1.2×1.5
410～600	1. ≥1.2×2.1	1. ≥1.2×1.5
>600	1. ≥1.2×1.7	注

注:任何一个交接间最多可以支持二个二级交接间。

3. 电缆

(1)配线子系统电缆采用地板下安装方式，应根据环境条件选用地板下桥架布线法、蜂窝状地板布线法、高架(活动)地板布线法、地板下管道布线法等 4 种安装方式。

(2)配线子系统电缆宜穿钢管或沿金属电缆桥架敷设，并应选择最短捷的路径(此条规定为适应防电磁干扰要求编写)。

(3)干线子系统垂直通道有电缆孔、管道、电缆竖井 3 种方式可供选择，宜采用电缆孔方式。水平通道可选择管道方式或电缆桥架方式。

干线子系统垂直通道有下列 3 种可供选择:

电缆孔方式通常用一根或数根直径 10cm 的金属管预埋在地板内，金属管高出地坪 2.5cm 至 5cm，也可直接在地板上预留一个大小适当的长方形孔洞;管道方式(包括管或暗管敷设);电缆竖井方式:在原有建筑物中开电缆井很费钱，且很难防火，如果在安装过程中没有采取措施去防止损坏楼板支撑件，则楼板的结构完整性将受到破坏。

(4)一根管子宜穿设一条综合布线电缆。管内穿放大对数电缆时，直线管路的管径利用率宜为50～60%，弯管路的管径利用率宜为40～50%。管内穿放4对对绞电缆时，截面利用率宜为25～30%。应注意，4对对绞电缆不作为电缆处理，条文规定按截面利用率计算管子的尺寸。

(5)允许综合布线电缆、电视电缆、火灾报警电缆，监控系统电缆合用金属电缆桥架，但与电缆电视电缆宜用金属隔板分开。(金属隔板分开是是为防电磁干扰要求。)

(6)建筑物内暗配线一般可采用塑料管或金属配线材料。

◇ 项目小结

本章主要阐述了综合布线系统的有关标准、系统指标，同时简述了部分系统配置的相关规定和特点以及综合布线系统的安装工艺。

习题及思考

1. 综合布线系统指标都包括什么?

2. 工作区适配器的选用要符合哪些规定?

3. 干线子系统、设备间子系统、管理子系统、建筑物子系统分别有哪些特点?

■ 实训二　校园网的连接

一、实训目的

1. 理解网络的物理拓扑结构和逻辑拓扑结构

2. 了解校园网中用到的主要网络设备和典型的传输介质

二、实验理论基础

1. 拓扑结构:网络中各个设备和通信链路相互连接的方法和形式。主要有总线形、星形、环形发及复合形拓扑结构。

2. 传输介质:通信双方之间的物理通路，分为有线传输介质和无线传输介质两大类。有线介质主要包括如下:

· 双绞线:分为屏蔽双绞线(STP)和非屏蔽双绞线(UTP)两大类。综合布线系统中普遍采用后者，最常用的是3类UTP和5类UTP。

· 同轴电缆:分为宽带同轴电缆和基带同轴电缆两大类，分别于传输模拟电视信号和计算机数据信号。

· 光纤:分为单模光纤和多模光纤两大类。光纤的传输性能非常优异，常用于骨干线路的高速传输。

· 无线介质主要包括如下:

· 微波:频率高，容量大，沿直线传播，传输距离有限。卫星通信是一种特殊的微波通信方式，覆盖面广，传输距离大。

· 红外线:沿直线传播，保密性好，传输距离有限，不能传输模拟信号，易受环境的干扰，并且在收、发端分别接有红外线的发送器和接收器。

· 激光：不能传输模拟信号，传输距离有限，易受天气影响，必须配置一对激光收发器。

3. 网络设备：增加网络的作用范围。现在网络中经常采用的主要有以下设备：

· 集线器：共享带宽资源，主要用于星形以太网中作为中心节点。当网络中节点数目较多时，冲突会加剧，导致网络性能下降。

· 交换机：交换式局域网的核心设备，能够有效地增加网络带宽。

· 路由器：主要用于网络和网络之间的互联，能够跨越不同的物理网络类型，连接多个逻辑上分开的网络。

4. 网络软件系统：主要包括操作系统、网络管理软件和相关的应用服务软件。

三、实验内容

观察校园网的构成

四、实验环境需求

校园网环境

五、实验步骤

1. 考察校园网网络布线和物理拓扑结构，记录主要的网络传输介质的类型和性能参数。

2. 考察校园网的逻辑拓扑结构。

3. 记录校园网中主要的网络设备名称、型号、性能参数、用途和所处的位置。

4. 记录校园网中 IP 地址的分配情况。

5. 考察交换面的设置、VLAN 的划分情况。

6. 考察路由器的设置情况。

7. 考察校园网服务器的软 / 硬件平台。

8. 考察校园网到 Internet 或者其他网络的连接情况。

9. 考察校园网网管站的位置、主要设备 。

项目三　智能楼宇网络传输介质

◆ 项目描述

在计算机之间连网时，首先遇到的是通信线路和通道传输问题。目前，计算机通信分为有线通信和无线通信2种。有线通信是利用电缆或光缆或电话线来充当传输导体的，无线通信是利用卫星、微波、红外线来充当传输导体。

网络通信线路的选择必须考虑网络的性能、价格、使用规则、安装难易性、可扩展性及其他一些因素。目前，在通信线路上使用的传输介质有：双绞线、同轴电缆、大对数线、光导纤维。

3.1 双绞线线缆

双绞线（Twistedpair，TP）是一种综合布线工程中最常用的传输介质。双绞线是由两根具有绝缘保护层的铜导线组成。把两根绝缘的铜导线按一定密度互相绞在一起，可降低信号干扰的程度，每一根导线在传输中辐射出来的电波会被另一根线上发出的电波抵消。双绞线一般由两根为22号或24号或26号绝缘铜导线相互缠绕而成。如果把一对或多对双绞线放在一个绝缘套管中便成了双绞线电缆。

目前，双绞线可分为非屏蔽双绞线（UnshieldedTwistedPair，UTP，也称无屏蔽双绞线）和屏蔽双绞线（ShieldedTwistedPair，STP），屏蔽双绞线电缆的外层由铝泊包裹着，它的价格相对要高一些。

采用双绞线的局域网络的带宽取决于所用导线的质量、导线的长度及传输技术。因为双绞线传输信息时要向周围辐射，很容易被窃听，所以要花费额外的代价加以屏蔽，以减小辐射（但不能完全消除）。这就是我们常说的屏蔽双绞线电缆。它有较高的传输速率，100m内可达到155Mbps。

计算机综合布线使用的双绞线的种类如图3－1所示：

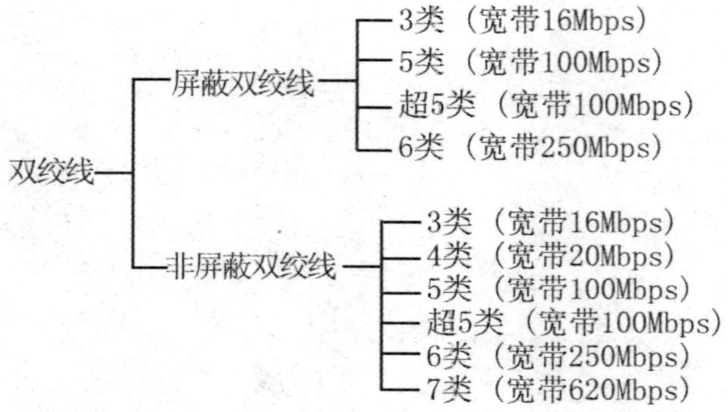

图3－1　计算机网络工程使用的双绞线种类

计算机网络工程使用4对非屏蔽双绞线导线，物理结构如图3－2所示：

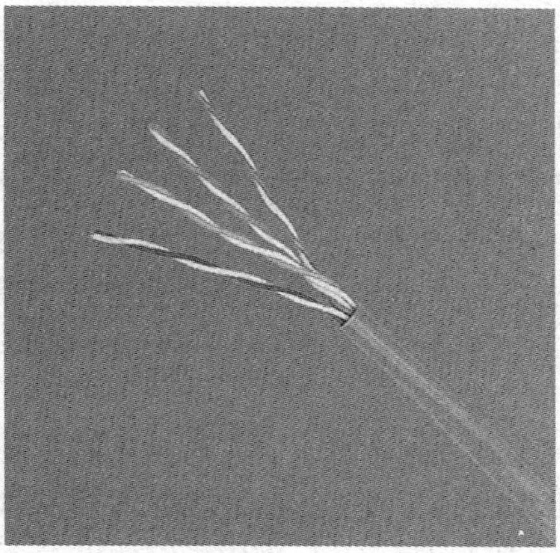

图 3－2　双绞线物理结构

1. 非屏蔽双绞线电缆的优点：

（1）无屏蔽外套，直径小，节省所占用的空间；

（2）质量小、易弯曲、易安装；

（3）将串扰减至最小或加以消除；

（4）具有阻燃性；

（5）具有独立性和灵活性，适用于结构化综合布线。

2. 双绞线的参数

对于双绞线（无论是 3 类、5 类，还是屏蔽、非屏蔽），作为用户所关心的是：衰减、近端串扰、特性阻抗、分布电容、直流电阻等。为了便于理解，我们首先解释几个名词。

（1）衰减：衰减（Attenuation）是沿链路的信号损失度量。衰减随频率而变化，所以应测量在应用范围内的全部频率上的衰减。

（2）近端串扰：近端串扰 NEXT 损耗（Near－EndCrosstalkLoss）是测量一条 UTP 链路中从一对线到另一对线的信号耦合。对于 UTP 链路来说这是一个关键的性能指标，也是最难精确测量的一个指标，尤其是随着信号频率的增加其测量难度就更大。

串扰分近端串扰和远端串扰（FEXT），测试仪主要是测量 NEXT。由于线路损耗，FEXT 的量值影响较小。在 3 类、5 类系统中忽略不计。NEXT 并不表示在近端点所产生的串扰值，它只是表示在近端点所测量到的串扰值。这个量值会随电缆长度不同而变，电缆越长而变得越小。

同时发送端的信号也会衰减，对其他线对的串扰也相对变小。实验证明，只有在 40m 内测量得到的 NEXT 值较真实，如果另一端是远于 40m 的信息插座，它会产生一定程度的串扰，但测试仪可能无法测量到这个串扰值。基于这个理由，对 NEXT 最好在两个端点都要进行测量。现在的测试仪都配有相应设备，使得在链路一端就能测量出两端的 NEXT 值。

（3）直流电阻（TSB67 无此参数）：直流环路电阻会消耗一部分信号并转变成热量，它是指一对导线电阻的和，11801 的规格不得大于 19.2W 每对间的差异不能太大（小于 0.1W），否则表示接触不良，必须检查连接点。

（4）特性阻抗：与环路直接电阻不同，特性阻抗包括电阻及频率自 1～100MHz 的电感抗及电容抗，它与一对电线之间的距离及绝缘的电气性能有关。各种电缆有不同的特性阻抗，对双绞线电缆而言，则有 100W、120W 及 150W 几种。

(5) 衰减串扰比(ACR):在某些频率范围，串扰与衰减量的比例关系是反映电缆性能的另一个重要参数。ACR 有时也以信噪比(SNR)表示，它由最差的衰减量与 NEXT 量值的差值计算。较大的 ACR 值表示对抗干扰的能力更强，系统要求至少大于 10dB。

(6) 电缆特性:通讯信道的品质是由它的电缆特性——信噪比 SNRSignal - Noiceratio)来描述的。SNR 是在考虑到干扰信号的情况下，对数据信号强度的一个度量。如果 SNR 过低，将导致数据信号在被接收时，接收器不能分辨数据信号和噪音信号，最终引起数据错误。因此，为了使数据错误限制在一定范围内，必须定义一个最小的可接收的 SNR。

3. 双绞线的传输速率

国际电气工业协会(EIA)为双绞线电缆定义了 5 种不同质量的型号。

计算机网络综合布线使用第 3、4、5 类、超五类(5e)、6 类、7 类。这六类分别定义为:

第 3 类:指目前在 ANSI 和 EIA/TIA568 标准中指定的电缆。该电缆的传输特性最高规格为 16MHz，用于语音传输及最高传输速率为 10Mbps 的数据传输。

第 4 类:该类电缆的传输特性最高规格为 20MHz，用于语音传输和最高传输速率 16Mbps 的数据传输。

第 5 类:该类电缆增加了绕线密度，外套是一种高质量的绝缘材料，传输特性的最高规格为 100MHz，用于语音传输和最高传输速率为 100Mbps 的数据传输。

超 5 类:在 5 类双绞线的基础上，增加了额外的参数(psNEXT、psACR)和部分性能提升，但传输速率仍为 100Mbps。

6 类:在物理上与超 5 类不同，线对与线对之间是分隔的，传输的速率为 250Mbps，其标准已于 2002 年 6 月 5 日通过。

7 类:在 2002 年 IS·/IEC118012nd、IEC61076 - 3 - 104 和 IEC60603 - 7 - 7 第二版的批准意味着 7 类/F 级布线从系统到部件的标准已经完全确定。7 类系统在系统机构上与超五类和 6 类一致，但这种先进布线系统是完全屏蔽的标准化布线。7 类布线系统每个线对都可提供超过 600M 的传输带宽。

7 类/F 级布线系统的特征:

· 信道带宽至少为 600MHz，西蒙的 7 类更是高达 1.2GHz 带宽，是 6 类系统的 250MHz 带宽的 5 倍，是超 5 类 100MHz 带宽的 12 倍。

· 完全屏蔽的布线系统，线缆每线对独立屏蔽，4 线对外部再总体屏蔽的布线。

4. 双绞线的绞距

在双绞线电缆内，不同线对具有不同的绞距长度。一般地说，4 对双绞线绞距周期在 38.1mm 长度内，按逆时针方向扭绞，一对线对的扭绞长度在 12.7mm 以内。

3.2 大对数双绞线

1. 大对双绞线的组成

大对双绞线是由 25 对具有绝缘保护层的铜导线组成的。它有 3 类 25 对大队数双绞线，5 类 25 对大队数双绞线，为用户提供更多的可用线对，并被设计为扩展的传输距离上实现高速数据通信应用，传输速度为 100MHz。导线色彩由蓝、橙、棕、灰和白、红、黑、黄、紫编码组成。

2. 大对数线品种

大对数线品种分为屏蔽大对数线和非屏蔽大对数线。

3.3　同轴电缆

同轴电缆(c・axialcable)是由一根空心的外圆柱导体及其所包围的单根内导线所组成。柱体同导线用绝缘材料隔开，其频率特性比双绞线好，能进行较高速率的传输。由于它的屏蔽性能好，抗干扰能力强，通常多用于基带传输。

同轴电缆可分为两种基本类型，基带同轴电缆(粗同轴电缆)和宽带同轴电缆(细同轴电缆)。目前基带常用的电缆，其屏蔽线是用铜做成网状的，特征阻抗为50W，如RG－8、RG－58等:宽带常用的电缆，其屏蔽层通常是用铝冲压成的。特征阻抗为75W，如RG－59等。

粗同轴电缆与细同轴电缆是指同轴电缆的直径大小。

粗缆适用于比较大型的局部网络，它的标准距离长、可靠性高。由于安装时不需要切断电缆，因此可以根据需要灵活调整计算机的入网位置。但粗缆网络必须安装收发器和收发器电缆，安装难度也大，所以总体造价高。相反，细缆则比较简单、造价低。但由于安装过程要切断电缆，两头装上基本网络连接头(BNC)，然后接在T型连接器两端，所以当接头多时容易产生接触不良的隐患，这是目前运行中的以太网所发生的最常见故障之一。

为了保持同轴电缆的正确电气特性，电缆屏蔽层必须接地。同时两头要有终端来削弱信号反射作用。

无论是粗缆还是细缆均为总线拓扑结构，即一根缆上接多部机器，这种拓扑适用于机器密集的环境。但是当一触点发生故障时，故障会串联影响到整根缆上的所有机器，故障的诊断和修复都很麻烦。所以，逐步被非屏蔽双绞线或光缆取代。

3.4 光缆的品种与性能

3.4.1 光缆

光导纤维是一种传输光束的细而柔韧的媒质。光导纤维电缆由一捆纤维组成，简称为光缆。光缆是数据传输中最有效的一种传输介质，本节介绍光纤的结构、光纤的种类、光纤通信系统的简述和基本构成。

光纤通常是由石英玻璃制成，其横截面积很小的双层同心圆柱体，也称为纤芯，它质地脆，易断裂，由于这一缺点，需要外加一保护层。

光缆是数据传输中最有效的一种传输介质，它有以下几个优点:

(1)较宽的频带。

(2)电磁绝缘性能好。光纤电缆中传输的是光束，而光束是不受外界电磁干扰影响的，而且本身也不向外辐射信号，因此它适用于长距离的信息传输以及要求高度安全的场合。当然，抽头困难是它固有的难题，因为割开光缆需要再生和重发信号。

(3)衰减较小，可以说在较大范围内是一个常数。

(4)中继器的间隔距离较大，因此整个通道中继器的数目可以减少，这样可降低成本。根据贝尔实验室的测试，当数据速率为420Mbps且距离为119km无中继器时，其误码率为10－8，可见其传输质量很好。而同轴电缆和双绞线在长距离使用中就需要接中继器。

3.4.2 光纤的种类

光纤主要有两大类，即单模光纤(SMFSingleM・deFibre)和多模光纤(MMFMultiM・deFibre)。

1.单模光纤

单模光纤的纤芯直径很小，在给定的工作波长上只能以单一模式传输，传输频带宽，传输容量大。光信号可以沿着光纤的轴向传播，因此光信号的损耗很小，离散也很小，传播的距离较远。单模光纤 PMD 规范建议芯径为 8 ~ 10μm，包括包层直径为 125μm。

2. 多模光纤

多模光纤是在给定的工作波长上，能以多个模式同时传输的光纤。多模光纤的纤芯直径一般为 50 至 200μm，而包层直径的变化范围为 125 到 230μm，计算机网络用纤芯直径为 62.5μm，包层为 125μm，也就是通常所说的 62.5μm。与单模光纤相比，多模光纤的传输性能要差。在导入波长上分单模 1310nm ~ 1550nm；多模 850nm ~ 1300nm。

3. 纤芯分类

(1)按照纤芯直径可划分为以下几种：

· 50/125(μm)缓变型多模光纤
· 62.5/125(μm)缓变增强型多模光纤
· 10/125(μm)缓变型单模光纤

(2)按照光纤芯的折射率分布可分为以下几种：

· 阶跃型光纤(StepIndexFiber，SIF)
· 梯度型光纤(GriendedIndexFiber，GIF)
· 环形光纤(RingFiber)
· W 型光纤

3.4.3 光纤通信系统简述

1. 光纤通信系统

光纤通信系统是以光波为载体、光导纤维为传输介质的通信方式，起主导作用的是光源、光纤、光发送机和光接收机。

(1) 光源 - 光源是光波产生的根源；
(2) 光纤 - 光纤是传输光波的导体；
(3) 光发送机 - 光发送机负责产生光束，将电信号转变成光信号，再把光信号导入光纤；
(4) 光接收机 - 光接收机负责接收从光纤上传输过来的光信号，并将它转变成电信号，经解码后再作相应处理。

2. 光纤通信系统主要优点

(1) 传输频带宽、通信容量大，短距离时达几千兆的传输速率；
(2) 线路损耗低、传输距离远；
(3) 抗干扰能力强，应用范围广；
(4) 线径细、质量小；
(5) 抗化学腐蚀能力强；
(6) 光纤制造资源丰富。

3. 光端机

光端机是光通信的一个主要设备，主要分两大类：模拟信号光端机和数字信号光端机。

模拟信号光端机主要分为调频式光端机和调幅式光端机。由于调频式光端机比条幅式光端机的灵敏度高约 16dB，所以市场上模拟信号光端机是以调频式 FM 光端机为主导的，调幅式光端机是很少见的。光端机一般按方向分为发射机(T)、接收机(R)、收发机(X)。作为模拟信号的 FM 光端机，现行市场上主要有以下几种类型。

(1)单模光端机/多模光端机

光端机根据系统的传输模式可分为单模光端机和多模光端机。一般来说单模光端机光信号传输可达几十公里的距离，模拟光端机有些型号可无中继地传输 100km。而多模光端机光信号一般传输为 2～5km 左右。这一点也可作为光纤系统中对一般光端机选择的参考标准。

(2)数据/视频/音频光端机。

光端机根据传输信号又可分为数据(RS－232－RS－242/RS－485/曼彻斯特 TTL/常开触点/常闭触点)光端机、视频光端机、音频光端机、视频/数据光端机、视频/音频光端机、视频/数据/音频光端机以及多路复用光端机。并且可作为 10～100Mbps 以太网(IP)数据传输功能。

(3)独立式/插卡式/标准式光端机。

＊独立式光端机可独立使用，但需要外接电源。主要应用于系统远程设备比较分散的场合。

＊插卡式光端机中的模块可插入插卡式机箱中工作，每个插卡式机箱为 19”机架，具有 18 个插槽，插卡式光端机主要应用在系统的控制中心，便于系统安装和维护。

＊标准式光端机可独立使用，标准 19”IU 机箱，可安装在系统远程设备及控制中心 19”机柜中。

(4)光纤通信系统主要优点。

＊传输频带宽、通信容量大，短距离时传输速率达几千兆。

＊路线损耗低、传输距离远。

＊抗干扰能力强，应用范围广。

＊线径细、重量轻。

＊抗化学腐蚀能力强。

＊光纤制造资源丰富。

在网络工程中，一般是 62.5μm/125μm 规格的多模光纤，有时用 50μm/125μm 规格的多模光纤。户外布线大于 2km 时可选用单模光纤。在进行综合布线时需要了解光纤的基本性能。

为了便于阅读，下面对直径、重量、拉力和弯曲半径解释如下：

直径单位用 mm

重量单位用 kg/km

拉力单位用 N(牛顿)，对拉力分两种情况说明，安装时最大为 2700N，约合 6091bf

弯曲半径指光缆只能装拐弯时的弯曲半径

3.4.4 光缆的种类和机械性能

1. 单芯互联光缆

主要应用范围包括：跳线、内部设备连接、通信柜配线面板、墙上出口到工作站的连接和水平拉线直接端接。

主要性能及优点如下：

(1) 高性能的单模和多模光纤符合所有的工业标准；

(2) 900μm 紧密缓冲外衣易于连接与剥除；

(3) Aramid 抗拉线增强组织提高对光纤的保护；

(4) UL/CAS 验证符合 OFNR 和 OFNP 能要求。

2. 双芯互联光缆

主要应用范围包括：交连跳线、水平走线，直接端接、光纤到桌、通信柜配线面板和墙上出口到工作站的连接。

双芯互联光缆除具备单芯互联光缆所有的主要性能优点之外，还具有光纤之间易于区分的优点。

3. 室外光缆 4～12 芯铠装型与全绝缘型

主要应用范围包括：

(1) 园区中楼宇之间的连接；

(2) 长距离网络；

(3) 主干线系统；

(4) 本地环路和支路网络；

(5) 严重潮湿、温度变化大的环境；

(6) 架空连接(和悬缆线一起使用)、地下管道或直埋。

主要性能优点包括：

(1) 高性能的单模和多模光纤符合所有的工业标准；

(2) 900μm 紧密缓冲外衣易于连接与剥除；

(3) 套管内具有独立彩色编码的光纤；

(4) 轻质的单通道结构节省了管内空间，管内灌注防水凝胶，以防止水渗入；

(5) 设计和测试均根据 BellcoreGR－20－CORE 标准；

(6) 扩展级别 62.5/125 符合 ISO/IEC11801 标准；

(7) 抗拉线增强组织提高对光纤的保护；

(8) 聚乙烯外衣在紫外线或恶劣的室外环境有保护作用；

(9) 低摩擦的外皮使之可轻松穿过管道，完全绝缘或铠装结构，撕剥线使剥离外表更方便。

室外光缆有 4 芯、6 芯、8 芯、12 芯，又分铠装型和全绝缘型。

4. 室内/室外光缆(单管全绝缘型)

主要应用范围包括：

(1) 不需任何互联情况下，由户外延伸入户内，线缆具有阻燃特性；

(2) 园区中楼宇之间的连接；

(3) 本地线路和支路网络；

(4) 严重潮湿、温度变化大的环境；

(5) 架空连接(和悬缆线一起使用)时；

(6) 地下管道或直埋；

(7) 悬吊缆/服务缆。

主要性能优点包括：

(1) 高性能的单模和多模光纤符合所有的工业标准；

(2) 设计符合低毒、无烟的要求；

(3) 套管内具有独立 TLA 彩色编码的光纤；

(4) 轻质的单通道结构节省了管内空间，管内灌注防水凝胶，以防止水渗入；注胶芯完全由聚酯带包裹；

（5）符合 ISO/IEC11801 标准；

（6）Aramid 抗拉线增强组织提高对光纤的保护；

（7）聚乙烯外衣在紫外线或恶劣的室外环境有保护作用；

（8）低磨擦的外皮使之可轻松穿过管道，完全绝缘或铠装结构，撕剥线使剥离外表更方便。

室内/室外光缆有 4 芯、6 芯、8 芯、12 芯、24 芯、32 芯。

3.4.5 吹光缆铺设技术

近年来，随着数据通信网络的迅速发展，用户出于对传输带宽、安全性等方面的考虑，越来越多地采用了光纤。这里，我们介绍一种全新的光纤布线方式——吹光纤布线。所谓“吹光纤”即预先在建筑群中铺设特制的管道，在实际需要采用光纤进行通信时，再将光纤通过压缩空气吹入管道。

1. 系统的组成

吹光纤系统由微管和微管组、吹光纤、附件和安装设备组成。

（1）微管和微管组

图 3－3　吹光纤设备 IM2000

吹光纤的微管有两种规格：5 毫米和 8 毫米（外径）管。8 毫米管内径较粗，因此吹制距离较远。每一个微管组可由 2～4 或 7 根微管组成，并按应用环境分为室内及室外两类。值得一提的是，该系统中所有微管外皮均采用阻燃～低烟～不含卤素的材料，在燃烧时不会产生有毒气体，符合国际标准的要求。在进行楼内或楼间光纤布线时，可先将微管在所需线路上布置但不将光纤吹入，只有当实际真正需要光纤通信时，才将光纤吹入微管并进行端接。采用直径 5 毫米微管，吹制距离在路由多弯曲的情况下超过 300 米，在直路中可超过 500 米。采用 8 毫米微管，吹制距离在路由多弯曲的情况下超过 600 米，在直路中可超过 1000 米，垂直安装高度（由下向上）超过 300 米。在室内环境中单微管的最小弯曲半径为 25 毫米，可充分适应楼内布线环境的要求。微管路由的变更也是非常的简便，只需将要变更的微管切断，再用微管连接头进行拼接，即可方便地完成对路由的修改、封闭和增加。

（2）吹光纤

吹光纤有多模 62.5/125、50/125 和单模三类，每一根微管可最多容纳 4 根不同种类的光纤，由于光纤表面经过特别处理并且重量极轻（每芯每米 0.23 克），因而吹制的灵活性极强。在吹光纤安装时，对于最小弯曲半径 25 毫米的弯度，在允许范围内最多可有 300 个 90 度弯曲。吹光纤表面采用特殊涂层，在压缩空气进入空管时光纤可借助空气动力悬浮在空管内向前飘行。另外，由于吹光纤的内层结构与普通光纤相同，因此光纤的端接程序和设备与普通光纤一样。

（3）附件

包括 19 英寸光纤配线架、跳线、墙上及地面光纤出线盒、用于微管间连接的陶瓷接头等等。

（4）安装设备

早期的吹光纤安装设备全重超过 130 千克，设备的移动较为复杂，不易于吹光纤技术的推广。1996 年，英国 BICC 公司在原设备的基础上进行了大量改进，推出了改进型设备 IM2000，如图 3－3 所示。IM2000 由两个手提箱组成，总净重量不到 35 千克，便于携带。该设备通过压缩空气将光纤吹入微管，吹制速度可达到每分种40米。

2. 系统的性能特点及其优越性

吹光纤系统与传统光纤系统的区别主要在于其铺设方式，光纤本身的衰减等指标与普通光纤相同，同样可采用ST、SC型接头端接，而且吹光纤系统的造价亦与普通光纤系统相差无几。但采用吹光纤系统具有四大优越性。

(1)分散投资成本

目前，许多用户在考虑光纤系统设计时出于对光纤系统成本的考虑(包括相关的光缆、端接、配线架、光电转换设备以及布放难度等)，不能全面采用光纤布线。在很多布线工程中只有极少数信息点采用光纤到桌面方案，这样当后期需要增加光纤时用户又为没有合适的敷设路由苦恼。在吹光纤系统中，由于微管成本极低(不及光纤的十分之一)，所以设计时可以尽可能地敷设光纤微管，在以后的应用中用户可根据实际需要吹入光纤，从而分散投资成本，减轻用户负担。

(2)安装安全、灵活、方便

作为一个典型的传统光纤布线系统，在入楼处和层分配线架处均需做光纤接续，这样不仅增加了成本及路由光损耗，而且使安装变得较为复杂。另外，工程现场施工环境较为复杂，建筑施工人员很可能因误操作而导致光纤损坏，造成光损耗加大，甚至光纤折断。

在吹光纤系统安装时只需安装光纤外的微管，由楼外进入楼内和在层分配线架时只需用特制陶瓷接头将微管拼接即可，无需做任何端接。当所有微管连接好后，将光纤吹入即可。由于路由上采用的是微管的物理连接，因此即使出现微管断裂，也只需简单地用另一段微管替换即可，对光纤不会造成任何损坏。另外，在传统的光纤布线系统中，光缆一旦铺设，网络结构也相应固定，无法更改，而吹光纤系统则不同，它只需更改微管的物理走向和连接方式就可轻而易举地将光纤网络结构改变。

(3)便于网络升级换代

网络及网络设备的发展对于光纤本身也提出了越来越严格的要求，在最新的千兆以太网规范中，由于差模延迟(DMD)等因素，多模光纤的支持距离已较原来的两公里大大减少，越来越多的用户开始选择单模光纤作为网络主干。可以预见，随着网络技术的高速发展，光纤本身亦将不断发展，而吹光纤的另一特点就是它既可以吹入，也可以吹出，当将来网络升级需要更换光纤类型时，用户可以将原来的光纤吹出，再将所需类型的光纤吹入，从而充分保护用户投资的安全性。

(4)节省投资，避免浪费

根据美国FIA协会统计，有72%的用户在光纤安装之后闲置，这种情况在我国更为严重。据有关部门估计，闲置比例应在80%以上。特别是我国有大量的写字楼、办公楼在初期投入使用时就采用了光纤主干，然而许多租/用户目前尚无对光纤的需求，从而造成大量的财力浪费。对于少数需要光纤的用户来说，现有的光纤数量、类型和光纤网络结构又未必满足他们的需求，常常需要重做修改。采用吹光纤系统，在大楼建设时只需布放微管和部分光纤，随租/用户的不断搬入，根据用户需要再将光纤吹入相应管道。当用户需要做网络修改时，还可将光纤吹出，再吹入新的光纤。

综上所述，吹光纤系统是一种全新的布线方式，为用户提供了一个灵活、安全、高性能价格比的布线系统，其诸多优点势必为光纤网络的迅速普及提供强大动力。

◇ 项目小结

本章介绍了综合布线系统使用的传输介质，双绞线的参数、大对数双绞线、同轴电缆、光纤的传输特性和光纤的种类及吹光缆铺设技术。

习题及思考

1. 简述综合布线系统常用的传输介质有哪些？
2. 双绞线的种类有哪几种？
3. 双绞线的参数有哪些？
4. 大对数有哪些组成和种类？
5. 什么是同轴电缆？
6. 光纤有哪几类？其概念是什么？
7. 吹光纤系统具有哪些优越性？

■ 实训三　网络工程系统的设备安装

一、实训目的

1. 了解设备安装的范围和特点
2. 各种设备及机架的安装方法
3. 连接硬件和信息插座安装的具体要求
4. 机架与机柜的安装
5. 模块安装检查

二、实训器材

· RJ45 模块，RJ45 配线架，信息插座，支架，底板，理线架，机柜

三、实训内容

1. 安装的范围、类型和特点

(1)在设备间里，综合布线设备包括：建筑物配线架和各种模块，布线接插件等相应设备。在楼层交接间内装设楼层配线架，单孔、多孔信息插座

(2)常用的类型基本分为双面配线架的落地安装方式和单面配线架的墙上安装方式两种，设备的结构有敞开的列架式和外设箱体外壳保护的柜式等。

· 国内均采用通用的 19 英寸（48.26cm）标准机柜(架)；信息插座由面板、接线模块和盒体几部分组装成整体；连接用的插座插头为 RJ45 型或 IDC 卡接式的接线模块。

2. 设备的安装

(1)机架、设备的排列布置、安装位置和设备面向应符合设计要求，并符合实际测定后的机房平面布置图中的需要，要求机架和设备与地面垂直，其前后左右的垂直偏差均不大于 3mm 。

(2)机架和设备上各种零件的标志要求统一、完整、清晰、醒目。

(3)机架和设备安装牢固可靠，各种螺丝必须拧紧，无松动、缺少、损坏或锈蚀等缺陷，机架不能有摇晃现象。

(4)机架和设备前预留1500mm的空间，机架和设备背面距离墙面大于800mm，相邻机架和设备靠近，同列机架和设备的机面排列整齐。

(5)建筑物配线架采用单面配线架的墙上安装方法，要求墙壁必须坚固牢靠，能承受机架重量，其机架底距地面为300～800mm，接线端子按电缆用途划分连接区域，方便连接，并设置标志，以示区别。

(6)建筑物配线架采用双面配线架的落地安装方法。

① 缆线从配线架下面引上走线方式，配线架的底座位置与成端电缆的上线孔相对应，利于缆线平直引入架上。

② 各个直列上下两端垂直倾斜误差不大于3mm，底座水平误差每平方米不大于2mm。

③ 跳线环等装置牢固，其位置横竖、上下、前后整齐平直一致。

④ 接线端子按电缆用途划分区域，方便连接，并设置各种标志，以示区别，便于管理。

3. 机架与机柜的安装：

(1)机架与机柜的安装垂直偏差不大于3mm，组成零件齐全。

(2)小箱体采用螺丝固定在地面或墙上。

(3)机柜(架)的安装

① 机柜(架)直接安装在地面，拧紧螺丝，不能直接固定在活动地板的板块上。

② 机柜(架)在形成列架时，顶部安装采用由上架、立柱、连固铁、列间撑铁、旁侧撑铁和斜撑组成的加固连接网。

4. 模块安装检查

(1)所有模块(包括IDC及RJ45模块，光纤模块)支架，底板，理线架等部件紧固在机箱或机柜内，符合设计的要求。

(2)设备间、交接间内各种模块的彩色标签的内容：

· 绿色：外部网络的接口侧，如公用网电话线，中继线等。
· 紫色：外部网络主设备侧。
· 白色：建筑物主干电缆或建筑群主干电缆。
· 蓝色：水平电缆侧。
· 灰色：交接间至二级交接间之间的连接主干线缆侧。
· 橙色：多路复用器侧。
· 黄色：交换机其他各种引出线。

(3 所有模块做四个孔位的固定点。

(4)连接外线电缆的IDC模块加装过压过流保护器。

项目四　综合布线产品的选择

◆ 项目描述

布线系统中除了线缆外，槽管是一个重要的组成部分，可以说：金属槽、PVC 槽、金属管、PVC 管是综合布线系统的基础性材料。在综合布线系统中主要使用线槽有以下几种情况：

(1) 金属槽和附件；

(2) 金属管和附件；

(3) PVC 塑料槽和附件；

(4) PVC 塑料管和附件。

4.1 金属线槽和塑料线槽

1. 金属槽

金属槽由槽底和槽盖组成，每根槽一般长度为 2 米，槽与槽连接时使用相应尺寸的铁板和螺丝固定。槽的外型如图 4－1 所示。

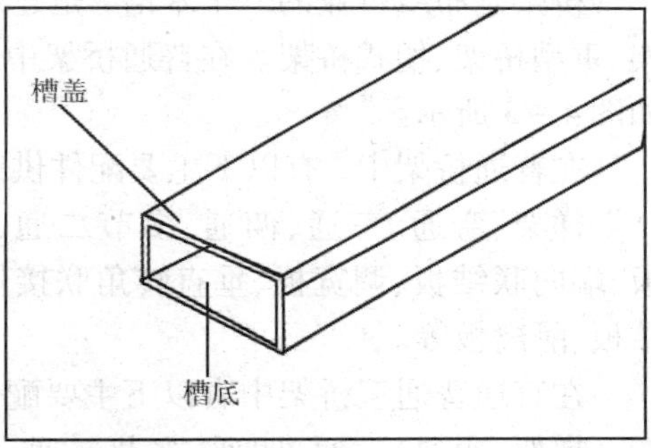

图 4－1　金属槽

在综合布线系统中一般使用的金属槽的规格有：50mm × 100mm、100mm × 100mm、100mm × 200mm。

100mm ×300mm. 200 ×400mm 等多种规格。

2. 塑料槽

塑料槽的外状与图 4－1 类似，但它的品种规格更多，从型号上讲有：

PVC－20 系列、PVC－25 系列、PVC－25F 系列、PVC－30 系列、PVC－40 系列、PVC－40Q 系列等。

从规格上讲有：20mm × 12mm、25mm × 12. 5mm、25mm × 25mm、30mm × 15mm、40mm × 20mm 等。

与 PVC 槽配套的附件有：阳角、阴角、直转角、平三通、左三通、右三通、连接头、终端头、接线盒（暗盒、明盒）等。

4.2 金属管和塑料管

1. 金属管

金属管是用于分支结构或暗埋的线路，它的规格也有多种，以外径 mm 为单位。管的外形如图 4－2 所示。

图 4－2　管外形

工程施工中常用的金属管有：D16、D20、D25、D32、D40、D50、D63、D25、D110 等规格。

在金属管内穿线比线槽布线难度更大一些，在选择金属管时要注意管径选择大一点，一般管内填充物占30%左右，以便于穿线。金属管还有一种是软管(俗称蛀皮管)，供弯曲的地方使用。

2. 塑料管

塑料管产品分为2大类:即PE阻燃导管和PVC阻燃导管。塑料管的外形如图4-2所示。

PE阻燃导管是一种塑制半硬导管，按外径有D16、D20、D25、D32这4种规格。外观为白色，具有强度高、耐腐蚀、挠性好、内壁光滑等优点，明、暗装穿线兼用，它还以盘为单位，每盘重为25千克。

PVC阻燃导管是以聚氯乙稀树脂为主要原料，加入适量的助剂，经加工设备挤压成型的刚性导管，小管径PVC阻燃导管可在常温下进行弯曲。便于用户使用，按外径有:D16、D20、D25、D32、D40、D45、D63、D25、D110等规格。

与PVC管安装配套的附件有:接头、螺圈、弯头、弯管弹簧;一通接线合、二通接线合、三通接线合、四通接线合、开口管卡、专用截管器、PVC黏合剂等。

4.3 桥架

桥架是布线行业的一个术语，是建筑物内布线不可缺少的一个部分。桥架分为普通型桥架、重型桥架、槽式桥架。在普通桥架中还可分为普通型桥架，直边普通型桥架。桥架的外形如图4-3所示。

在普通桥架中，有以下主要配件供组合:

梯架、弯通、三通、四通、多节二通、凸弯通、凹弯通、调高板、端向联结板、调宽板、垂直转角联接件、联结板、小平转角联结板、隔离板等。

在直通普通型桥架中有以下主要配件供组合:

梯架、弯通、三通、四通、多节二通、凸弯通、凹弯通、盖板、弯通盖板、三通盖板、四通盖、凸弯通盖板、凹弯通盖板、花孔托盘、花孔弯通、花孔四通托盘、联结板垂直转角联接扳、小平转角联结板、端向联接板护扳、隔离板、调宽板、端头挡板等。

图4-3　桥架外形

重型桥架，槽式桥架在网络布线中很少使用，故不再叙述。

4.4 线缆的槽、管铺设方法

槽的线缆敷设一般有4种方法。

1. 采用电缆桥架或线槽和预埋纲管结合的方式

(1) 电缆桥架宜高出地面2.2m以上，桥架顶部距顶棚或其他障碍物不应小于0.3m，桥架宽度不宜小于0.1m，桥架内横断面的填充率不应超过50%。

(2) 在电缆桥架内缆线垂直敷设时，在缆线的上端应每间隔1.5m左右固定在桥架的支架上;水平敷设时，在缆线的首、尾。拐弯处每间隔2~3m处进行固定。

(3) 电缆线槽宜高出地面2.2m。在吊顶内设置时，槽盖开启面应保持80mm的垂直净空，线槽截面利用率不应超过50%。

(4) 水平布线时，布放在线槽内的缆线可以不绑扎，槽内缆线应顺直，尽量不交叉，缆线不应溢出线槽，在缆线进出线槽部位，拐弯处应绑扎固定。垂直线槽布放缆线应每间隔1.5m固定在缆线支架上。

（5）在水平、垂直桥架和垂直线槽中敷设线时，应对缆线进行绑扎。绑扎间距不宜大于1.5m，扣间距应均匀，松紧适度。

设置缆线桥架和缆线槽支撑保护要求：

（1）桥架水平敷设时，支撑间距一般为1～1.5m，垂直敷设时固定在建筑物体上的间距宜小于1.5m。

（2）金属线槽敷设时，在下列情况下设置支架或吊架：线槽接头处；间距1～1.5m；离开线槽两端口0.5m处；拐弯转角处。

（3）塑料线槽槽底固定点间距一般为0.8～1m。

2. 预埋金属线槽支撑保护方式

（1）在建筑物中预埋线槽可视不同尺寸，按一层或两层设置，应至少预埋两根以上，线槽截面高度不宜超过25mm。

（2）线槽直埋长度超过6m或在线槽路由交叉、转变时宜设置拉线盒，以便于布放缆线和维修。

（3）拉线盒盖应能开启，并与地面齐平，盒盖处应采取防水措施。

（4）线槽宜采用金属管引入分线盒内。

3. 预埋暗管支撑保护方式

（1）暗管宜采用金属管，预埋在墙体中间的暗管内径不宜超过50mm；楼板中的暗管内径宜为15～25mm。在直线布管30m处应设置暗箱等装置。

（2）暗管的转弯角度应大于90°，在路径上每根暗管的转弯点不得多于两个，并不应有S弯出现。在弯曲布管时，在每间隔15m处应设置暗线箱等装置。

（3）暗管转变的曲率半径不应小于该管外径的6倍，如暗管外径大于50mm时，不应小于10倍。

（4）暗管管口应光滑，并加有绝缘套管，管口伸出部位应为25～50mm。

4. 格形线槽和沟槽结合的保护方式

（1）沟槽和格形线槽必须勾通。

（2）沟槽盖板可开启，并与地面齐平，盖板和插座出口处应采取防水措施。

（3）沟槽的宽度宜小于600mm。

（4）铺设活动地板敷设缆线时，活动地板内净空不应小于150mm，活动地板内如果作为通风系统的风道使用时，地板内净高不应小于300mm。

（5）采用公用立柱作为吊顶支撑时，可在立柱中布放缆线，立柱支撑点宜避开沟槽和线槽位置，支撑应牢固。

（6）不同种类的缆线布线在金属槽内时，应同槽分隔（用金属板隔开）布放。金属线槽接地应符合设计要求。

干线子系统缆线敷设支撑保护应符合下列要求：

· 缆线不得布放在电梯或管道竖井中。

· 干线通道间应沟通。

· 竖井中缆线穿过每层楼板孔洞宜为矩形或圆形。矩形孔洞尺寸不宜小于300×100mm。

（7）圆形孔洞处应至少安装三根圆形钢管，管径不宜小于100mm。

(8) 在工作区的信息点位置和缆线敷设方式未定的情况下，或在工作区采用地毯下布放缆线时，在工作区宜设置交接箱，每个交接箱的服务面积约为 $80cm^2$。

4.5 槽(管)大小选择的计算方法及槽(管)可放线缆的条数

1. 槽(管)大小选择的计算方法

n = 槽(管)截面积 * 70% * (40% ~50%)/线缆截面积

其中:n:表示用户所要安装的线缆数

70%表示布线标准规定允许的空间

40% ~50%表示线缆之间浪费的空间

2. 槽(管)可放线缆的条数

槽规格型号与容纳的双绞线条数

槽类型	槽规格/mm	容纳双绞线条数	槽类型	槽规格/mm	容纳双绞线条数
PVC	20×12	2	金属、PVC	100×80	80
PVC	25×12.5	4	金属、PVC	200×100	150
PVC	30×16	7	金属、PVC	250×125	230
金属、PVC	50×25	18	金属、PVC	300×100	280
金属、PVC	60×30	23	金属、PVC	300×150	330
金属、PVC	75×50	40	金属、PVC	400×100	380
金属、PVC	80×50	50	金属、PVC	150×75V	100
金属、PVC	100×50	60			

管规格型号与容纳的双绞线条数

管类型	管规格/mm	容纳双绞线条数	管类型	管规格/mm	容纳双绞线条数
PVC、金属	16	2	PVC、金属	50	15
PVC	20	3	PVC、金属	63	23
PVC、金属	25	5	PVC	80	30
PVC、金属	32	7	PVC	100	40
PVC	40	11			

选择线槽时，建议宽高之比为 2:1，这样布出的线槽较为美观、大方。

4.6 信息模块

信息模块是网络工程中经常使用的一种器材，分为 6 类、超 5 类、3 类，且有屏蔽和非屏蔽之分。信息模块如图 4－4 所示。

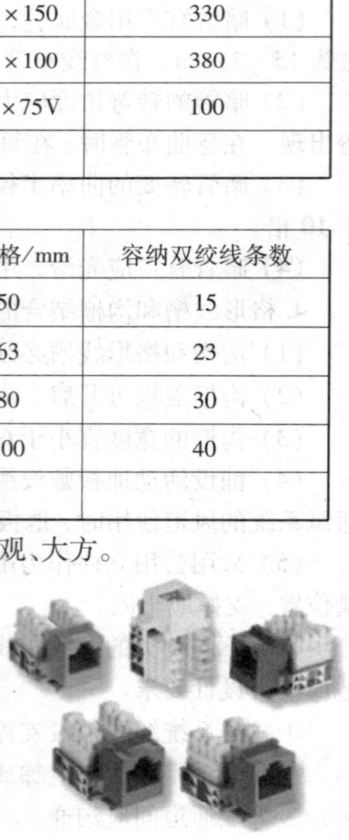

图 4－4　信息模块

信息模块满足 T－568A 超五类传输标准，符合 T568A 和 T568B 线序，适用于设备间与工作区的通讯插座连接。免工具型设计，便于准确快速地完成端接，扣锁式端接帽确保导线全部端接并防止滑动。芯针触点材料 50μm 的镀金层，耐用性为

1500 次插拔。

打线柱外壳材料为聚碳酸酯，IDC 打线柱夹子为磷青铜。适用于 22，24 及 26AWG (0.64，0.5 及 0.4mm) 线缆，耐用性为 250 次插拔。

在 100MHz 下测试传输性能：近端串扰 44.5dB、衰减 0.17dB、回波损耗 30.0dB 平均 46.3dB。

4.7 面板

面板通常采用高强度 PC 材料，面板外型尺寸符合国标 86 型、120 型。网络面板如图 4－5 所示。它是应用于工作区的布线子系统；面板表面带嵌入式图表及标签位置，便于识别数据和语音端口；配有防尘滑门用以保护模块、遮蔽灰尘和污物进入。

目前有适用于各种环境的单、双、多孔面板。

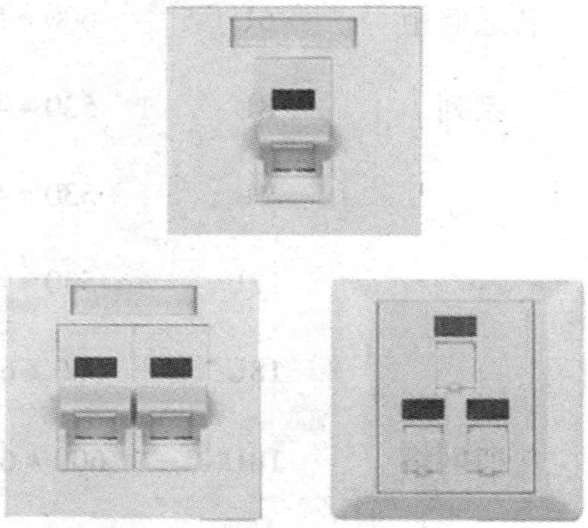

图 4－5 网络面板

4.8 配线架

配线架是管理子系统中最重要的组件，是实现垂直干线和水平布线两个子系统交叉连接的枢纽，一般放置在管理区和设备间的机柜中。配线架通常安装在机柜或墙面上。通过安装附件，配线架可以全线满足 UTP、STP、同轴电缆、光纤、音视频的需要。

在网络工程中常用的配线架有双绞线配线架和光纤配线架。

双绞线配线架的作用是在管理子系统中将双绞线进行交叉连接，用在主配线间和各分配线间。双绞线配线架的型号很多，每个厂商都有自己的产品系列，并且对应 3 类、5 类、超 5 类、6 类和 7 类线缆分别有不同的规格和型号，在具体项目中，应参阅产品手册，根据实际情况进行配置。双绞线配线架如图 4－6 所示。

用于端接传输数据线缆的配线架采用 19 英寸 RJ45 口 110 配线架，此种配线架背面进线采用 110 端接方式，正面全部为 RJ45 口用于跳线配线，它主要分为 24 口、48 口等，全部为 19 寸机架/机柜式安装。

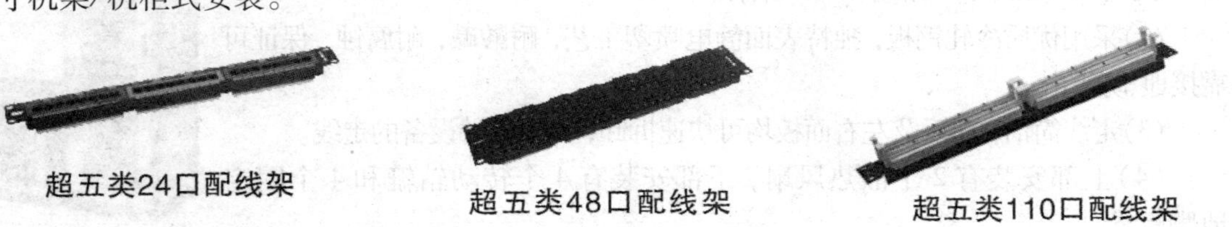

图 4－6 双绞线配线架

光纤配线架的作用是在管理子系统中将光缆进行连接，通常在主配线间和各分配线间进行。

4.9 机柜

机柜是存放设备和线缆交接的地方。机柜以 U 为单元（1U＝44.45mm）。

标准的机柜为：宽度 19 英寸，宽度为 600mm，一般情况下：服务器机柜的深＞＝800，而网络机柜的深＜＝800。具体规格见表 4－1。

表 4－1　　网络机柜规格表

产品名称	用户单元	规格型号（宽＊深＊高）	产品名称	用户单元	规格型号（宽＊深＊高）
	6U	530＊400＊300			
普通墙柜	6U	600＊500＊300	豪华墙柜	6U	600＊500＊300
系列	8U	530＊400＊400	系列	6U	600＊500＊400
	9U	530＊400＊450		6U	600＊500＊450
	12U	530＊400＊600		6U	600＊500＊600
	18U	600＊600＊1000		18U	600＊600＊1000
普通网络	18U	600＊600＊1000	豪华网络	22U	600＊600＊1200
机柜系列	22U	600＊600＊1200	机柜系列	27U	600＊600＊1400
	27U	600＊600＊1400		32U	600＊600＊1600
	31U	600＊600＊1600		37U	600＊600＊1800
	36U	600＊600＊1800		42U	600＊600＊2000
普通服务器	40U	600＊600＊2000	豪华服务器	45U	600＊600＊220
机柜系列(加深	45U	600＊600＊2200	机柜系列(加深)	32U	600＊800＊1600

网络机柜可分为以下两种：

1. 常用服务器机柜

(1)安装立柱尺寸为 480 毫米(19”)。内部安装设备的空间高度一般为 1850 毫米(42U)。如图 4－7 所示。

(2)采用优质冷轧钢板，独特表面静电喷塑工艺，耐酸碱，耐腐蚀，保证可靠接地、防雷击。

(3)走线简洁，前后及左右面板均可快速拆卸，方便各种设备的走线。

(4)上部安装有 2 个散热风扇，下部安装有 4 个转动轱辘和 4 个固定地脚螺栓。

(5)适用于 IBM、HP、DELL 等各种品牌导轨式上安装的机架式服务器。也可以安装普通服务器和交换机等标准 U 设备。一般安装在网络机房或者楼层设备间。

图 4－7　网络机柜

2. 壁挂式网络机柜

主要用于摆放轻巧的网络设备，外观轻巧美观，全柜采用全焊接式设计。牢固可靠。机柜背面有四个挂墙的安装孔，可将机柜挂在墙上节省空间。如图 4－8 所示。

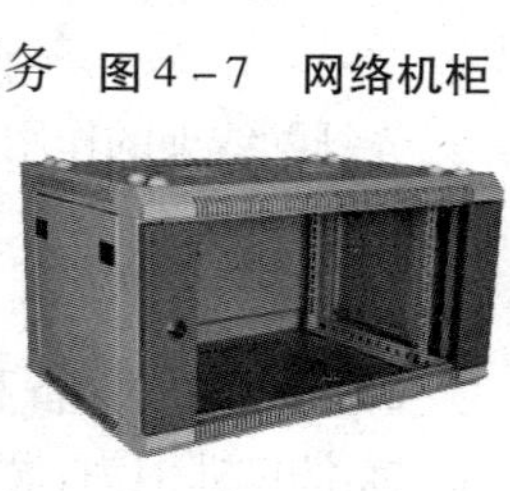

图 4－8　壁挂式网络机柜

小型挂墙式机柜，有体积小，纤巧，节省机房空间等特点。广泛用于计算机数据网络、布线、音响系统、银行、金融、证券、地铁、机场工程、工程系统等。

4.10 布线工具

在网络布线系统中，进行缆线端接要借助于施工工具——布线工具。

1.5 对 110 型打线工具

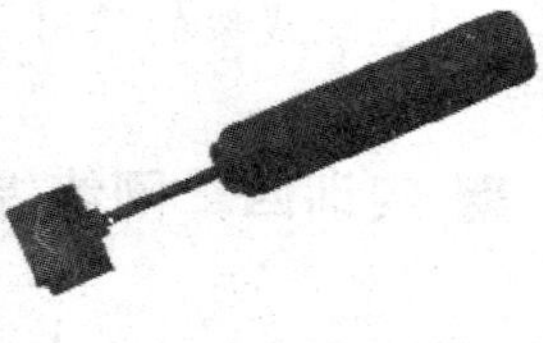

图 4－9　5 对 110 型打线钳

该工具是一种简便快捷的 110 型连接端子打线工具，是 110 配线(跳线)架卡接连接块的最佳手段。一次最多可以接 5 对的连接块，操作简单，省时省力。适用于线缆、跳接块及跳线架的连接作业。如图 4－9 所示。

2. 单对 110 型打线工具

适用于线缆、110 型模块及配线架的连接作业。使用时只需要简单地在手柄上推一下，就能完成将导线卡接在模块中，完成端接过程。如图 4－10 所示。

图 4－10　5 单对 110 型打线钳

3. RJ45 + RJ11 双用压接工具

适用于 RJ45、RJ11 水晶头的压接。一把钳子包括了双绞线切割、剥离外护套、水晶头压接等多种功能。如图 4－11 所示。

图 4－11　双用压线钳

4. RJ45 单用压接工具

在双绞线网线制作过程中，压线钳是最主要的制作工具，如图 4－12 所示。一把钳子包括了双绞线切割、剥离外护套、水晶头压接等多种功能。

因压线钳针对不同的线材会有不同的规格，在购买时一定要注意选对类型。

图 4－12　RJ45 压线钳

◇项目小结

本章首先介绍了综合布线系统重要的基础性材料——线管、线槽的规格型号、铺设方法和容量；其次介绍了信息模块、面板、配线架、机柜等综合布线系统配套材料；最后介绍了布线所使用的工具。

习题及思考

1. 在综合布线系统中，主要使用线槽有哪几种情况？
2. 在综合布线系统中，与 PVC 线槽配套使用的附件有哪些？

3. 在综合布线系统中，线缆槽的铺设主要有哪几种？

4. 简述配线架的作用。

■ 实训四　网络综合布线基础材料

一、实训目的

通过实训认识综合布线工程中常用布线材料的品种与规格，并在工程中正确选购使用。

二、实训内容

· 认识双绞线

· 认识光缆

· 认识双绞线端接设备

· 认识光缆端接设备

· 认识线槽、管及配件，桥架

· 认识机柜

· 认识其他小件材料

三、实训方法

实物演示和实地参观

四、实训步骤

1. 在综合布线实训室演示以下材料：

(1)5E 类和 6 类 UTP，大对数双绞线(25、50、100)，STP 和 FTP 双绞线，室外双绞线。

(2)单模和多模光纤，室内与室外光纤，单芯与多芯光纤。

(3)信息模块和免打信息模块，24 口配线架

(4)ST 头，SC 头，光纤耦合器，光纤终端盒，光纤收发器，交换机光纤模块。

(5)镀锌线槽及配件(水平三通，弯通，上垂直三通等)，PVC 线槽及配件(阴角、阳角等)，管，梯形桥架

(6)立式机柜，壁挂式机柜。

(7)防蜡管，膨胀栓，标记笔，捆扎带，木锣钉，膨胀胶等 。

2. 到网络综合布线工地参观，认识以上材料在工程中的使用。

第二篇
智能楼宇综合布线系统的设计

项目五　网络综合布线工程技术

◆ 项目描述

综合布线系统设计是建设综合布线系统的关键，综合布线系统需要规划信息系统的种类、数量和分布，设计系统结构，设计各功能子系统，选择综合布线产品，预算设备和材料用量，绘制图纸，编制设计方案书和施工方案等。

5.1 设计距离

1. 干线子系统的布线距离

综合布线中干线子系统布线的最大距离有一定的要求。即建筑群配线架（CD）到楼层配线架（FD）间的距离不应超过2000m，建筑物配线架（BD）到楼层配线架（FD）的距离不应超过500m。

通常将设备间的主配线架设在建筑物的中部附近，使线缆的距离最短。若超出上述距离限制，可以分成几个区域布线，使每个区域满足相应的距离要求。

（1）采用单模光缆时，建筑群配线架到楼层配线架的最大距离可以延伸到3000m。

（2）采用五类双绞电缆时，传输速率超过100Mb/s的高速应用系统，布线距离不宜超过90m，否则，宜选用单模或多模光缆。

（3）在建筑群配线架和建筑物配线架上，接插软线和跳线长度不宜超过20m，超过20m的长度应从允许的干线缆最大长度中扣除。

这里规定的最大距离不一定适用于传输介质和应用系统的任意组合。因为水平子系统和干线子系统布线的距离与信息传输速率、信息编码技术以及选用的线缆和相关连接硬件有关。

比如：62.5/125μm多模光纤的信息传输速率为100Mb/s时，传输距离为2km。这种光纤通道传输千兆位以太网（1000Base - SX）信息。采用8B/10B编码技术，并使用损耗最小的短波长（850nm）光端机，传输距离也只能约为275m。8.3/125μm单模光纤通道传输千兆位以太网（1000Base - LX）信息，使用长波长（1310nm）光端机，传输距离为3km。

采用五类非屏蔽电缆和相关连接硬件构成的通道，信息传输率为100Mb/s，传输距离为100m。这种通道传输千兆位以太网（1000Base - T）信息，采用先进的硅处理和信息处理技术，传输距离也能达到100m。屏蔽双绞电缆的传输距离只能达25m。

在低矮而又宽阔的厂房，信息传输率一般都在1Mb/s以下，采用五类双绞电缆布线距离有时可达5km以上。

把电信设备(如用户交换机)直接连接到建筑群配线架或建筑物配线架的设备电缆、设备光缆长度不宜超过30m。如果使用的设备电缆、设备光缆超过30m,则干线电缆和干线光缆的长度应相应减少。

2. 水平系统设计距离

布线线缆长度等于楼层配线间或楼层配线间内互连设备电端口到工作区信息插座的缆线长度。根据我国通信行业标准规定,水平布线子系统的双绞线最大长度为90m。

5.2 施工中影响双绞线性能的因数

1. 电缆的拉伸张力

在进行布线的时候,不要超过电缆制造商规定的电缆拉伸张力。张力过大会使电缆中的线对绞距变形,严重影响电缆抑制噪音(包括近端串扰、远端串扰及其衍生物)能力以及电缆的结构化回波损耗,进而改变电缆的阻抗,损害整体回波损耗性能,影响高速局域网(如千兆以太网)的传输性能。此外,张力过大还可能导致线对散开,损坏导线。

2. 电缆的压缩

要避免使电缆扎线带过紧而压缩电缆。在大的成捆电缆或电缆设施中最可能发生这个问题,其中成捆电缆中外面的电缆会比内部的电缆承受更多的压力。压力过大会使电缆内部的绞线变形,影响其性能,一般会使回波损耗处于不合格状态。回波损耗的效应会积累起来,比如:在挂在悬挂线上的长走线电缆中,每隔300mm就要使用一条电缆扎线带,如果挂在悬挂线上的电缆长40m,那么扎线次数为134次,其中的每个过紧的电缆扎线所引起的回波损耗都会积累起来,提高总损耗。因此在使用电缆扎线带时,要特别注意扎线带使用的压力大小。扎线带的强度只要能够支撑成捆电缆即可。

较好的方法是,在使用电缆扎线对把电缆捆在一起时,不出现任何电缆护套变形的情况。这在配线柜中也非常重要,因为用户一般会扎紧电缆扎线带,以使电缆保持整洁。另外,在配线柜中,配线架背面的端接点进线操作非常困难,这也特别容易造成电缆变形。因此,某些线缆制造商,会在产品使用建议中提倡安装商使用挂钩和环形电缆扎线带。这些设备可避免由于压缩而损坏电缆,同时也方便在成捆电缆中增加更多的电缆,拆除起来也更加容易。

3. 电缆的打结

在从卷轴上拉出电缆时,要注意电缆可能会打结。电缆打结就应视为损坏,应更换电缆。因为即使弄直电缆结,损坏也已经发生,这一点可以通过对电缆的测试得到验证。尽管一个电缆结不可能导致测试不合格,但是,所有这些效应会积累在一起,当它们与电缆扎线带引起的性能下降等其他因素综合在一起时,会导致系统测试不合格。即使就算通过,也会存在隐患,而随着这些隐患数量的增加,也会引起线缆性能余量降到最低程度,也就会出现故障。

4. 成捆电缆中的电缆数量

当任意数量的电缆以很长的平行长度捆在一起时,其中具有相同绞距的不同电缆的线对电容耦合(如蓝线对到蓝线对)会导致串扰明显提高,这称为“外来串扰”。这一指标还有待布线标准的规范或精确定义。

还有值得注意的是线缆要避免束得过紧,以免压迫线缆。这个问题主要发生在有许多束缚和捆绑线缆的场合,位于外围的线缆受到的压力比线束里面的大。压力过大,会使线缆内的扭绞线对变形，从而影响线缆的一些性能，主要表现为回损成为主要的故障。如有多处的束缚和捆绑，就会将回损的影响都积累起来，最后都表现在总损耗上。在配线柜里也要特别注意这一点，因为配线柜里面的线缆较多，为了保持线缆整齐，有可能会把线缆束得太紧，还有在接插件的后面，也容易发生这类问题。解决这个问题的最好方法是使用系缆钩或环。这种装置不会压迫线缆，而且它们也很容易拆下来。但这一方法也容易使线缆受到破坏。

5. 电缆护套剥开的长度

在电缆端接点上进行端接后，从外皮到IDC(绝缘置换连接器)之间露出的线对必须保持最小长度。剥开的护套长度越小，越有利于电缆内部的线对保持绞距，实现最有效的传输通路。

电缆的接头处反缠绕开的线段的距离不应超过2cm。

IS・和TIA的5E类布线标准规定了线对散开(没有扭绞)的长度范围≤13mm。

6. 环境温度

环境温度在5类和超5类布线中已经是个问题，在6类布线中更为严重。因为环境温度会影响电缆的传输特点，所以，应尽量避免可能遇到的高温环境。

线缆的信号衰减受温度的影响很大。温度每升高10摄氏度，线缆的信号衰减就增大4%。这意味着40摄氏度下92.6米线缆的信号衰减与20摄氏度下100米线缆的信号衰减相同。所以，温度对于信号衰减的影响及作用要远远大于许多其他环境因素。

5.3 拉力对布线的影响

拉线缆的速度从理论上讲，线的直径越小，则拉线的速度越快。但是，有经验的安装者一般会采取慢速而又平稳的拉线，而不是快速的拉线，因为快速拉线通常会造成线的缠绕或被绊住。

拉力过大，线缆变型，会破坏电缆对绞的匀称性，将引起线缆传输性能下降。

拉力过大还会使线缆内的扭绞线对层数发生变化，严重影响线缆抗噪声(NEXT、FEXT等)的能力，从而导致线对扭绞松开，甚至可能对导体造成破坏。

线缆最大允许的拉力如下：

一根4对线电缆，拉力为100N；

二根4对线电缆，拉力为150N；

三根4对线电缆，拉力为200N。

N根线电缆，拉力为N×5+50N；不管多少根线对电缆，最大拉力不能超过400N。

5.4 布线弯曲半径要求

布线中如果不能满足最低弯曲半径要求，电缆可能会损坏，电缆性能会下降。例如，在铜缆系统中，回波损耗过高通常表明在电缆走线中未能正确控制弯曲半径。在光纤系统中，则可能会导致高衰减。

缆线的弯曲半径应符合下列规定：

(1) 非屏蔽4对对绞电缆的弯曲半径应至少为电缆外径的4倍。

(2) 屏蔽4对对绞电缆的弯曲半径应至少为电缆外径的8倍。在实践中，在背面盒中的弯曲半径以50毫米为宜，进线的电缆管道的最小弯曲半径是100毫米。对最初安装/指定直径较小的电缆的大楼，这对重用大楼内部的传统器件系统有着明显影响。

(3) 主干对绞电缆的弯曲半径应至少为电缆外径的 10 倍。

(4) 2 芯或 4 芯水平光缆的弯曲半径应大于 25mm。

(5) 光缆容许的最小曲率半径在施工时应当不小于光缆外径的 20 倍，施工完毕应当不小于光缆外径的 15 倍。

其他芯数的水平光缆、主干光缆和室外光缆的弯曲半径应至少为光缆外径的 10 倍。

5.5 电磁干扰对综合布线的影响

电缆既是电磁干扰的发生器，也是接收器。作为发生器，它辐射电磁波。灵敏的收音机、电视机和通信系统，会通过它们的天线、互连线和电源接收这种电磁波。电缆也能敏感地接收从其他邻近干扰源所辐射的电磁波。

电磁干扰是电子系统辐射的寄生电能，这里的电子系统也包括电缆。这种寄生电能能在附近的其他电缆或系统上影响综合布线系统的正常工作，降低数据传输的可靠性，增加误码率，使图像扭曲变形、控制信号误动作等。电磁辐射则涉及信息在正常传输中被无关人员窃取的安全问题，或者造成电磁污染。为了抑制电磁干扰必须采取保护措施。

◇ 项目小结

本章首先介绍了网络综合布线工程中不同系统布线设计距离，然后介绍了影响双绞线性能的因素，最后介绍了拉力、电磁干扰对布线的影响。

习题及思考

1. 简述干线子系统布线距离的要求。
2. 影响双绞线性能的因数有哪些？
3. 简述拉力对布线的影响？
4. 简述布线弯曲半径的要求。
5. 电磁对综合布线系统有什么影响？

■ 实训五　双绞线的制作与测试

一、实训目的

1. 认识 RJ－45 水晶头，学习掌握 RJ45 水晶的制作工艺及操作规程，培养熟练制作各种跳线的能力及对各种跳线的选择使用的能力；

2. 学习了解测线器的各端口及指示灯的功能，培养正确使用测线器对 UTP 双绞线跳线进行通断及线序测试的能力。

二、实训器材：

5 类 UTP 线缆 100 米，8 芯 RJ－45 水晶头 200 个，剥线器 20 个，压线钳 20 把，测线器 20 个。

三、实训内容：

1. 介绍 UPT 线缆制作工具，剥线器、压线钳的使用方法。

2. 学习制作 568A/568B 直通线、交叉线、控制线(反转线)。

(1)RJ45 水晶头制作

RJ45 水晶头由金属片和塑料构成，制作网线所需要的 RJ45 水晶接头前端有 8 个凹槽，简称“SE”(P·siti·n，位置)。

凹槽内的金属触点共有 8 个，简称“ 8C ”(C·ntact，触点)，因此业界对此有“ 8P 8C ”的别称。特别需要注意的是 RJ45 水晶头引脚序号，当金属片面对我们的时候从左至右引脚序号是 1 - 8，序号对于网络连线非常重要，不能搞错。

双绞线的最大传输距离为 100 m。如果要加大传输距离，在两段双绞线之间可安装中继器，最多可安装 4 个中继器。如安装 4 个中继器连接 5 个网段，则最大传输距离可达 500 m。EIA/TIA 的布线标准中规定了两种双绞线的线序 568A 和与 568B 。

568A 标准：绿白——1，绿——2，橙白——3，蓝——4，蓝白——5，橙——6，棕白——7，棕——8

568B 标准：橙白——1，橙——2，绿白——3，蓝——4，蓝白——5，绿——6，棕白——7，棕——8

为了保持最佳的兼容性，普遍采用 EIA/TIA568B 来制作网线。

四、双绞线的制作步骤

步骤 1：利用斜口错剪下所需要的双绞线长度，至少 0.6 米，最多不超过 100 米 。然后再利用双绞线剥线器(实际用什么剪都可以)将双绞线的外皮除去2 ~3 厘米 。有一些双绞线电缆上含有一条柔软的尼龙绳，如果您在剥除双绞线的外皮时，觉得裸露出的部分太短，而不利于制作 RJ - 45 接头时，可以紧握双绞线外皮，再捏住尼龙线往外皮的下方剥开，就可以得到较长的裸露线(如下图)。

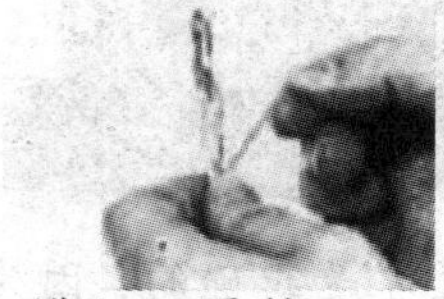

步骤 2：剥线完成后的双绞线电缆如下图所示。

步骤 3：接下来就要进行拨线的操作。将裸露的双绞线中的橙色对线拨向自己的前方，棕色对线拨向自己的方向，绿色对线剥向左方，蓝色对线剥向右方，如图所示。上：橙；左：绿；下：棕；右：蓝

步骤 4：将绿色对线与蓝色对线放在中间位置，而橙色对线与棕色对线保持不动，即放在靠外的位置，如下图所示。

调整线序为以下顺序左一:橙;左二:蓝;左三:绿;左四:棕

步骤5:小心地剥开每一对线,白色混线朝前。因为我们是遵循EIA / TIA 568B的标准来制作接头,所以线对颜色是有一定顺序的(如下图所示)。

需要特别注意的是,绿色条线应该跨越蓝色对线。这里最容易犯错的地方就是将白绿线与绿线相邻放在一起,这样会造成串扰,使传输效率降低。

左起:白橙/橙/白绿/蓝/白蓝/绿/白棕/棕。常见的错误接法是将绿色线放到第4只脚的位置(如下图所示)。

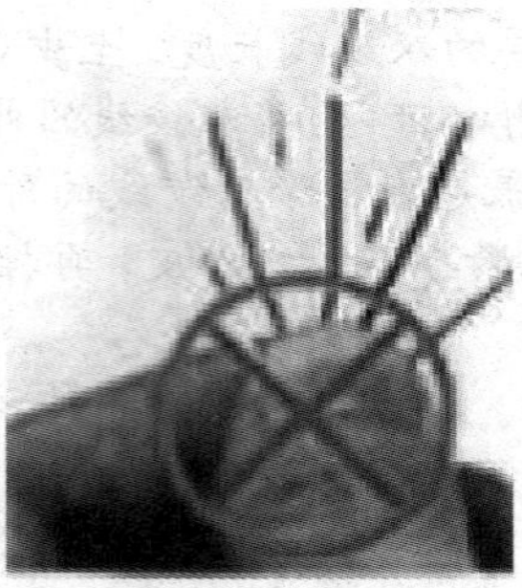

应该将绿色线放在第6只脚的位置才是正确的,因为在100BaseT网络中,第3只脚与第6只脚是同一对的,所以需要使用同一对线。(见标准EIA / TIA 568B)左起:白橙/橙/白绿/蓝/白蓝/绿/白棕/棕

步骤6:将裸露出的双绞线用剪刀或斜口钳剪下只剩约13mm的长度,之所以留下这个长度是为了符合EIA / TIA的标准,您可以参考有关用RJ-45接头和双绞线制作标准的介绍。最后再将双绞线的每一根线依序放入RJ-45接头的引脚内,第一只引脚内应该放白橙色的线,其余类推,如下图。

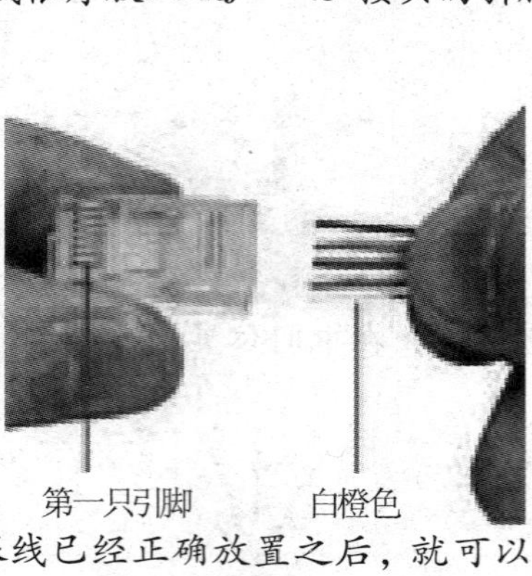

步骤7:确定双绞线的每根线已经正确放置之后,就可以用RJ-45压线钳压接RJ-45接头。

检查双绞线是否放置在压线钳

五、直通线的制作步骤

双绞线的两端都按照 568B 标准制作水晶头，操作步聚同四，直通线应用在两个异性设备端口的连接(计算机 —— 交换机 / 路由器)。

六、交叉线的制作步骤

双绞线的一端按照 568B 标准制作水晶头，另一端按照 568A 标准制作，操作步聚同四，交叉线应用在两个同性设备端口的连接(计算机 —— 计算机、交换机 —— 交换机)。

七、控制线的制作步骤

双绞线的一端按照 568B 标准制作水晶头(实际上可以任意排线序)，另一端按完全相反线序排列，应用在路由器或交换机的 c · ns · le 口与计算机的 RS232 串口的连接。

测线器的使用及各种线缆的通断和线序测试。测线器的端口：BNC 口，RJ -11 口，RJ -45 口 。

测线器的指示灯：通则主端和远端对应指示灯都亮，在测直通线时，指示灯应按 1 -8 的顺序依次闪亮，如有不亮，则不通，如果远端灯亮顺序不对，则说明线序不对。在测交叉线时，主端按 1 -8 的顺序依次闪亮，远端则按 3 -6 -1 -4 -5 -3 -7 -8 的顺序闪亮。如有灯不亮则不通，如灯亮顺序不对，则有线序不对。测控制线时，主端按 1 -8，远端按 8 -1 依次闪亮，否则说明线序不对，如有不亮，则不通。

项目六　网络综合布线系统工程的设计与施工

◆ 项目描述

通过用户需求分析详细地掌握了综合布线工程的全面情况后，施工单位可以组织工程设计人员进行工程方案的设计工作。

6.1 综合布线工程的设计

1. 综合布线工程设计要求

综合布线工程设计的第一步就是尽可能地了解用户地信息需求，针对不同类型的用户设计最合适的布线方式。

综合布线工程的设计必须遵守 GB50311 - 2007《综合布线系统工程设计规范》。

综合布线的设计应优先考虑保护人和设备不受电击和火灾之虑。严格按照规范考虑照明电线、动力电线、通信线路、暖气管道、冷热空气管道、电梯之间的距离、绝源线、裸线以及接地与焊接等问题，其次才能考虑线路的走向和美观程度。

2. 综合布线设计指标

综合布线设计指标是指综合布线使用电缆（平衡电缆和光缆）和相关连接硬件组成的相对独立的通道技术性能指标。它可以作为检测线缆和相关连接硬件、测试链路和通道、验收综合布线工程的依据。

6.2 工作区子系统的设计

6.2.1 工作区子系统设计概述

工作区子系统由终端设备连接到信息插座的跳线组成。如图 6.1 所示。它包括信息插座、信息模块、网卡和连接所需的跳线，并在终端设备和输入/输出（I/·）之间搭接，相当于电话配线系统中连接话机的用户线及话机终端部分。

一个独立的工作区。通常是一部电话机和一台计算机终端设备。设计的等级为基本型、增强型、综合型。目前普遍采用增强型设计等级为语音点与数据点互换奠定了基础。

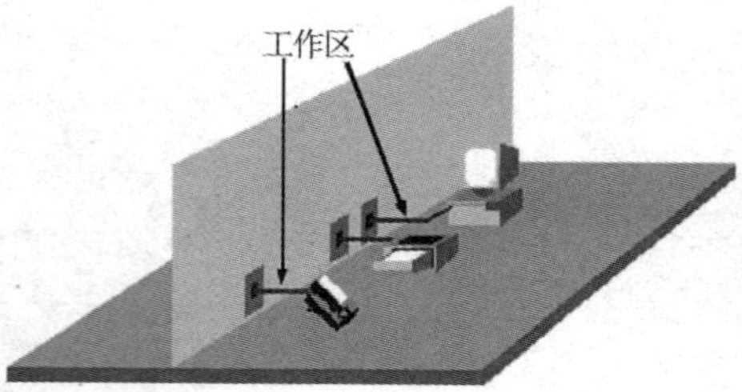

图 6.1　工作区

工作区可支持电话机、数据终端、微型计算机、电视机、监视及控制等终端设备的设置和安装。

6.2.2 工作区设计要点

工作区设计要点：工作区内线槽要布得合理、美观；信息座要设计在距离地面 30cm 以上；信息座与计算机设备的距离保持在 5m 范围内；购买的网卡类型接口要与线缆类型接口保持一致；所有工作区所需的信息模块、信息座、面版的数量；RJ45 水晶头所需的数量。

RJ45 水晶头的需求量一般用下述方式计算：

$m = n \times 4 + n \times 4 \times 15\%$

其中：m：表示 RJ45 水晶头的总需求量；n：表示信息点的总量；n×4×15%：表示留有的富余量。

信息模块的需求量一般为：

$m = n + n \times 3\%$

其中：m：表示信息模块的总需求量；n：表示信息点的总量；n×3%：表示富余量。

6.3 水平干线子系统的设计

水平布线，是将电缆线从管理区子系统的配线间接到每一楼层的工作区的信息插座上。如图 6－2 所示。要根据建筑物的结构特点，从路由（线）最短、造价最低、施工方便、布线规范等几个方面考虑。但由于建筑物中的管线比较多，往往要遇到一些矛盾，所以，设计水平子系统时必须折中考虑，优选最佳的水平布线方案。

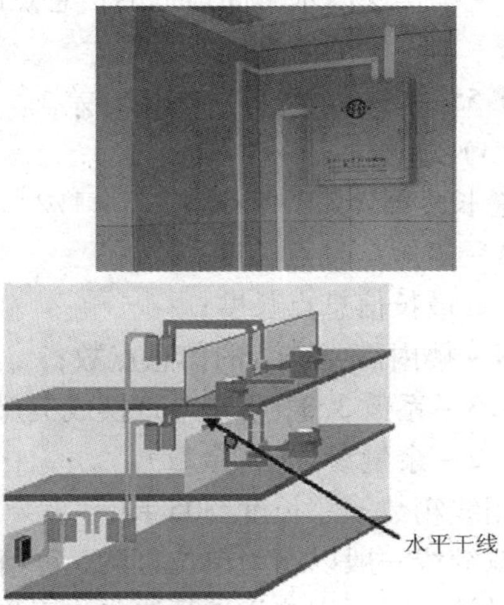

图 6－2　水平干线示意

6.3.1 水平干线子系统设计概述

水平干线子系统设计涉及到水平子系统的传输介质和部件集成，主要确定线路走向；确定线缆、槽、管的数量和类型；确定电缆的类型和长度；订购电缆和线槽；如果打吊杆走线槽，则需要用多少根吊杆；如果不用吊杆走线槽，则需要用多少根托架。

确定线路走向一般要由用户、设计人员、施工人员到现场根据建筑物的物理位置和施工难易度来确立。

信息插座的数量和类型、电缆的类型和长度一般在总体设计时便已确立，但考虑到产品质量和施工人员的误操作等因素，在订购时要留有余地。订购电缆时，必须考虑：确定介质布线方法和电缆走向；确认到设备间的接线距离；留有端接容差。

设计时要注意如下要点：

（1）水平干线子系统用线一般为双绞线；

（2）长度一般不超过 90m；

（3）用线必须走线槽或在天花板吊顶内布线，尽量不走地面线槽；

（4）用 3 类双绞线可传输速率为 16Mbps，用 5 类双绞线可传输 100Mbps；

（5）确定介质布线方法和线缆的走向；

（6）确定距服务接线间距离最近的 I/O 位置；

（7）确定距服务接线间距离最远的 I/O 位置；

（8）计算水平区所需线缆长度。

电缆的计算公式有 3 种：

（1）订货总量

订货总量（总长度 m）＝所需总长＋所需总长×10%＋n×6

其中:所需总长指 n 条布线电缆所需的理论长度;所需总长 ×10% 为备用部分;n ×6 为端接容差。

(2) 整幢楼的用线量

整幢楼的用线量 = NC

其中:N – 楼层数;C – 每层楼用线量;

C = [0.55 × (L + S) + 6] × n;

L – 本楼层离水平间最远的信息点距离;

S – 本楼层离水平间最近的信息点距离;

n – 本楼层的信息插座总数;

0.55 – 备用系数;6 – 端接容差。

(3) 总长度

总长度 = A + B/2 × n × 3.3 × 1.2

A – 最短信息点长度;

B – 最长信息点长度;

N – 楼内需要安装的信息点数;

3.3 – 系数 3.3,将米(m)换成英尺(ft);

1.2 – 余量参数(富余量)。

用线箱数 = 总长度/305 + 1

双绞线一般以箱为单位订购,每箱双绞线长度为 305m。

设计人员可用这 3 种算法之一来确定所需线缆长度。

在水平布线通道内,关于电信电缆与分支电源电缆要说明以下几点:

(1) 屏蔽的电源导体(电缆)与电信电缆并线时不需要分隔;

(2) 可以用电源管道障碍(金属或非金属)来分隔电信电缆与电源电缆;

(3) 对非屏蔽的电源电缆,最小的距离为 10cm;

(4) 在工作站的信息口或间隔点,电信电缆与电源电缆的距离最小应为 6cm。

水平间设计的最后一点是确定水平间与干线接合配线管理设备。

打吊杆走线槽时,一般是间距 1m 左右一对吊杆。吊杆的总量应为水平干线的长度(m) ×2(根)。

使用托架走线槽时,一般是 1 ~ 1.5m 安装一个托架,托架的需求量应根据水平干线的实际长度去计算。

托架应根据线槽走向的实际情况来选定。一般有 2 种情况:

(1) 水平线槽不贴墙,则需要定购托架;

(2) 水平线贴墙走,则可购买角钢的自做托架。

图 6 – 3　水平子系统布线实验照片

6.3.2 水平干线子系统布线线缆种类

在水平干线布线系统中常用的线缆有 4 种:

(1)100W 非屏蔽双绞线(UTP)电缆;

(2)100W 屏蔽双绞线(STP)电缆;

(3)50W 同轴电缆;

(4)62.5/125μm 光纤电缆。

6.4 垂直干线子系统的设计

6.4.1 垂直干线子系统设计概述

垂直干线子系统的任务是通过建筑物内部的传输电缆，把各个服务接线间的信号传送到设备间，直到传送到最终接口，再通往外部网络。

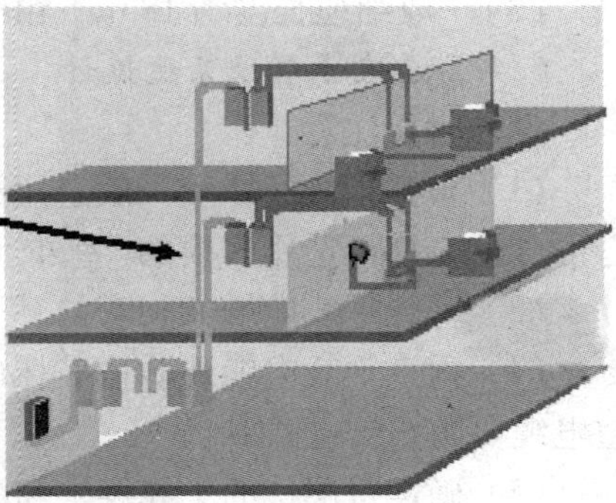

图 6-4　垂直干线示意

垂直干线子系统包括：

(1)供各条干线接线间之间的电缆走线用的竖向或横向通道；

(2)主设备间与计算机中心间的电缆。

设计时要考虑到确定每层楼的干线要求；确定整座楼的干线要求；确定从楼层到设备间的干线电缆路由；确定干线接线间的接合方法；选定干线电缆的长度；确定敷设附加横向电缆时的支撑结构。

在敷设电缆时，对不同的介质电缆要区别对待。

1. 光纤电缆

(1)光纤电缆敷设时不应该绞结；

(2)光纤电缆在室内布线时要走线槽；

(3)光纤电缆在地下管道中穿过时要用 PVC 管；

(4)光纤电缆需要拐弯时，其曲率半径不能小于 30cm；

(5)光纤电缆的室外裸露部分要加铁管保护，铁管要固定牢固；

(6)光纤电缆不要拉得太紧或太松，并要有一定的膨胀收缩余量；

(7)光纤电缆埋地时，要加铁管保护。

2. 同轴粗电缆

(1)同轴粗电缆敷设时不应扭曲，要保持自然平直；

(2)粗缆在拐弯时，其弯角曲率半径不应小于 30cm；

(3)粗缆接头安装要牢靠；

(4)粗缆布线时必须走线槽；

(5)粗缆的两端必须加终接器，其中一端应接地；

(6)粗缆上连接的用户间隔必须在 2.5m 以上；

(7)粗缆室外部分的安装与光纤电缆室外部分安装相同。

3. 双绞线

(1)双绞线敷设时线要平直，走线槽，不要扭曲；

(2)双绞线的两端点要标号；

(3)双绞线的室外部要加套管，严禁搭接在树干上；

(4)双绞线不要拐硬弯。

4. 同轴细缆

同轴细缆的敷设与同轴粗缆有以下几点不同：

(1)细缆弯曲半径不应小于20cm；

(2)细缆上各站点距离不小于0.5m；

(3)一般细缆长度为183m，粗缆为500m。

6.4.2 垂直干线子系统设计

设计时要注意：

(1) 垂直干线子系统一般选用光缆，以提高传输速率；

(2) 光缆可选用多模的(室外远距离的)，也可以是单模(室内)；

(3) 垂直干线电缆的拐弯处，不要直角拐弯，应有相当的弧度，以防光缆受损；

(4) 垂直干线电缆要防遭破坏(如埋在路面下，要防止挖路、修路对电缆造成危害)，架空电缆要防止雷击；

(5) 确定每层楼的干线要求和防雷电的设施；

(6) 满足整幢大楼干线要求和防雷击的设施。

确定从管理区到设备间的干线路由，应选择干线段最短、最安全和最经济的路由，在大楼内通常有如下两种方法：

电缆孔方法：干线通道中所用的电缆孔是很短的管道，通常用直径为10cm的钢性金属管做成。它们嵌在混凝土地板中，这是在浇注混凝土地板时嵌入的，比地板表面高出2.5～10cm。电缆往往捆在钢绳上，而钢绳又固定到墙上已铆好的金属条上。当配线间上下都对齐时，一般采用电缆孔方法，如图6－5所示。

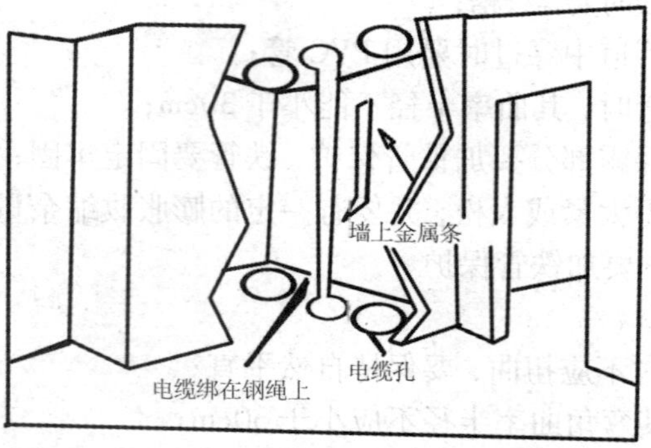

图6－5 电缆孔方法

电缆井方法：电缆井方法常用于干线通道。电缆井是指在每层楼板上开出一些方孔，使电缆可以穿过这些电缆并从某层楼伸到相邻的楼层，如图6－5所示。电缆井的大小依所用电缆的数量而定。与电缆孔方法一样，电缆也是捆在或箍在支撑用的钢绳上，钢绳靠墙上金属条或地板三角架固定住。离电缆井很近的墙上立式金属架可以支撑很多电缆。电缆井的选择性非常灵活，可以让粗细不同的各种电缆以任何组合方式通过。电缆井方法虽然比电缆孔方法灵活，但在原有建筑物中开电缆井安装电缆造价较高，它的另一个缺点是使用的电缆井很难防火。如果在安装过程中没有采取措施去防止损坏楼板支撑件，则楼板的结构完整性将受到破坏。

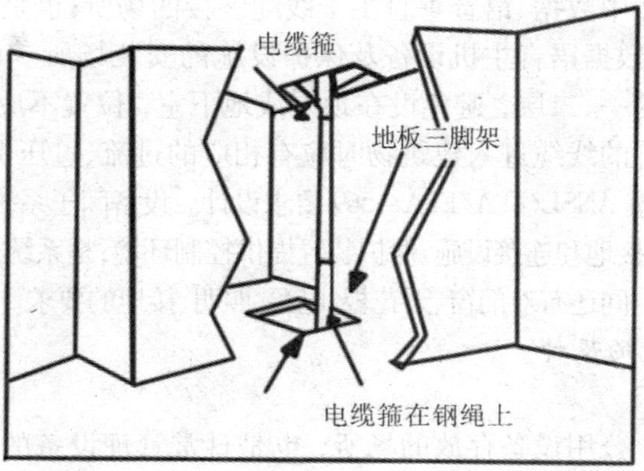

图6-6　电缆井方法

在多层楼房中，经常需要使用干线电缆的横向通道才能从设备间连接到干线通道，以及在各个楼层上从二级交接间连接到任何一个配线间。请记住，横向走线需要寻找一个易于安装的方便通道，因而两个端点之间很少是一条直线。

6.5 设备间子系统的设计

设备间子系统是一个公用设备存放的场所，也是设备日常管理的地方。在设计设备间时应注意：设备间应设在位于干线综合体的中间位置；应可能靠近建筑物电缆引入区和网络接口；设备间应在服务电梯附近，便于装运笨重设备；设备间内要注意：室内无尘土，通风良好，要有较好的照明亮度；要安装符合机房规范的消防系统；使用防火门，墙壁使用阻燃漆；提供合适的门锁，至少要有一个安全通道；防止可能的水害（如暴雨成灾、自来水管爆裂等）带来的灾害；防止易燃易爆物的接近和电磁场的干扰；设备间空间（从地面到天花板）应保持2.55m高度的无障碍空间，门高为2.1m，宽为90m，地板承重压力不能低于500kg/m^2。

6.5.1 设备间子系统设计概述

设备间的主要设备有数字程控交换机、计算机等，对于它的使用面积，必须有一个通盘的考虑。目前，对设备间的使用面积有两种方法来确定。

方法一：面积 S = K∑Sii = 1，2，…，n

S－设备间使用的总面积，m^2；

K－系数，每一个设备预占的面积，一般K选择5.6.7三种（根据设备大小来选择）；

∑：求和；

Si－代表设备件；

i－变量 i = 1，2，?，n。n代表设备间内共有设备总数。

方法二：面积 S = KA

S－设备间使用的总面积，m^2；

K－系数，同方法一：

A－设备间所有设备的总数。

设备间子系统是一个集中化设备区，连接系统公共设备及通过垂直干线子系统连接至管理子系统，如局域网（LAN）、主机、建筑自动化和保安系统等。

设备间子系统是大楼中数据、语音垂直主干线缆终接的场所；也是建筑群的线缆进入建筑物终接的场所；更是各种数据语音主机设备及保护设施的安装场所。设备间子系统一般设在建筑物中部或在建筑物的一、二层，避免设在顶层或地下室，位置不应远离电梯，而且为以后的扩展留下余地。建筑群的线缆进入建筑物时应有相应的过流、过压保护设施。

设备间子系统空间要按 ANSL/TLA/ELA－569 要求设计。设备间子系统空间用于安装电信设备、连接硬件、接头套管等。为接地和连接设施、保护装置提供控制环境；是系统进行管理、控制、维护的场所。设备间子系统所在的空间还有对门窗、天花板、电源、照明、接地的要求。

6.5.2 设备间子系统的设计

1. 设备间子系统要求

设备间子系统是一个公用设备存放的场所，也是日常管理设备的地方，在设计设备间时应注意：

(1)设备间应设在位于干线综合体的中间位置。

(2)应可能靠近建筑物电缆引入区和网络接口。

(3)设备间应在服务电梯附近，遍于装运笨重设备。

(4)设备间内要注意：室内无尘土，通风良好，要有较好的照明亮度；要安装符合机房规范的消防系统；使用防火门，墙壁使用阻燃漆；提供合适的门锁，至少要有一个安全通道。

(5)防止可能的水害(如暴雨成灾、自来水管爆裂等)带来的灾害。

(6)放置易燃易爆物的接近和电磁场的干扰。

(7)设备间空间(从地面到天花板)应保持 2.55m 的无障碍空间，门高为 2.1m，宽为 90m，地板承重压力不能低于 500kg/㎡。

2. 设备间子系统设计的环境考虑

(1)温度、湿度和尘埃设备间的温度、湿度和尘埃对微电子设备的正常运行及使用寿命都有很大的影响，过高的室温会使元件失效率急剧增加，使用寿命下降；过低的室温又会使磁介质等发脆，容易断裂。温度的波动会产生“电噪声”，使微电子设备不能正常运行。相对湿度过低，容易产生静电，对微电子设备造成干扰；相对湿度过高，会使微电子设备内部焊点和插座的接触电阻增大。微生物、尘埃或纤维性颗粒积聚还会使导线被腐蚀断掉。所以在设计设备间时，除了按 GB/T2887－2000《电子计算机场地通用规范》执行外，还应根据具体情况选择合适的空调系统。

热量主要由如下几个方面所产生的：设备发热量，设备间外围结构发热量，设备间外围结构发热量，室内工作人员发热量，照明灯具发热量，室外补充新鲜空气带入的热量。计算出上列总发热量再乘以系数 1.1，就可以作为空调负荷，据此选择空调设备。

(2)噪声、电磁场干扰要求设备间的噪声应小于 70dB。如果长时间在 70～80dB 噪声的环境下工作，不但影响人的身心健康和工作效率，还可能造成人为的噪声事故。

设备间内无线电干扰场强，在频率为 0.15～1000MHz 范围内不大于 120dB。设备间内磁场干扰场强不大于 800A/m。

(3)供电要求设备间供电电源应满足下列要求：频率为 50Hz；电压为 380V/220V；相数为 3 相 5 线制、3 相 4 线制或单相 3 线制。

设备间内供电容量：将设备间内存放的每台设备用电量的标称值相加后，再乘以系数。从电源室(房)到设备间使用的电缆其载流量应减少 50%。设备间内设备用的配电柜应设置在设备间内，并应采取防触电措施。

设备间内的各种电力电缆应为耐燃铜芯屏蔽的电缆。各电力电缆(如空调设备、电源设备所用的电缆等)，供电电缆不得与双绞线走向平行。交叉时，应尽量以接近于垂直的角度交叉，并采取防阻燃措施。各设备应选用铜芯电缆，严禁铜、铝混用。

(4)地面能与墙面要求为了方便表面敷设电缆线和电源线，设备间地面最好采用抗静电活动地板，其系统电阻应在1~10W之间。带有走线口的活动地板称为异形地板，其走线应做到光滑，防止损伤电线、电缆。设备间地面所需异形地板的块数可根据设备间所需引线的数量来确定。线缆在地板下的敷设可以使用正常的活动地板和简易活动地板两种方式。活动地板方式的线缆敷设和拆除简单方便，能适应线路增减变化，便于维护管理。

设备间地面切忌铺地毯。原因一是容易产生静电，二是容易积灰。放置活动地板的设备间的建筑地面应平整、光洁、防潮、防尘。

墙面应选择不易产生尘埃，也不易吸附尘埃的材料。目前大多数是在平滑的墙壁涂阻燃漆，或在平滑的墙壁覆盖耐火的胶合板。

(5)设置火灾报警装置与设备间隔断设备间的设计除上述要求之外，还应在机房内、基本工作房间、活动地板下、吊顶地板下、吊顶上方、主要空调管道中及易燃物附近部位设置烟感和温感探测器。根据设备间放置的设备及工作需要，也可用玻璃将设备间阁隔成若干个房间。

6.6 管理区子系统的设计

现在，许多大楼在综合布线时都考虑在每一楼层都设立一个管理区，用来管理该层的信息点，屏弃了以住几层共享一个管理区子系统的做法，这也是布线的发展趋势。作为管理区一般有机柜、集线器、信息点集线面板、语音点S110集线面板、集线器的整压电源线。

管理子系统设置在楼层配线房间，是水平系统电缆端接的场所，也是主干系统电缆短接的场所。它由大楼主配线架、楼层分配线架、跳线、转换插座等组成。用户可以在管理子系统中更改、增加、交接、扩展线缆。从而改变线缆路由。为简化起见，有时也可将管理子系统归

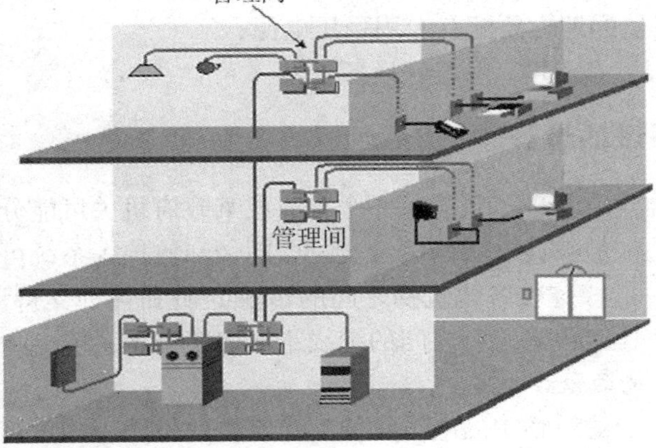

图6-7　管理区示意图

入水平布线子系统中。管理子系统中以配线架为主要设备， 配线设备可直接安装于墙面防火板上或安装于19寸机架、19寸机柜上。一般每楼层设一个设备间，也可多层合用一个设备

间，还可以一层设两个设备间，必须根据信息点的分布情况综合考虑。管理区子系统，应根据管理的信息点的多少安排使用房间的大小。如果信息点多，就应该考虑一个房间来放置；信息点少时，就没有必要单独设立一个管理区，可选用墙上型机柜来处理该子系统。管理区如图 6－7 所示。

6.6.1 管理区子系统设计步骤

设计管理区管理子系统时，一般采用下述步骤：

(1)确认线路模块化系数是2 对线还是3 对线。每个线路模块当作一条线路处理，线路模块化系数视具体系统而定。例如，System85 的线路模块化系数是3 对线。

(2)确定话音和数据线路要端接的电缆对总数，并分配好话音或数据数线路所需的墙场或终端条带。

(3)决定采用何种 110 配线架：

* 如果现对总数超过6000(即2000 条线路)，则使用110A 配线架。
* 如果现对总数少于6000，则可使用110A 或110P 交连硬件。
* 110A 配线架占用较少的墙空间或框架空间，但需要一名技术人员负责线路管理。
* 决定每个接线块可供使用的线对总数，主布线交连硬件的白场接收线数目取决于 3 个因素：
* 选择和确定交连硬件的规模——中继线/辅助场。
* 确定设备间交连硬件的位置。
* 绘制整个布线系统即所有子系统的详细施工图。

(4)管理区的信息点连接是非常重要的工作，它的连接要尽可能简单，主要工作是跳线。

6.6.2 管理区子系统设计要点

(1) 配线架的配线对数可由管理的信息点数决定；

(2) 利用配线架的跳线功能，可使布线系统实现灵活、多功能的能力；

(3) 配线架一般由光配线盒和铜配线架组成；

(4) 管理区子系统应有足够的空间放置配线架和网络设备(HUB、交换器等)；

(5) 有 HUB、交换器的地方要配有专用稳压电源；

(6) 保持一定的温度和湿度，保养好设备。

6.7 建筑物子系统的设计

建筑群子系统也称楼宇管理子系统。一个企业或某政府机关可能分散在几幢相邻建筑物或不相邻建筑物内办公。但彼此之间的语音、数据、图像和监控等系统可用传输介质和各种支持设备(硬件)连接在一起。连接各建筑物之间的传输介质和各种支持设备(硬件)组成一个建筑群综合布线系统。连接各建筑物之间的缆线组成建筑群子系统。

6.7.1 建筑物子系统的设计概述

建筑群子系统将一个建筑物中的电缆延伸到建筑群的另外一些建筑物中的通信设备和装置上。它是整个布线系统中的一部分(包括传输介质)，并提供楼群之间通信设施所需要的硬件，其中有导线电缆、光缆和防止电缆的浪涌电压进入建筑物的电气保护设备。

建筑群子系统包括大楼设备间子系统配线设备、室外线缆等。可能的路由有架空电缆、直埋电缆、地下管道穿电缆。

建筑群子系统介质选择原则:楼和楼的间距在两公里以内，传输介质为室外光纤;布线可采用埋入地下或架空(4M 以上)方式;布线时需要避开动力线，同时注意光纤弯曲的半径。

建筑群子系统施工要点包括路由起点、终点;线缆长度、入口位置、媒介类型、所需劳动费用以及材料成本计算等。建筑群子系统所在的空间还有对门窗、天花板、电源、照明、接地的要求。

6.7.2 建筑物子系统设计步骤

(1)确定敷设现场的特点。包括确定整个工地的大小、工地的地界、建筑物的数量等。

(2)确定电缆系统的一般参数。包括确认起点、端接点位置、所涉及的建筑物及每座建筑物的层数、每个端接点所需的双绞线的对数、有多个端接点的每座建筑物所需的双绞线总对数等。

(3)确定建筑物的电缆入口。建筑物入口管道的位置应便于连接公用设备。根据需要在墙上穿过一根或多根管道。

(4)确定明显障碍物的位置。包括确定土壤类型、电缆的布线方法、地下公用设施的位置、查清拟定的电缆路由中沿线各个障碍物位置或地理条件、对管道的要求等。

(5)确定主电缆路由和备用电缆路由。包括确定可能的电缆结构、所有建筑物是否共用一根电缆，查清在电缆路由中哪些地方需要获准后才能通过、选定最佳路由方案等。

(6)选择所需电缆的类型和规格。包括确定电缆长度、画出最终的结构图、画出所选定路由的位置和挖沟详图，确定入口管道的规格、选择每种设计方案所需的专用电缆、保证电缆可进入口管道、应选择其规格和材料、规格、长度和类型等。

(7)确定每种选择方案所需的劳务成本。包括确定布线时间、计算总时间、计算每种设计方案的成本、总时间乘以当地的工时费以确定成本。

(8)确定每种选择方案的材料成本。包括确定电缆成本，所有支持结构的成本、所有支撑硬件的成本等。

(9)选择最经济、最实用的设计方案。把每种选择方案的劳务费成本加在一起，得到每种方案的总成本;比较各种方案的总成本，选择成本较低者;确定比较经济方案是否有重大缺点，以致抵消了经济上的优点。如果发生这种情况，应取消此方案，考虑经济性较好的设计方案。

6.7.3 建筑物子系统中四种电缆布线方法

(1)架空电缆布线架空安装方法通常只用于有现成电线杆的情况，而且电缆的走法不是主要考虑内容的场合，从电线杆至建筑物的架空进线距离不超过 30m 为宜。建筑物的电缆入口可以是穿墙的电缆孔或管道。入口管道的最小口径为 50mm。通信电缆与电力电缆之间的距离必须符合我国室外架空线缆的有关标准。

架空电缆通常穿入建筑物外墙上的 U 形钢保护套，然后向下或向上延伸，从电缆孔进入建筑物内部，电缆入口的孔径一般为 50mm,从建筑物到最近处的电线杆通常相距小于 30m。

(2)直埋电缆布线直埋布线法优于架空布线法，影响选择此法的主要因素包括初始价格、维护费、服务可靠性、安全性及外观等。

不要把任何一个直埋施工结构的设计方法看作是提供直埋布线的最好方法或惟一方法。在选择某个设计或几种设计的组合时，重要的是采取灵活的、思路开阔的方法。这种方法既要适用，又要经济，还要能可靠的提供服务。直埋布线的选取地址和布局实际上是针对每项作业对象专门设计的，而且必须对各种方案进行工程研究后再做出决定。工程的可行性决定了何者为最实际的方案。

在选择最灵活、最经济的直埋布线线路时，主要存在的物理因素如下:土质和地下状况；天然障碍物，如树林、石头、以及不利的地形等；其他公用设施（如下水道、水、气、电）的位置；现有或未来的障碍，如游泳池、表土存储场或修路。

由于布线的发展趋势是让各种设施不在人的视野里，所以语音电缆和电力电缆埋在一起将日趋普遍，这样的共同结构要求有关部门从筹划阶段到施工完毕，以至未来的维护工作中保持密切合作。这种协作会增加一些成本，但是这种共同结构也日益需要用户的合作。

(3)管道系统电缆布线管道系统的设计方法就是把直埋电缆设计原则与管道设计步骤结合在一起。当考虑建筑群管道系统时，还要考虑接合井。在建筑群管道系统中，接合井的平均间距约180m,或者在主结合点处设置接合井。接合井可以是预制的，也可以是现场浇筑的。应在结构方案中标明使用哪一种接合井。

预制接合井是较佳的选择。现场浇筑的接合井只在下述几种情况才允许使用:该处的接合井需要重建;该处需要使用特殊的结构或设计方案;该处的地下或头顶空间有障碍物，因而无法使用预制接合井;作业地点的条件（例如沼泽地或土壤不稳固等）不适于安装预制入孔。

(4)隧道内电缆布线在建筑物之间通常有地下通道，大多是供暖供水的，利用这些通道来敷设电缆不仅成本低，而且可利用原有的安全设施。要考虑到暖气泄漏等条件，电缆安装时应与供水、供气、供暖的管道保持一定的距离，安装在尽可能高的地方，可根据民用建筑设施的有关条例进行施工。

◇ 项目小结

本章首先介绍了网络配线和端接实训、网络跳线制作和测试实训，其次又分别介绍了综合布线系统工程中工作区子系统、水平干线子系统、垂直干线子系统、设备间子系统、管理区子系统、建筑物子系统的设计要点、设计步骤和具体的实训内容及实训步骤，同时结合每个实训项目给出了实训报告要求。通过本章的学习，了解网络综合布线各子系统的设计要点和设计步骤及要求，并掌握各子系统布线方法和施工技术。

习题及思考

1. 简述综合布线工程设计要求。
2. 简述网络配线和端接实训中注意事项。
3. 简述工作区子系统的设计要点。
4. 水平干线子系统布线线缆有哪几种?
5. 简述垂直干线子系统的设计方法。
6. 简述设备间子系统的设计步骤和要求。
7. 简述管理区子系统的设计步骤和要求。
8. 简述建筑物子系统的设计步骤和要求。
9. 建筑物子系统中电缆布线方法有哪些?

■ 实训六　网络配线和端接

一、实训目的

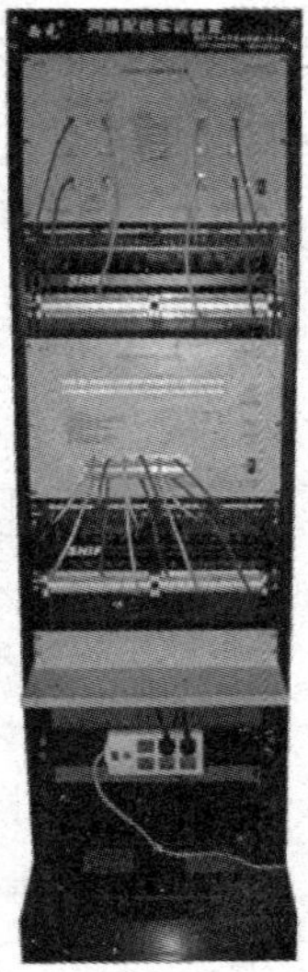

图 6－8

1. 熟悉和掌握各种数据电缆（UTP 五类、六类电缆）的剥线方法、色谱、线序。

2. 熟悉和掌握各种数据电缆（UTP 五类、六类电缆）的压线方法和技巧。

3. 熟悉和掌握各种网络和语音模块（如：RJ45 模块）的压线方法和技巧。

4. 熟悉和掌握各种网络和语音配线架、110 型跳线架的压线方法和技巧。

5. 熟悉和掌握各种网络设备（如：交换机、路由器等）在机柜中的安装方法。

6. 熟悉和掌握各种网络链路组合以及测试方法。

7. 熟悉和掌握网络和语音电缆剥线和模块压线工具的使用方法和技巧。

二、实训要求

1. 完成网络线的两端剥线。不允许损伤线缆铜芯，而且长度合适。

2. 完成 6 根网络线的两端压接线实训，共计压接线 96 次。要求压接方法正确，达到 96 次，每次压接成功，压接线线序正确。

3. 完成网络压接线实验仪＋RJ45 配线架组合压接线实训，共计压接线 192 次。要求压接方法正确，达到 192 次，每次压接成功，压接线线序正确。

4. 完成网络压接线实验仪＋RJ45 配线架＋110 通信跳线架组合压接线实训，共计压接线 288 次。要求压接方法正确，达到 288 次，每次压接成功，压接线线序正确。

5. 掌握网络压接线的原理和操作方法、技巧。

三、实训设备、材料和工具

1. “西元”牌网络配线实训装置。（西安开元电子实业有限公司专利产品）

2. 网线 18 根，每根长度 500 毫米。

3. 网络压线钳 2 把，裁剪网线。

4. 钢卷尺 1 个，测量网线长度。

5. 打线钳 2 把，用于压接网线。

四、实训步骤

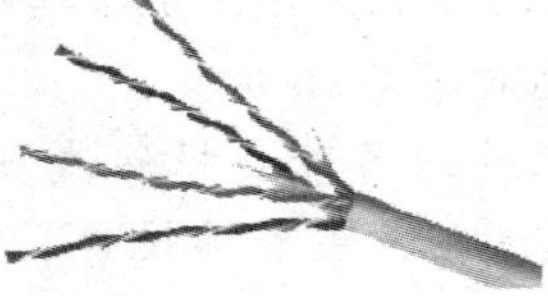

图 6－9

1. 详细实验步骤和压线方法如下所述：

（1）利用压线钳或者剥线器将双绞线两端剥去外皮约 30 毫米，特别注意不能损伤线芯，并将 4 对线成扇状拨开，顺时针从左到右依次为“白橙/橙”、“白蓝/蓝”、“白绿/绿”、“白棕/棕”。

（2）再将 8 条芯线的一端按照 568B 线序，即“白橙”、“橙”、“白绿”、“蓝”、“白蓝”、“绿”、“白棕”、“棕”的顺序，依次压接到网络实验台左边网络压线实验仪 110 网络跳线架的上排中。然后按照对应的线序依次压接到下排中。下排每压一条芯线正确时，对应上下排两个指示灯同时亮。8 条芯线压完时，对应的 8 组指示灯全亮。

在压接过程中，必须仔细观察对应的指示灯，如果压接完线芯，对应指示灯不亮时，说明上下两排中，有 1 芯线没有压接好，必须重复压接，直到指示灯亮。

如果压接完线芯，对应指示灯不亮，而有错位的指示灯亮时，表明上下两排中，有1芯线序压错位，必须拆除错位的线芯，重复在正确位置压接，直到对应的指示灯亮。

(3)取出另外5条网线，重复上述操作。每条网线上下两排压线16次，压接6条网线共计压接96次。

(4)使用压线钳时，必须注意以下事项：

用手在压线口按照线序把线芯整理好，然后开始压接，压接时必须保证压线钳方向正确，有刀口的一边必须在线端方向，正确压接后，刀口会将多余线芯剪断。否则，会将要用的网线铜芯剪断或者损伤。

压线钳必须保证垂直，突然用力向下压，听到“咔嚓”声，配线架中的刀片会划破线芯的外包绝缘外套，与铜线芯接触。实现物理上的电气连接，同时指示灯亮。

如果压接时不突然用力，而是均匀用力时，不容易一次将线压接好，可能出现半接触状态。

如果压线钳不垂直时，容易损坏压线口的塑料芽，而且不容易将线压接好。

2. 课时安排

(1)网络压接线实验仪配线端接实训。2课时。如图6－10。

直接在网络压接线实验仪上进行6根网线压接两端，共压接96次。

每次压接对应的指示灯显示电气连接和线序状态。

如果压接正确时，对应的指示灯亮显示；

如果压接不正确或者没有实现电气连接时，对应的指示灯不亮；

如果压接线序不正确或者错位时，对应错位的指示灯亮显示。

(2)网络压接线实验仪＋RJ45配线架组合压接线实训。2课时。

(2－1)6根网线压接两端，一端压接到网络压接线实验仪110通信跳线架上排接口，另一端压接到RJ45配线架模块。共压接96次。

(2－2)另外6根网线一端压接到网络压接线实验仪110通信跳线架下排接口，压接48次。另一端制作6个RJ45头，插入RJ45配线架模块，形成电气回路。

2个步骤完成后，经过了4次压接，形成1个电气回路，对应的指示灯显示电气连接性能和线序状态。

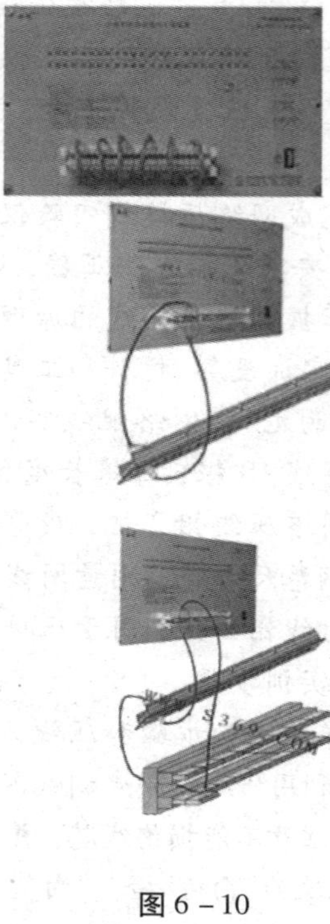

图6－10

如果压接正确时，对应的指示灯亮显示；

如果压接不正确或者没有实现电气连接时，对应的指示灯不亮；

如果压接线序不正确或者错位时，对应错位的指示灯亮显示。

(3)网络压接线实验仪＋RJ45配线架＋110通信跳线架组合压接线实训。2课时。如图6－11。

(3－1)6根网线一端压接到网络压接线实验仪110通信跳线架下排接口，压接48次。另一端制作6个RJ45头，插入RJ45配线架模块。

(3－2)6根网线一端压接到RJ45配线架模块，另一端压接到110通信跳线架的下排接口。共压接48＋48次。

(3－3)6根网线一端压接到110通信跳线架下排模块，另一端压接到网络压接线实验仪110通信跳线架上排接口，共压接48＋48次。

3个步骤完成后，经过了6次压接，形成1个电气回路，对应的指示灯显示电气连接性能和线序状态。

如果压接正确时，对应的指示灯亮显示；

如果压接不正确或者没有实现电气连接时，对应的指示灯不亮；

如果压接线序不正确或者错位时，对应错位的指示灯亮显示。

五、实训报告

1. 写出网络线8芯色谱和压接线顺序。

2. 写出网络压接线的原理。

3. 总结出网络压接线的方法和注意事项。

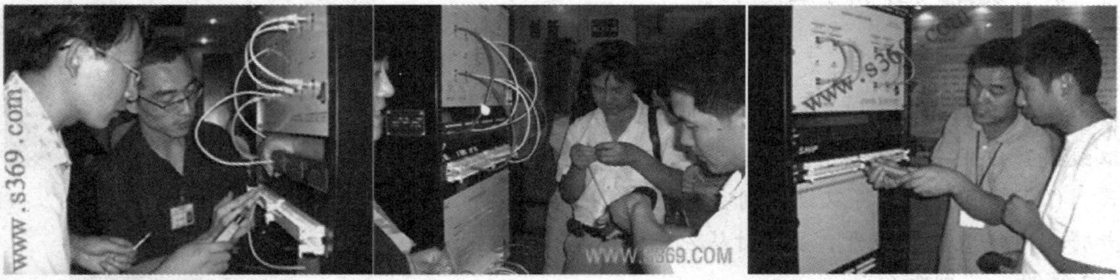

图6－11

■ 实训七　网络跳线制作和测试

一、实训目的

1. 通过本实训掌握网络跳线的制作和压接线原理。

2. 掌握网络跳线的压接线方法和技巧。

3. 掌握网络线的色谱、剥线方法、预留长度和压接顺序。

4. 熟悉和掌握各种网络和语音模块(如：RJ45模块)的压线方法和技巧。

5. 熟悉和掌握各种网络和语音配线架、110型跳线架的压线方法和技巧。

6. 熟悉和掌握各种网络设备(如：交换机、路由器等)在机柜中的安装方法。

7. 熟悉和掌握各种网络链路组合以及测试方法。

8. 掌握网络线压接常用工具和操作技巧。

图6－12

二、实训要求

1. 完成网络线的两端剥线。不允许损伤线缆铜芯，长度合适。

2. 完成4根网络跳线的制作实验，共计压接8个RJ45水晶头。

3. 完成网络跳线测试仪 + RJ45 配线架组合压接线和测试实训。

4. 完成网络跳线测试仪 + RJ45 配线架 + 110 通信跳线架组合压接线和测试实训。

5. 要求压接方法正确，每次压接成功，压接线序检测正确。

三、实训设备、材料和工具

1. “西元”牌网络配线实训装置。（西安开元电子实业有限公司专利产品）

2. 网线 12 根，每根长度 500 毫米。

3. RJ45 水晶头 12 个。

4. 网络压线钳 1 把，用于裁剪和压接 RJ45 头。

5. 钢卷尺 1 个，测量网线长度。

6. 打线钳 1 把，用于压接网线。

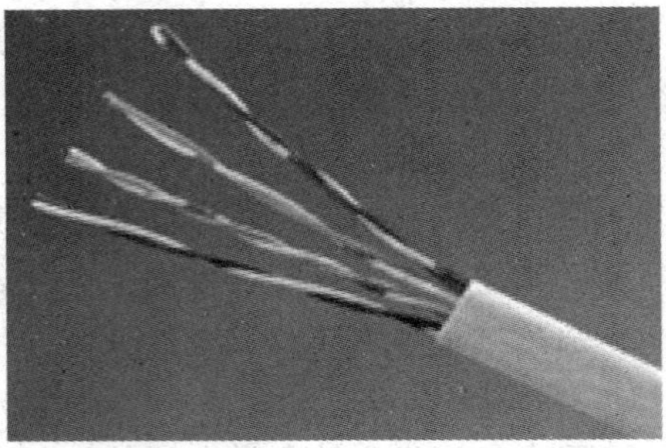

图 6－13

四、实训步骤

1. 制作 1 根 568B 网络跳线的详细实验步骤和压线方法如下所述：

（1）利用压线钳或者斜口钳剪取所需要的双绞线长度，剪下后先将双绞线穿过护套。本实验使用材料包中已经备好的网线。

（2）利用剥线器将双绞线剥去外皮约 2cm，特别注意不能损伤线芯，并将 4 对线成扇状拨开，顺时针从左到右依次为“白橙/橙”、“白蓝/蓝”、“白绿/绿”、“白棕/棕”。

（3）再将每一对线分开排齐，注意调整 2、3 对线的位置，使 8 条芯线按照 568B 接线色谱依“白橙”、“橙”、“白绿”、“蓝”、“白蓝”、“绿”、“白棕”、“棕”的顺序，按照顺时针方向排列整齐。

（4）将 8 条线并拢后用压线钳剪齐，并留下约 14mm 的长度。

（5）将并拢的双绞线插入 RJ－45 接头中，注意“白橙”线要对着 RJ－45 的第 1 引脚。

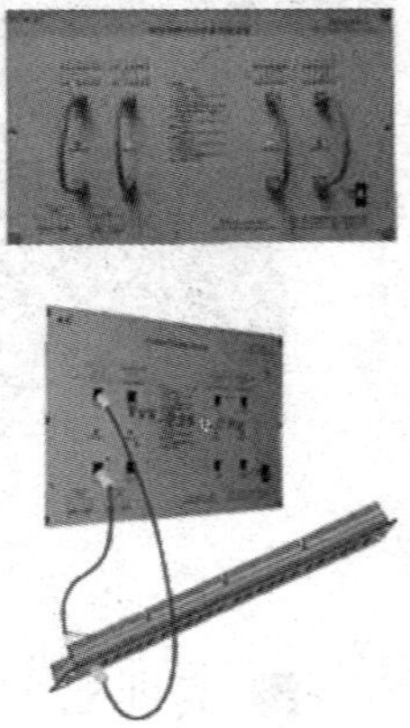

图 6－14

（6）将 RJ－45 接头放入压接槽，一边将线往接头前端顶住，一边用力将压线钳夹紧。压紧接头后将压线钳松开并取出 RJ－45 接头即可。注意压过的 RJ－45 接头，其 8 支金属引脚一定要比未压过的低，这样才能顺利嵌入芯线中。抽出接头后，再把护套推往接头方向，套住接头，就算完成单边接头的压接。

（7）重复步骤（1）～（6），压好另一端的 RJ－45 接头，这条电缆就可以使用了。

（8）将做好的跳线两端的 RJ－45 水晶头分别插入网络跳线测试仪 RJ45 口中，听到“咔”的一声，就说明顺利完成了网线与测试口的连接，这时对应的 8 组指示灯依次闪烁。

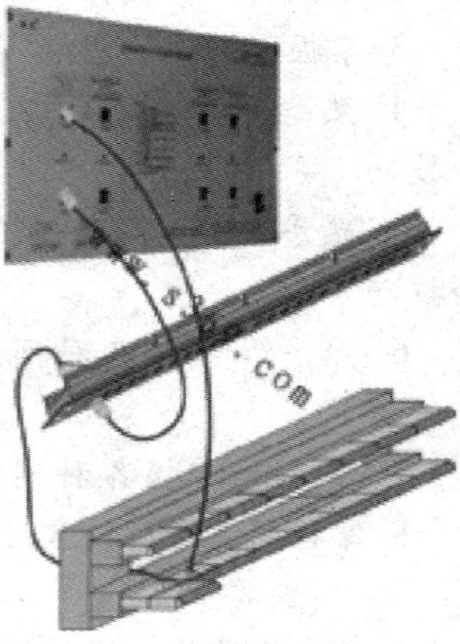

图 6－15

2. 课时安排

（1）制作 4 根网络跳线，进行测试。2 课时。如图 6－14。

制作4根网络跳线，插入网络跳线测试仪，能够显示电气连接和线序状况。

如果压接正确时，对应的指示灯亮显示；

如果压接不正确或者没有实现电气连接时，对应的指示灯不亮；

如果压接线序不正确或者错位时，对应错位的指示灯亮显示。

(2)网络跳线测试仪+RJ45配线架组合压接线和测试实训。2课时。

(2-1)4根网线压接两端，一端制作4个RJ45头，插入网络跳线测试仪，另一端压接到RJ45配线架模块。

(2-2)另外4根网线两端制作RJ45头，一端插入RJ45配线架模块，另一端插入网络跳线测试仪，形成电气回路。

2个步骤完成后，经过了4次压接，形成1个电气回路，对应的指示灯显示电气连接性能和线序状态。

如果压接正确时，对应的指示灯亮显示；

如果压接不正确或者没有实现电气连接时，对应的指示灯不亮；

如果压接线序不正确或者错位时，对应错位的指示灯亮显示。

(3)网络跳线测试仪+RJ45配线架+110通信跳线架组合压接线和测试实训。2课时。如图6-15。

(3-1)4根网线两端制作RJ45头，一端插入网络跳线测试仪，另一端插入RJ45配线架模块。

(3-2)4根网线一端压接网络配线架模块，另一端压接到110通信跳线架下排接口。共压接32+32次。

(3-3)4根网线一端压接到110通信跳线架下排模块，另一端制作4个RJ45头，插入网络跳线测试仪。

3个步骤完成后，经过了6次压接，形成1个电气回路，对应的指示灯显示电气连接性能和线序状态。

如果压接正确时，对应的指示灯亮显示；

如果压接不正确或者没有实现电气连接时，对应的指示灯不亮；

如果压接线序不正确或者错位时，对应错位的指示灯亮显示。

五、实训报告

1. 写出网络跳线制作步骤。

2. 总结出网络跳线压接线的方法和注意事项。

■ 实训八　工作区子系统设计

一、实训目的

通过工作区子系统的布线实验，了解网络综合布线——工作区子系统的基本原理和要求，以及常用工具和基本材料的使用方法。熟练掌握工作区子系统的设计和布线、施工原则。

通过工作区网络插座和模块的安装实验，熟练掌握工作区网络底盒的安装方法和要求。

二、实训要求

1. 计算和准备好实验需要的材料和工具。

2. 完成工作区子系统4个网络底盒和模块的安装。

3. 每个实验小组由3~5人组成，每个小组独立完成以下实验任务：

掌握在墙面安装明装塑料底盒的方法；

掌握墙面模块的安装和压接线方法和技巧；

掌握568A与568B的色标排线序；

掌握信息模块、RJ45水晶头数量的计算方法。

三、实训设备、材料和工具

1. 西安开元电子实业有限公司专利产品，“西元”牌网络综合布线实训装置。

2. 明装塑料底盒、网络面板、模块、固定螺丝等若干。

3. 压线钳、十字头螺丝刀等。

四、实训内容

1. 根据工作区工作台、操作台等室内布局情况，规划和确定网络插座安装位置。布线路径为：该工作区的网络机柜——墙面网络插座底盒。

2. 计算和准备实验材料和工具。

3. 安装明装塑料底盒和模块、面板。

详细实验步骤和操作方法如下所述：

(1)根据确定的安装数量和位置，准备好实验材料和工具，取出M6螺栓、底盒、模块、面板等材料和工具备用。

(2)在墙面首先安装网络插座底盒。底盒用1个M6螺栓固定在设计好的墙面位置上。高度在不超过600毫米。安装方法如图6－16。

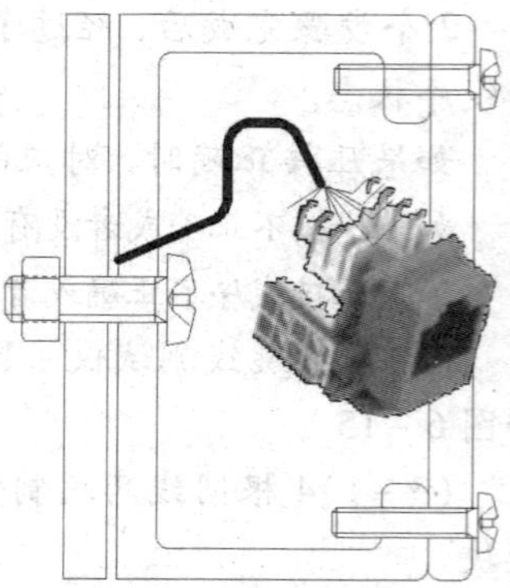

图6－16 网络插座安装

(3)整理网线重新做好标记。安装好底盒后，将网络线掏出，按照该线原来的标记，在100毫米处重新做好线缆编号标记后，在150毫米处将多余的网线剪掉。

特别注意：必须先做新标记，然后再剪掉多余线缆。在底盒内网线预留150毫米预留太长时，底盒内装不下，影响模块和面板的安装。预留太短时，打模块困难。

(4)安装网络模块，压接线。将底盒内伸出的网线利用剥线器将双绞线外皮剥去约20毫米，特别注意不能损伤线芯，并将4对线成扇状拨开，顺时针从左到右依次为“白橙/橙”、“白蓝/蓝”、“白绿/绿”、“白棕/棕”。

(5)再将8条芯线按照568B接线色谱依“白橙”、“橙”、“白绿”、“蓝”、“白蓝”、“绿”、“白棕”、“棕”的顺序，按照顺时针方向排列整齐。根据模块面上的图标分上下面把线放到模块面槽里，先把绿对与棕对放入槽内并拉紧；最关键的是橙对与蓝对，把橙白、蓝、蓝白按色标放好，最后橙色的要先绕过模块背面的小白柱子后，才把线放进槽内，绕时可能线会翘起，那我们则可以用食指的指甲把线压下去，再把线放进槽内。这样，我们在模块面的背面所看到的每一根线都是平行线，中间是没有交叉的。然后用压线钳将8条线逐一压接到网络模块对应的端口中。特别说明：模块安装双绞线的排序有两种接法：EIA/TIA568B标准和EIA/TIAT568A标准。

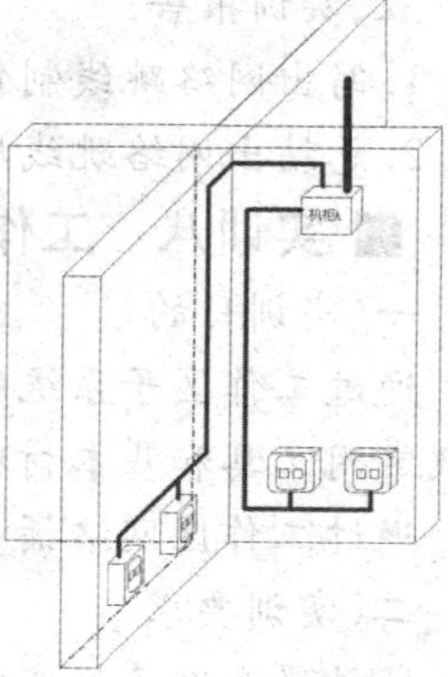

图6－17

T568A线序

1 2 3 4 5 6 7 8

绿白 绿 橙白 蓝 蓝白 橙 棕白 棕

T568B 线序

1 2 3 4 5 6 7 8

橙白 橙 绿白 蓝 蓝白 绿 棕白 棕

(6)确认压接和线序正确时，盖好模块防尘盖，保护压接好的线芯不会脱落。

(7)模块做完后，接到面板才算完整。在卡上面板时要注意，看清楚面板的上方与模块的上面，因为模块即使反过安装也可以卡上的。当看清楚两个商标都是正面时才可以卡上。只要把模块放上面板的卡位，用力一推模块就和面板连接起来了，然后安装固定面板的螺丝和面板。

(8)最后进行测试。

五、实训报告

1. 写出工作区子系统的设计要点。

2. 写出计算信息模块的方法。

3. 写出安装网络信息模块压接线的方法和技巧。

4. 写出 T568A 和 T568B 的线序。

■ 实训九 水平干线子系统——PVC 线槽/线管布线

一、实训目的

通过在墙面安装 PVC 线槽/管的实验，了解网络综合布线的基本原理和要求，以及工具和基本材料的使用方法。初步掌握综合布线常用材料的计算方法。

二、实训要求

1. 计算和准备好实验需要的材料和工具。

2. 完成两个机柜之间的水平布线，路径合理，节约材料。

3. 水平布槽/管平直、美观，接头合理。

4. 掌握锯弓、弯管器、螺丝刀、电动起子等工具的使用方法和技巧。

三、实训设备、材料和工具

1. 西安开元电子实业有限公司的专利产品，“西元”牌网络综合布线实训装置。

2. 4 – UTP 网络线约 10 米。

3. 任意规格的 PVC 线槽或管约 8 米。

4. PVC 线槽配套材料:6 螺栓、阴角、阳角、接头、弯头等若干。

PVC 管配套材料:管卡、M6 螺栓、接头、弯头等。

5. 锯弓、锯条、钢卷尺、十字头螺丝刀、弯管器、电动起子等。

四、实训步骤

1. 规划和设计布线路径。一般是从 1 个机柜到附近的另外 1 个机柜。

2. 计算和准备实验材料和工具。

3. 安装和布线。

详细实验步骤和布线方法如下所述:

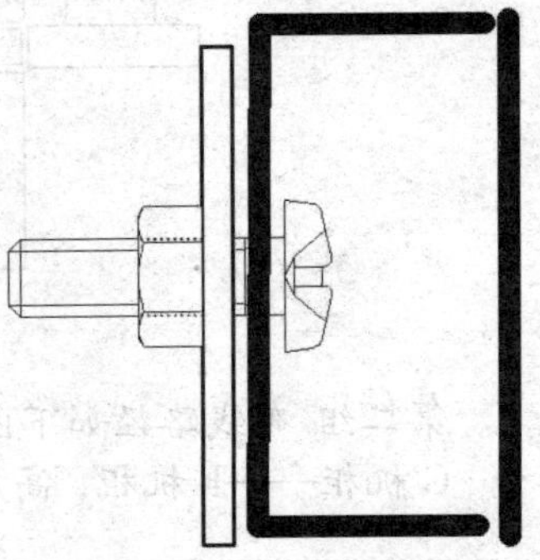

图 6 – 18 线槽安装图

1. PVC 线槽/管墙面布线步骤

(1)根据规划和设计好的布线路径准备好实验材料和工具，从货架上取下以下材料(任意一组)：

组一：PVC 线槽、直接头、阴角、阳角、M6 螺栓、锯弓等材料备用。

组二：PVC 管、直接头、管卡、M6 螺栓、锯弓等材料备用。

(2)根据设计的布线路径在与墙面对应的线槽上开直径 8 毫米孔，用 M6 螺栓在墙面安装线槽。固定螺栓间距 500～600 毫米。线槽安装方法如图 6－18 所示。

对于线管，在墙面安装管卡，从第一个机柜向第二个机柜之间每隔 500～600 毫米安装 1 个管卡。线管安装方法如图 6－19 所示。

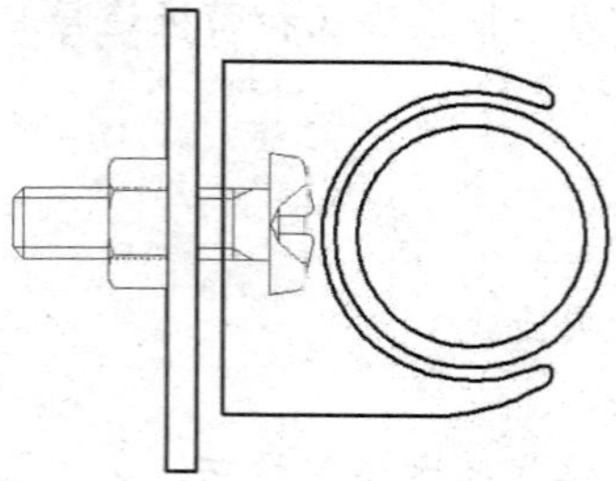

图 6－19　管卡安装方法图

(3)在拐弯处用 90 度弯头连接，安装 PVC 线槽；在墙面阴角处用阴角将线槽连接；在墙面阳角处用阳角将线槽连接。在两根 PVC 线槽之间用直接头连接。或者对接，如果采取对接方式连接时，盖板接头与线槽接头必须错开，对接处间隙必须小于 1 毫米。三根线槽之间用三通连接。或者用线槽直接连接。固定好全部线槽后，在槽内安装网线，同时盖好盖板。

对于线管，在拐弯处用 90 度弯头连接，安装 PVC 管。两根 PVC 管之间用直接头连接，三根管之间用三通连接。同时在 PVC 管内穿网线。

(4)两头机柜内必须预留网线 1.5 米。

(5)分组实验路径如下：

第一组 布线路径如下图 6－20。

A 机柜——C 机柜，高度 1.35 米，4 个阳角，3 个阴角。

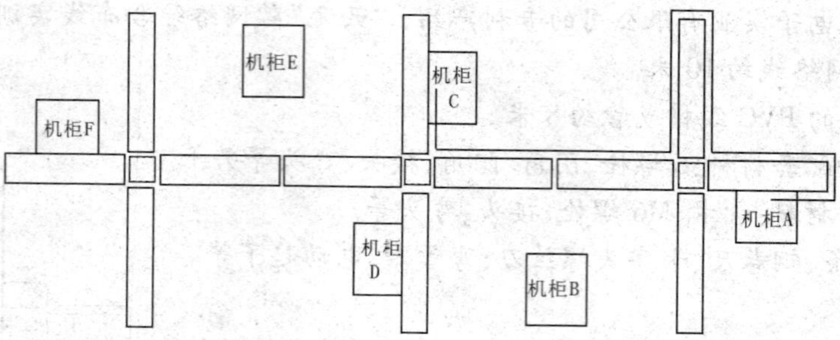

图 6－20　水平布线路径

第二组 布线路径如下图 6－21。

C 机柜——F 机柜，高度 1.45 米，4 个阳角，3 个阴角。

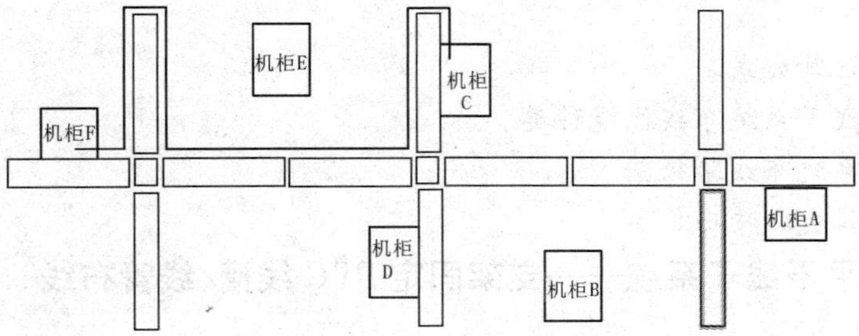

图 6－21　水平布线路径

第三组 布线路径如下图 6－22。

F 机柜——D 机柜，高度 1.55 米，4 个阳角，3 个阴角。

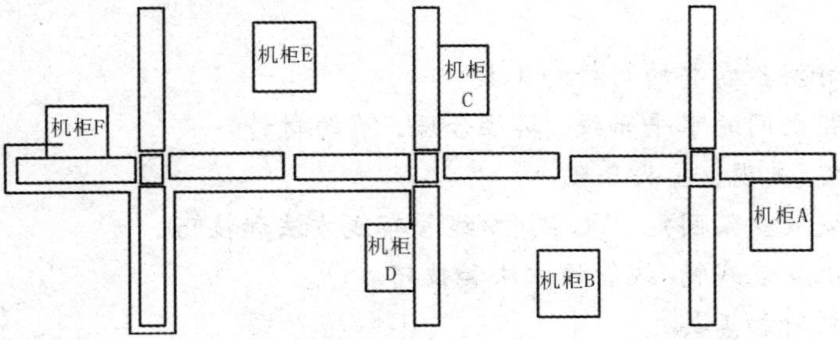

图 6－22　水平布线路径

第四组 布线路径如下图 6－23。

D 机柜——A 机柜，高度 1.65 米，4 个阳角，3 个阴角。

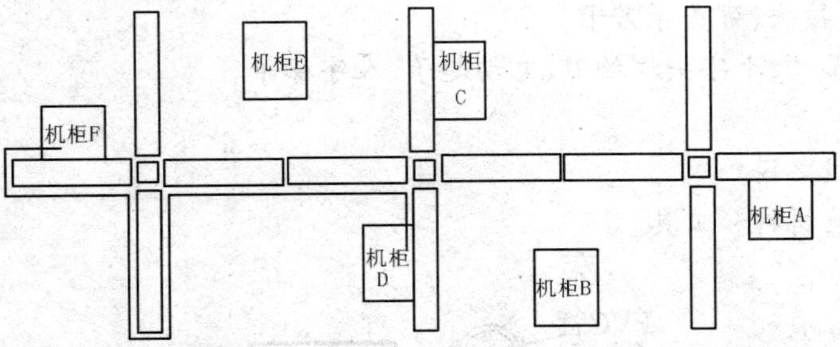

图 6－23　水平布线路径

第五组 布线路径如下图 6－24。

A 机柜——C 机柜——F 机柜——D 机柜。以上四个实验的综合实验。

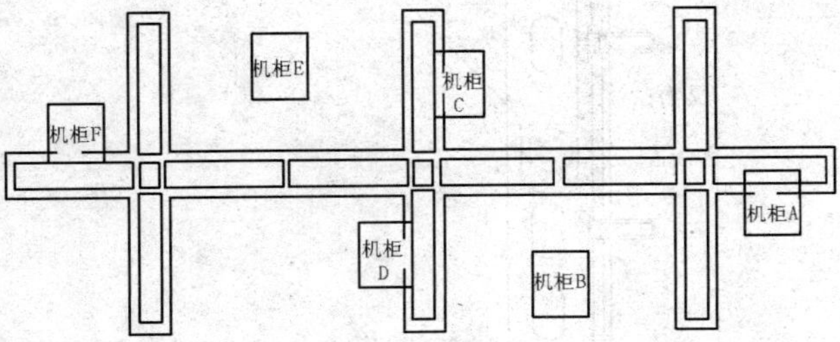

图 6－24　水平布线路径

五、实训报告

1. 写出线缆的计算公式。

2. 写出水平干线子系统布线线缆种类。

3. 设计水平子系统布线路径图。

4. 使用工具的体会和技巧。

实训十　水平干线子系统——支架固定 PVC 线槽/线管布线

一、实训目的

通过在墙面安装支架固定 PVC 线槽/线管布线方式的实验，了解网络综合布线的基本在吊顶上和隐蔽部位布线的原理和要求，以及锯弓、弯头、三通、直接头、阳角、阴角等工具和基本材料的使用方法。熟练掌握线槽布线材料的计算方法。

二、实训要求

1. 计算和准备好实验需要的材料和工具。

2. 完成两个机柜之间的水平布线，路径合理，节约材料。

3. 水平布线平直、美观，接头合理。

4. 掌握在墙面安装支架固定 PVC 线管/线管布线方法和技巧。

5. 掌握在支架上安装线槽/线管的方法和技巧。

三、实训设备、材料和工具

1. 西安开元电子实业有限公司专利产品，"西元"牌网络综合布线实训装置。

2. 4 – UTP 网络线约 10 米。

3. 宽 40 毫米 PVC 线槽或管约 8 米。

4. M6 螺栓、支架、接头、弯头等若干。

5. 锯弓、锯条、钢卷尺、十字头螺丝刀、电动起子、人字梯等。

四、实训步骤

1. 规划和设计布线路径。

2. 计算和准备实验材料和工具。

3. 安装和布线。

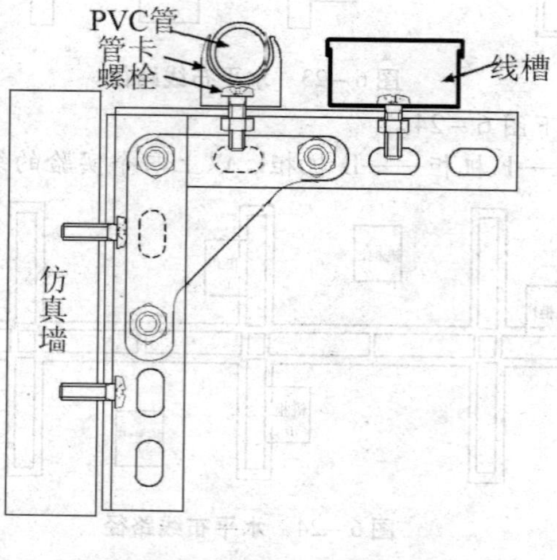

图 6－25　墙面安装支架

详细实验步骤和布线方法如下所述：

(1)根据规划和设计好的布线路径准备好实验材料和工具，从货架上取下三角支架、40PVC 线槽、线管、直接头、阴角、阳角、M6 螺栓、螺母、锯弓等材料备用。

(2)根据设计的布线路径在墙面安装三角支架，间距600 毫米，每个支架用两个 M6 螺栓固定在墙面，调整好方向。安装方法如图 6 – 25 所示。

(3)根据支架安装位置，在对应的线槽上开直径8 毫米孔，用 M6 螺栓和螺母把线槽固定在支架上。

对于线管，用 M6 螺栓和螺母把管卡固定在每个支架上，将线管压入管卡固定。安装方法如右图所示。

(4)在拐弯处用90 度弯头连接。

(5)在两根 PVC 线槽/线管之间用直接头连接。

(6)三根线槽/管之间用三通连接。或者用线槽直接连接。

(7)固定好全部线槽后，在槽内安装网线，同时盖好盖板。两头机柜内必须预留网线1.5 米。

(8)线槽和管单独安装在三角支架上，也可以组合安装在同一个支架上。

(9)分组实验路径如下：

第一组 布线路径如下图 6 – 26。

A 机柜——C 机柜，高度1.8 米，4 个阳角，3 个阴角。

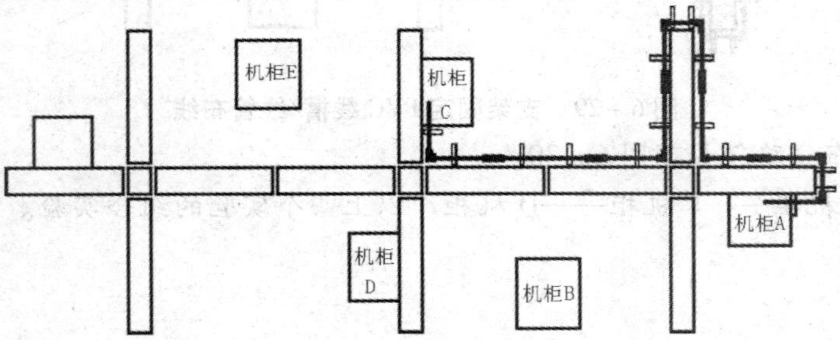

图6 – 26　支架固定 PVC 线槽/线管布线

第二组 布线路径如下图 6 – 27。

C 机柜——F 机柜，高度1.9 米，4 个阳角，3 个阴角。

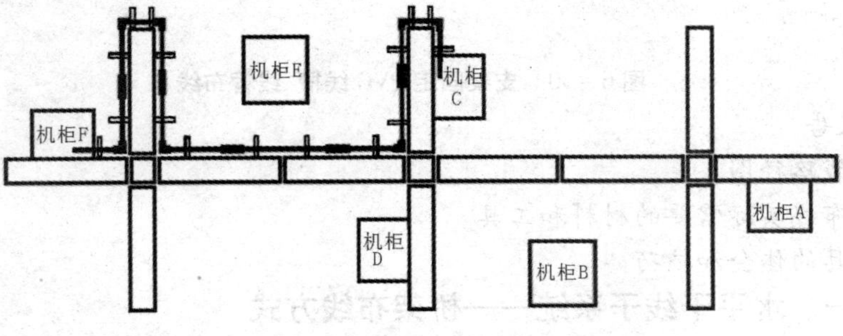

图6 – 27　支架固定 PVC 线槽/线管布线

第三组 布线路径如下图 6 – 28。

F 机柜——D 机柜，高度2.0 米，4 个阳角，3 个阴角。

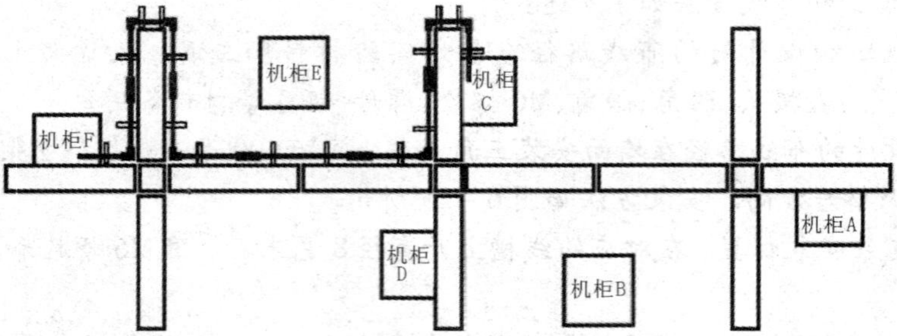

图6－28　支架固定PVC线槽/线管布线

第四组 布线路径如下图6－29。

D机柜——A机柜，高度2.1米，4个阳角，3个阴角。

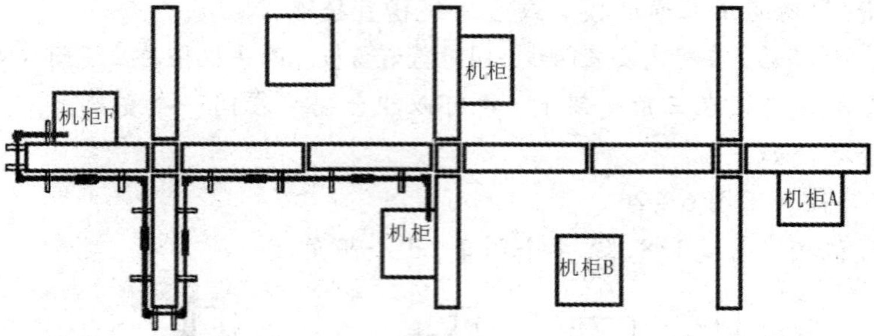

图6－29　支架固定PVC线槽/线管布线

第五组 布线路径如下图6－30。

A机柜——C机柜——F机柜——D机柜。以上四个实验的组合实验。

图6－30　支架固定PVC线槽/线管布线

五、实训报告

1. 画出布线路径图。
2. 统计出布线实际需要的材料和工具。
3. 使用工具的体会和技巧。

实训十一　水平干线子系统——桥架布线方式

一、实训目的

通过在桥架的安装和布线实验，了解网络综合布线主干线系统在吊顶上和隐蔽部位布线的原理和要求，以及桥架、吊杆、弯头、三通、直接头、电锤等工具和基本材料的使用方法。了解桥架布线材料的计算方法。

二、实训要求

1. 完成在楼板安装吊杆和桥架实验。

2. 完成在墙面安装支架和桥架实验。

3. 掌握在金属桥架的安装方法和技巧。

三、实训设备、材料和工具

1. 西安开元电子实业有限公司专利产品，“西元”牌网络综合布线实训装置。

2. 金属桥架约20米。

3. M6螺栓、支架、吊杆、接头等。

4. 锯弓、锯条、钢卷尺、十字头螺丝刀、电动起子、人字梯等。

图6－31

四、实训步骤

1. 规划和设计布线路径。

2. 计算和准备实验材料和工具。

3. 安装和布线。

详细实验步骤和布线方法如下所述：

(1)根据规划和设计好的布线路径准备好实验材料和工具，从货架上取下吊杆、膨胀螺栓、桥架、弯头、三通接头、螺栓等材料备用。

(2)在楼板安装桥架时，首先在楼板上画线确定吊杆安装位置和间距，使用电锤打孔。直径8毫米膨胀螺栓使用10毫米钻头打孔，深度根据膨胀螺栓长度确定，以将膨胀管全部埋入楼板为合适深度。常用规格有8×50，8×80，8×100等。

(3)根据桥架安装高度确定吊杆长度后，安装好吊杆，并且用扳手将螺母拧紧，使膨胀栓固定结实。在下部安装桥架挂片，统一调整好高度后，安装桥架。

(4)由于桥架安装较高，一般必须2～3人合作完成，必须注意高空安全作业。使用电锤时，必须安装放尘碗，防止灰沙损坏电锤。

五、实训报告

1. 设计桥架布线路径并绘图，计算需要的材料。

2. 写出膨胀螺栓的安装方法。

3. 写出电锤使用注意事项。

实训十二　垂直干线子系统——PVC线槽/线管布线

一、实训目的

通过在墙面安装大规格40PVC线槽、40PVC管等垂直子系统的实验，了解网络综合布线一垂直子系统的基本原理和要求，以及常用工具和基本材料的使用方法。熟练掌握垂直子系统的设计和布线、施工原则。

二、实训要求

1. 计算和准备好实验需要的材料和工具。

2. 完成竖井内模拟布线实验，合理设计和施工布线系统，路径合理。

3. 垂直布线平直、美观，接头合理。

4. 掌握垂直子系统线槽/线管的接头和三通连接以及大线槽开孔、安装、布线、盖板的方法和技巧。

5. 掌握锯弓、螺丝刀、电动起子等工具的使用方法和技巧。

三、实训设备、材料和工具

1. 西安开元电子实业有限公司专利产品，“西元”牌网络综合布线实训装置。

2. 40PVC 管、管卡、接头、弯头若干。

3. 40PVC 线槽、接头、弯头等。

4. 锯弓、锯条、钢卷尺、十字头螺丝刀、电动起子、人字梯等。

四、实训步骤

1. 规划和设计布线路径，确定在建筑物竖井内的安装位置。

2. 计算和准备实验材料和工具。

3. 安装和布线。

详细实验步骤和布线方法如下所述：

(1)根据规划和设计好的布线路径准备好实验材料和工具，从货架上取下以下材料(任意一组)：

组一:40PVC 线管、直接头、三通、管卡、M6 螺栓、锯弓等材料和工具备用。

组二:40PVC 线槽、直接头、三通、M6 螺栓、锯弓等材料和工具备用。

(2)根据设计的布线路径在墙面安装管卡，在垂直方向每隔 500 - 600 毫米安装 1 个管卡。

PVC 线槽安装方法如图 6 - 32。

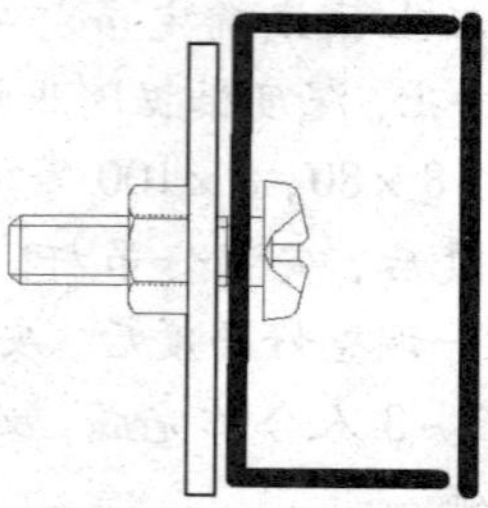

图 6 - 32　线槽安装图

PVC 管安装方法如图 6 - 33。

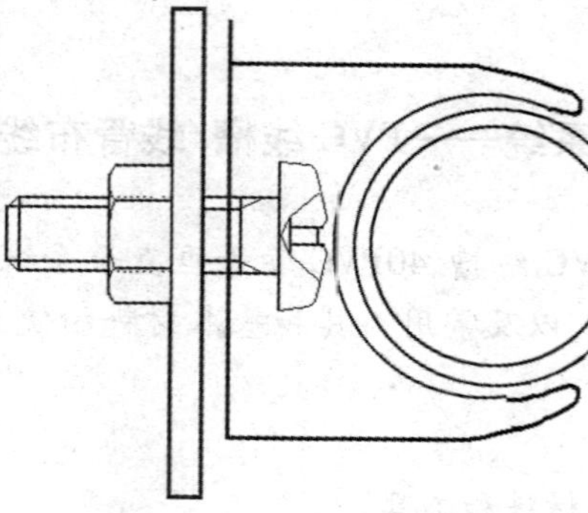

图 6 - 33　管卡安装图

(3)在拐弯处用 90 度弯头连接，安装 PVC 线槽。两根 PVC 线槽之间用直接连接，三根线槽之间用三通连接。同时在槽内安装 4 - UTP 网线。安装线槽前，根据需要在线槽上开直径8毫米孔，用M6螺栓固定。

对于PVC管：在拐弯处用90度弯头连接，安装PVC管。两根PVC管之间用直接头连接，三根管之间用三通连接。同时在PVC管内穿4－UTP网线。

(4)机柜内必须预留网线1.5米。

(5)每组实验路径如图6－34所示。

(6)分组实验路径如图6－35所示。

实验装置有长1.2米，宽1.2米角共12个，可以模拟12个建筑物竖井进行垂直子系统布线实验。12个小组可以同时进行实验。

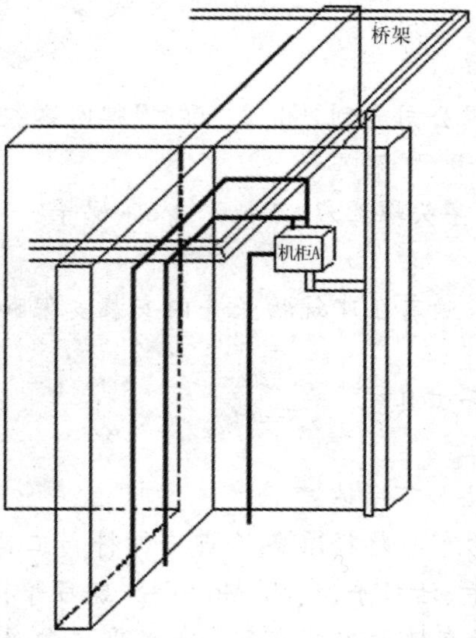

图6－34　直布线系统实验——小组布线示意图

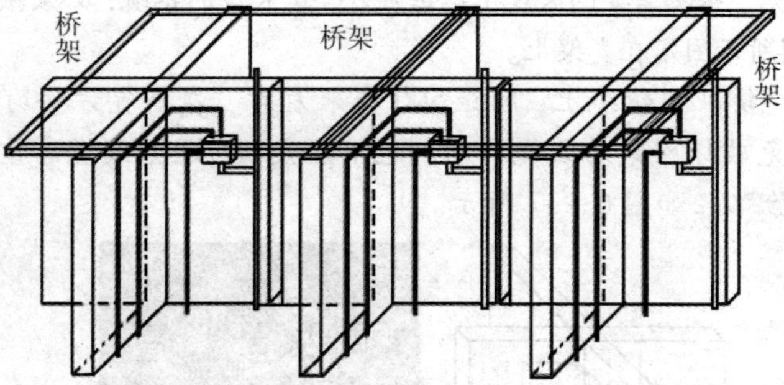

图6－35　垂直布线系统实验——分组布线示意图

五、实训报告

1. 画出垂直子系统PVC线槽或管布线路径图。

2. 计算出布线需要弯头、接头等的材料和工具。

3. 使用工具的体会和技巧。

实训十三　垂直干线子系统——钢缆扎线

一、实训目的

通过在墙面安装钢缆垂直子系统的实验，了解网络综合布线－垂直子系统的基本原理和要求，以及常用工具和基本材料的使用方法。熟练掌握垂直子系统的设计和布线、施工原则。

二、实训要求

1. 计算和准备好实验需要的材料和工具。

2. 完成竖井内钢缆扎线实验，合理设计和施工布线系统，路径合理。

3. 垂直布线平直、美观，扎线整齐合理。

4. 掌握垂直子系统支架、钢缆和扎线的方法和技巧。

5. 掌握活扳手、U 型卡、线扎等工具和材料的使用方法和技巧。

6. 掌握扎线的间距要求。

三、实训设备、材料和工具

1. 西安开元电子实业有限公司专利产品，"西元"牌网络综合布线实训装置。

2. 直径 5 毫米钢缆、U 型卡、支架若干。

3. 锯弓、锯条、钢卷尺、十字头螺丝刀、活扳手、人字梯等。

四、实训步骤

1. 规划和设计布线路径，确定在建筑物竖井内安装支架和钢缆的位置和数量。

2. 计算和准备实验材料和工具。

3. 安装和布线。

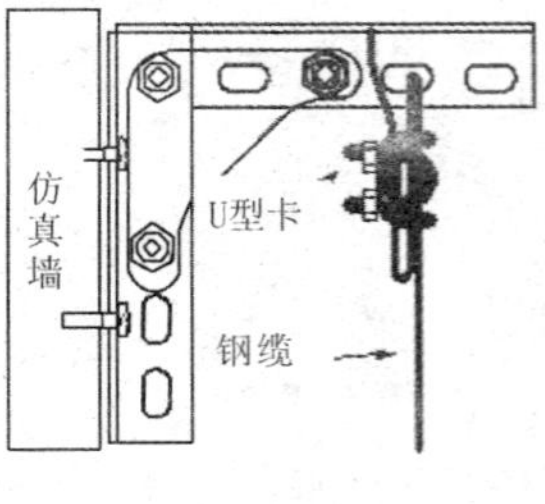

图 6－36 钢缆固定示意图

详细实验步骤和布线方法如下所述：

(1) 根据规划和设计好的布线路径准备好实验材料和工具，从货架上取下支架、钢缆、U 型卡、活扳手、线扎、M6 螺栓、锯弓等材料和工具备用。

(2) 根据设计的布线路径在墙面安装支架，在水平方向每隔 500－600 毫米安装 1 个支架，在垂直方向每隔 1000 毫米安装 1 个支架。支架安装方法如图 6－36。

(3) 支架安装好以后，根据需要的长度用钢锯裁好合适长度的钢缆，必须预留两端绑扎长度。用 U 型卡将钢缆按照右图所示固定在支架上。

(4) 用线扎将线缆绑扎在钢缆上，间距 500 毫米左右。在垂直方向均匀分布线缆的重量。绑扎时不能太紧，以免破坏网线的绞绕节距。也不能太松，避免线缆的重量将线缆拉伸。

(5) 每个小组实验路径如图 6－37 所示。

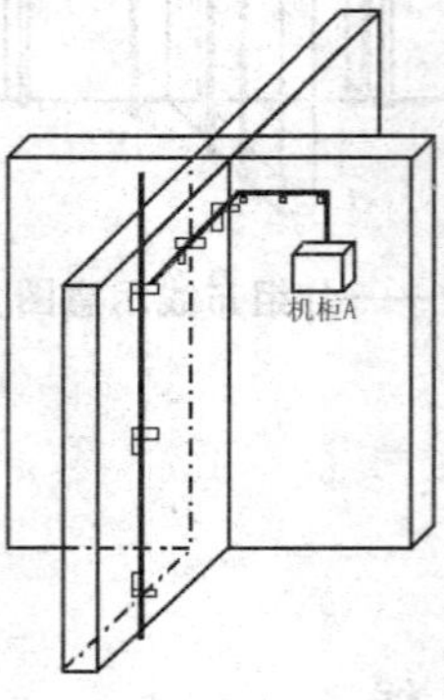

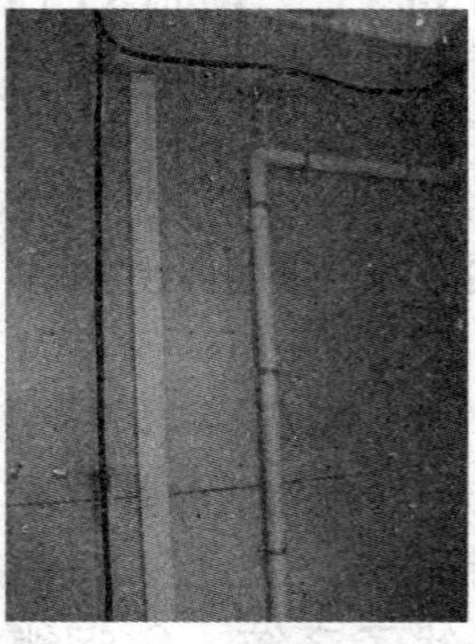

图 6－37 垂直布线系统实验——钢缆扎线布线实验示意图

(6)分组实验路径如图 6－38 所示。

实验装置有长 1.2 米，宽 1.2 米角共 12 个，可以模拟 12 个建筑物竖井进行垂直子系统布线实验。12 个小组可以同时进行实验。

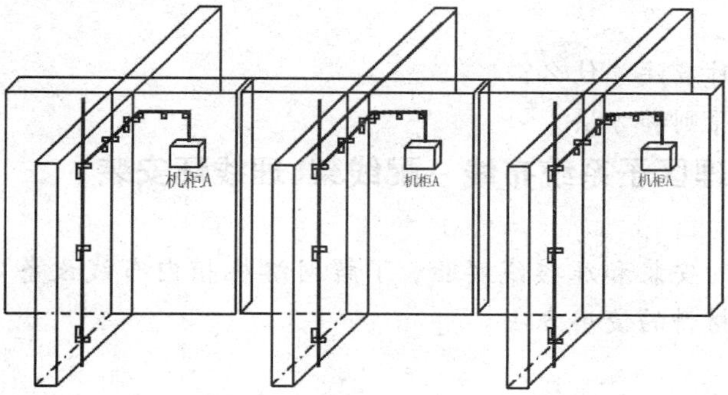

图 6－38 垂直布线系统实验——钢缆扎线布线实验分组示意图

五、实训报告

1. 写出钢缆绑扎线缆的基本要求和注意事项。

2. 计算出需要的 U 型卡、支架等的材料和工具。

实训十四 设备间子系统——机柜安装

一、实训目的

通过设备间常用机柜的安装实验，了解工作区机柜的布置原则和安装方法及使用要求，熟悉常用机柜的规格和性能。

二、实训要求

1. 完成立式机柜的定位、地脚螺丝调整、门板的拆卸和重新安装。

2. 完成壁挂式机柜的定位、墙面固定安装。

三、实训设备、材料和工具

1. 实验设备为西安开元电子实业有限公司生产的专利产品，"西元"牌网络综合布线实训装置。

2. 立式机柜 2 个，壁挂式机柜 4 个。

3. 十字头螺丝刀、M6 螺栓等。

图 6－39

四、实训步骤

1. 机柜设计和安装的原则：

机柜内安装标准 U 设备的数量和容量，应该考虑设备的散热量，每个设备间应该留 1－3cm 的空间，利于散热、接线和检修。

机柜在机房的布置必须考虑远离配电箱，四周保证有 1 米的通道和检修空间。

2. 立式机柜安装方法

确定机柜位置后，实际测量尺寸，将机柜就位。然后将机柜底部的定位螺栓向下旋转，将四个轱辘悬空，保证机柜不能转动。接入电源，连接机柜内风扇。

3. 壁挂式机柜的安装方法

壁挂式机柜一般安装在墙面，必须避开电源线路，高度在2.5米以上。安装前，现场用纸板比对机柜上的安装孔，做一个样板，按照样板孔的位置在墙面开孔，安装10－12H毫米膨胀螺栓4个，然后将机柜安装在墙面。引入电源。

五、实训报告

1. 在设计设备间时应注意什么？

2. 写出机柜安装原则和方法。

实训十五　管理区子系统布线－配线架、理线环安装

一、实训目的

通过网络配线架的安装和压接线实验，了解网络机柜内布线设备的安装方法和使用功能。常用工具和基本材料的使用方法。

二、实训要求

1. 完成网络配线架的安装和压接线实验。

2 完成理线环的安装和理线实验。

三、实训设备、材料和工具

1. 实验设备为西安开元电子实业有限公司生产的专利产品，“西元”牌网络综合布线实验装置。

2. 网络机柜、配线架、理线环、螺栓等。

3. 十字头螺丝刀、压线钳等。

四、实训步骤

1. 确定机柜内需要安装设备和数量，合理安排配线架、理线环的位置，主要考虑级连线路合理，施工和维修方便。

2. 准备好需要安装的设备，打开机柜自带的螺丝包，在设计好的位置安装配线架、理线环等设备，注意保持设备平齐，螺丝固定牢固。

3. 安装完毕后，开始理线和压接线缆。

五、实训报告

1. 画出机柜内安装设备布局示意图。

2. 写出常用理线环和配线架的规格。

第三篇
智能楼宇布线系统工程的测试与验收

项目七　综合布线系统工程测试

◆ 项目描述

测试工作是综合布线系统工程的一项重要的工作，因此，用户或建设单位、设计、监理、施工等部门都应给以足够的重视。综合布线工程实施完成后，需要对布线工程进行全面的测试工作，以确认系统的施工是否达到工程设计方案的要求，它是工程竣工验收的主要环节。要掌握综合布线工程测试技术，关键是掌握综合布线工程测试标准及测试内容、测试仪器的使用方法、电缆和光缆的测试方法。

7.1 测试概述

当网络工程施工接近尾声时，最主要的工作就是对布线系统进行严格的测试。对于综合布线的施工方来说，测试主要有两个目的：一是提高施工的质量和速度；二是向用户证明他们的投资得到了应有的质量保证。对于采用了5类电缆及相关连接硬件的综合布线来说，如果不用高精度的仪器进行系统测试，很可能会在传输高速信息时出现问题。光纤的种类很多，对于应用光纤的综合布线系统的测试也有许多需要注意的问题。

测试仪对维护人员是非常有帮助的工具，对综合布线的施工人员来说也是必不可少的。测试仪的功能具有选择性，根据测试的对象不同，测试仪器的功能也不同。例如，在现场安装的综合布线人员希望使用的是操作简单、能快速测试与定位连接故障的测试仪器，而施工监理或工程测试人员则需要使用具有权威性的高精度的综合布线认证工具。有些测试需要将测试结果存入计算机，在必要时可绘出链路特性的分析图，而有些则只要求存入测试仪的存储单元中。

从工程的角度，可将综合布线工程的测试分为两类：验证测试和认证测试。验证测试一般是在施工的过程中由施工人员边施工边测试，以保证所完成的每个连接的正确性。认证测试是指对布线系统依照标准例行逐项检测，以确定布线是否能达到设计要求，包括连接性能测试和电气性能测试。本章主要介绍电气性能测试。

7.1.1 测试的相关基础知识

综合布线工程测试内容主要包括三个方面：工作区到设备间的连通状况测试、主干线连通状况测试、跳线测试。每项测试内容主要测试以下参数：信息传输速率、衰减、距离、接线图、近端串扰等。下面具体介绍各测试参数的内容。

1. 接线图（Wire Map）

接线图是用来检验每根电缆末端的八条芯线与接线端子实际连接是否正确，并对安装连通性进行检查。测试仪能显示出电缆端接的线序是否正确。

2. 长度〔Length〕

基本链路的最大物理长度是94米，通道的最大长度是100米。基本链路和通道的长度可通过测量电缆的长度确定，也可从每对芯线的电气长度测量中导出。

测量电气长度是基于信号传输延迟和电缆的额定传播速度(NAP)值来实现的。所谓额定传播速度是指电信号在该电缆中传输速度与真空中光的传输速度比值的百分数。测量额定传播速度方法有:时域反射法(TDR)和电容法。采用时域反射法测量链路的长度是最常用的方法，它通过测量测试信号在链路上的往返延迟时间，然后与该电缆的额定传播速度值进行计算就可得出链路的电气长度。

3. 衰减(Attenuati·n)

衰减是信号能量沿基本链路或通道传输损耗的量度，它取决于双绞线电阻、分布电容、分布电感的参数和信号频率。衰减量会随频率和线缆长度的增加而增大，单位用dB表示。信号衰减增大到一定程度，将会引起链路传输的信息不可靠。引起衰减的原因还有集肤效应、阻抗不匹配、连接点接触电阻以及温度等因素。

4. 近端串扰损耗(NEXT)

串扰是高速信号在双绞线上传输时，由于分布电感和电容的存在，在邻近传输线中感应的信号。近端串扰是指在一条双绞电缆链路中，发送线对对同一侧其他线对的电磁干扰信号。NEXT值是对这种耦合程度的度量，它对信号的接收产生不良的影响。NEXT值的单位是dB，定义为导致串扰的发送信号功率与串扰之比。NEXT越大，串扰越低，链路性能越好。

5. 直流环路电阻

任何导线都存在电阻，直流环路电阻是指一对双绞线电阻之和。当信号在双绞线中传输时，在导体中会消耗一部分能量且转变为热量，100Ω屏蔽双绞电缆直流环路电阻不大于19.2Ω/100m，l50Ω屏蔽双绞电缆直流环路电阻不大于12Ω/100m。常温环境下的最大值不超过30Ω。直流环路电阻的测量应在每对双绞线远端短路，在近端测量直流环路电阻，其值应与电缆中导体的长度和直径相符合。

6. 特性阻抗(Impedance)

特性阻抗是衡量出电缆及相关连接件组成的传输通道的主要特性的参数。一般来说，双绞线电缆的特性阻抗是一个常数。我们常说的电缆规格:100ΩUTP、120ΩFTP、150ΩSTP，这些电缆对应的特性阻抗就是:100Ω、120Ω、150Ω。一个选定的平衡电缆通道的特性阻抗极限不能超过标称阻抗的15%。

7. 衰减与近端串扰比(ACR)

衰减与近端串扰比是双绞线电缆的近端串扰值与衰减的差值，它表示了信号强度与串扰产生的噪声强度的相对大小，单位以dB表示。它不是一个独立的测量值而是衰减与近端串扰(NXET－Attenuati·n)的计算结果，其值越大越好。衰减、近端串扰和衰减与近端串扰比都是频率的函数，应在同一频率下进行运算。

8. 综合近端串扰(P·wer Sun NEXT，PSNT)

在一根电缆中使用多对双绞线进行传送和接收信息会增加这根电缆中某对线的串扰。综合近端串扰就是双绞线电缆中所有线对对被测线对产生的近端串扰之和。例如，4对双绞电缆中3对双绞线同时发送信号，而在另1对线测量其串扰值，测量得到串扰值就是该线对的综合近端串扰。

9. 等效远端串扰〔Equal Level FEXT，ELFEXT〕

一个线对从近端发送信号，其他线对接收串扰信号，在链路远端测量得到经线路衰减了的串扰值，称为远端串扰（FEXT）。但是，由于线路的衰减，会使远端点接收的串扰信号过小，以致所测量的远端串扰不是在远端的真实串扰值。因此，测量得到的远端串扰值在减去线路的衰减值后，得到的就是所谓的等效远端串扰。

10. 传输延迟（Pr · pagati · n delay）

这一参数代表了信号从链路的起点到终点的延迟时间。由于电子信号在双绞电缆并行传输的速度差异过大会影响信号的完整性而产生误码。因此，要以传输时间最长的一对为准，计算其他线对与该线对的时间差异。所以，传输延迟的表示会比电子长度测量精确得多。两个线对间的传输延迟的偏差对于某些高速局域网来说是十分重要的参数。

常用的双绞线、同轴电线，它们所用的介质材料决定了相应的传输延迟。双绞线传输延迟为56ns/m，同轴电线传输延迟为45ns/m。

11. 回波损耗（Return L · ss，RL）

该参数是衡量通道特性阻抗一致性的。通道的特性阻抗随着信号频率的变化而变化。如果通道所用的线缆和相关连接件阻抗不匹配而引起阻抗变化，造成终端传输信号量被反射回去，被反射到发送端的一部分能量会形成噪声，导致信号失真，影响综合布线系统的传输性能。反射的能量越少，意味着通道采用的电缆和相关连接件阻抗一致性越好，传输信号越完整，在通道上的噪声越小。

双绞线的特性阻抗、传输速度和长度、各段双绞线的接续方式和均匀性都直接影响到结构回波损耗。

7.1.2 测试标准

关于综合布线工程的测试，可按照国内外现行的一些标准及规范进行。目前常用的测试标准为美国国家标准协会EIA/TIA制定的TSB－67、EIA/TIA－568A等。TSB－67包含了验证EIA/TIA－568标准定义的UTP布线中的电缆与连接硬件的规范。

由于所有的高速网络都定义了支持5类双绞线，所以用户要找一个方法来确定他们的电缆系统是否满足5类双绞线规范。为了满足用户的需要，EIA（美国的电子工业协会）制定了EIA586和TSB－67标准，它适用于已安装好的双绞线连接网络，并提供一个用于认证双绞线电缆是否达到5类线所要求的标准。由于确定了电缆布线满足新的标准，用户就可以确信他们现在的布线系统能否支持未来的高速网络（100Mbps）。

随着超5类、6类系统标准制定和推广，目前EIA568和TSB－67标准已提供了超5类、6类系统的测试标准。对网络电缆和不同标准所要求的测试参数如表7－1、表7－2和表7－3所示。

表7－1 网络电缆及其对应标准

电缆类型	网络类型	标准
UTP	令牌环4Mbps	IEEE 802.5 f · r 4Mbps
UTP	令牌环16Mbps	IEEE 802.5 f · r 16Mbps
UTP	以太网	IEEE 802.3 f · r 10Base－T
RG58/RG58 F · am	以太网	IEEE 802.3 f · r 10Base2

续表

电缆类型	网络类型	标准
R G 5 8	以太网	IEEE 802.3 f · r 10Base5
U T P	快速以太网	IEEE 802.12
U T P	快速以太网	IEEE 802.3 f · r 10Base－T
U T P	快速以太网	IEEE 802.3 f · r 100Base－T4
U R P	3，4，5 类电缆现场认证	TIA 568. TSB－67

表 7－2　　不同标准所要求的测试参数

测试标准	接线图	电阻	长度	特性阻抗	近端串扰	衰减
EIA/TIA568A. TSB－67	*		*		*	
1 0 b a s e － T	*		*	*	*	*
1 0 B a s e 2			*	*	*	
1 0 B a s e 5			*	*	*	
IEEE 802.5 f · r 4Mbps	*		*	*	*	*
IEEE 802.5 f · r 16Mbps	*		*	*	*	*
1 0 0 B a s e － T	*		*	*		*
IEEE 802.12 100Base－VG	*		*	*	*	*

表 7－3　　电缆级别与应用的标准

级别	频率	量程应用
3	1～16 M H z	IEEE 802.5 Mbps 令牌环 EEE 802.3 f · r 10Base－T EEE 802.12 100Base－VG IEEE 802.3 f · r 10Base－T4 以太网 ATM 51.84/25.92/12.96Mbps
4	1～2 0 M H z	IEEE 802.5 16Mbps
5	1～1 0 0 M H z	IEEE 802.3 100Base－T 快速以太网. ATM 155Mbps
6	2 0 0 M H z	IEEE 802.3u 1000Base－千兆以太网
7 *	6 0 0 M H z	

注 * 表示国际标准化组织还没有通过正式标准

7.1.3 测试模型

1. TSB－67 测试内容

美国国家标准协会 EIA/TIA 制定的 TSB－67《非屏蔽双绞电缆布线系统传输性能现场测试规范》于 1995 年 10 月被正式通过，是由美国国家标准协会 EIA/TIA 的专家经过数年的编写与修改而制定的。它比较全面地定义了电缆布线的现场测试内容、方法以及对测试仪器的要求。

一个符合 TSB－67 标准的非屏蔽双绞线网络不但能满足当前计算机网络的信息传输要求，还能支持未来高速网络的需要。按照发达国家的经验，网络上设备的生命周期通常为 5 年，也就是说一个设备使用 5 年就可能被淘汰，而网络布线系统却可以支持 15 年以上。当然，这样的布线系统必须符合 TSB－67 标准。TSB－67 标准包含主要内容如下：

(1) 两种测试模型的定义；

(2) 要测试的参数的定义；

(3) 为每一种连接模型及 2 类、3 类和 5 类链路定义 PASS 或 FAIL 测试极限；

(4) 减少测试报告项目；

(5) 现场测试仪的性能要求和如何验证这些要求的定义；

(6) 现场测试与实验室测试结果的比较方法。

TSB－67 虽然是为测试非屏蔽双绞电缆的链路而制定的，但在测试屏蔽双绞电缆的通道时，也可参照执行。

2. TSB－67 测试模型

TSB－67 定义了两种标准的测试模型：基本链路（Basic Link）和通道（Channel）。

基本链路用来测试综合布线中的固定链路部分。由于综合布线承包商通常只负责这部分的链路安装，所以基本链路又被称为承包商链路。它包括最长 90m 的水平布线，两端可分别有一个连接点以及用于测试的两条各 2m 长的跳线。基本链路测试模型如图 7－1 所示。

通道用来测试端到端的链路整体性能，又被称为用户链路。它包括最长 90m 的水平电缆，一个工作区附近的转接点，在配线架上的两处连接，以及总长不超过 10m 的连接线和配线架跳线。通道测试模型如图 7－2 所示。

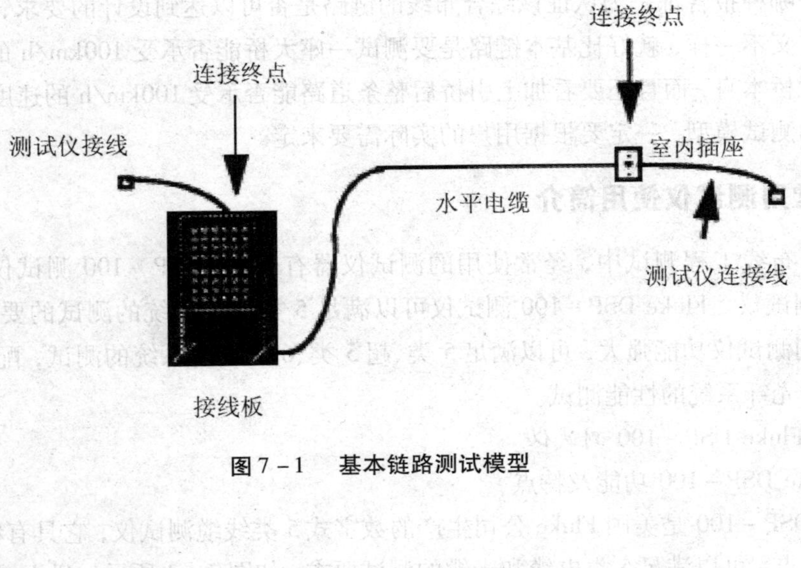

图 7－1　基本链路测试模型

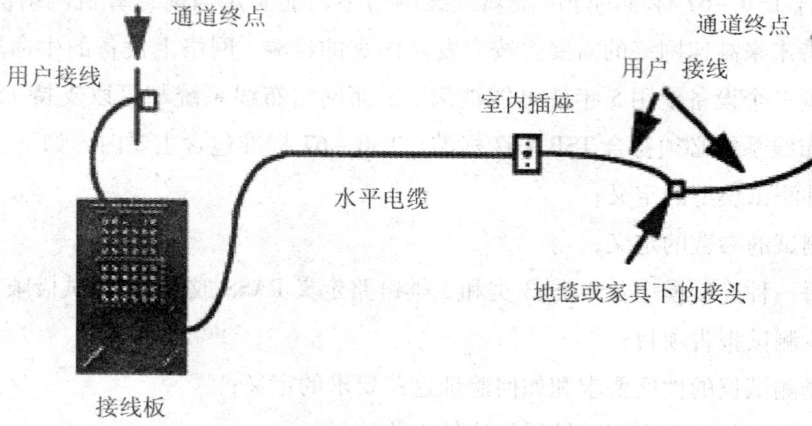

图 7－2 通道测试模型

两者的最大区别在于，基本链路测试模型不包括用户端使用的电缆（这些电缆是用户连接工作区终端与信息插座或配线架及交换机等设备的连接线），而通道是作为一个完整的端到端链路定义的，包括连接网络站点、集线器的全部链路，其中用户的末端电缆必须是链路的一部分，必须与测试仪相连。

基本链路测试是综合布线施工单位必须负责完成的。通常综合布线施工单位完成工作后，所要连接的设备、器件还没有安装，而且并不是所有的线缆都连接到设备或器件上，所以综合布线施工单位只能向用户提出一个基本链路的测试报告。

工程验收测试一般选择基本链路测试。从用户的角度来说，用于高速网络的传输或其他通信传输时的链路不仅要包含基本链路部分，而且还要包括用于连接设备的用户电缆，所以他们希望得到一个通道的测试报告。

无论是哪种报告都是为认证该综合布线的链路是否可以达到设计的要求，二者只是测试的范围和定义不一样，就好比基本链路是要测试一座大桥能否承受 100km/h 的速度，而通道不光要测试桥本身，而且还要看加上引桥后整条道路能否承受 100km/h 的速度。在测试中选用什么样的测试模型，一定要根据用户的实际需要来定。

7.2 常用测试仪使用简介

在综合布线工程测试中，经常使用的测试仪器有 Fluke DSP－100 测试仪、Fluke DSP－4000 系列测试仪。Fluke DSP－100 测试仪可以满足 5 类线缆系统的测试的要求。Fluke DSP－4000 系列测试仪功能强大，可以满足 5 类、超 5 类、6 类线缆系统的测试，配置相应的适配器还可用于光纤系统的性能测试。

7.2.1 Fluke DSP－100 测试仪

1. Fluke DSP－100 功能及特点

Fluke DSP－100 是美国 Fluke 公司生产的数字式 5 类线缆测试仪，它具有精度高、故障定位准确等特点，可以满足 5 类电缆和光缆的测试要求，如图 7－3 所示。Fluke DSP－100 采用了专门的数字技术测试电缆，不仅完全满足 TSB－67 所要求的二级精度标准（已经过 UL 独立验证)，而且还具有强大的测试和诊断功能。它运用其专利的“时域串扰分析”功能可以快速指出由不良的连接、劣质的安装工艺和不正确的电缆类型等缺陷的位置。

测试电缆时，DSP－100发送一个和网络实际传输的信号一致的脉冲信号，然后DSP－100再对所采集的时域响(相)应信号进行数字信号处理(DSP)，从而得到频域响应。这样，一次测试就可替代上千次的模拟信号。

图7－3　Fluke DSP－100线缆测试仪

Fluke DSP－100具有以下特点：

(1)测量速度快。17s内即可完成一条电缆的测试，包括双向的NEXT测试(采用智能远端串元)。

(2)测量精度高。数字信号的一致性、可重复性、抗干扰性都优于模拟信号。DSP－100是第一个达到二级精度的电缆测试仪。

(3)故障定位准确。由于DSP－100可以获得时域和频域两个测试结果，从而能对故障进行准确定位。如一段UTP 5类线连接中误用了3类插头和连线，插头接触不良和通信电缆特性异常等问题都可以准确地判断出来。

(4)方便的存储和数据下载功能。DSP－100可存储1000多个TIA TSB－67的测试结果或600个IS·的测试结果，而且能够在2分钟之内下载到PC机中。

(5)完善的供电系统。测试仪的电池供电时间为12小时(或1800次自动测试)，可以保证你一整天的工作任务。

(6)具有光纤测试能力。配置光缆测试选件FTK后，可以完成850/1300nm多模光纤的光功率损耗的测试，并可根据通用的光缆测量标准给出通过和不通过的测试结果。还可以使用另外的1310 nm和1550nm激光光源来测量单模光缆的光功率损耗。

2. Fluke DSP－100的组件

Fluke DSP－100测试仪随机设备包括：

(1)1个主机标准远端单元，如图7－3所示；

(2)中英文用户手册；

(3)CMS 电缆数据管理软件(CD－R・M);

(4)1 条 100 欧姆 RJ45 校准电缆(15cm);

(5)1 条 100 欧姆 5 类测试电缆(2m);

(6)1 条 50 欧姆 BNC 同轴电缆;

(7)AC 适配器/电池充电器;

(8)充电电池(装在 DSP－100 主机内);

(9)1 条 RS－232 接口电缆(用于连接测试仪和 PC，以便下载测试数据);

(10)1 条背带;

(11)1 个软包。

根据 Fluke DSP－100 的使用要求，可以选择它相应的选配件。Fluke DSP－100 选件包括:

(1)DSP－FTK 光缆测试包，包括一个光功率计 DSP－F・M、一个 850/1300nm LED 光源 F・S－850/1300、2 条多模 ST－ST 测试光纤、一个多模 ST－ST 适配器、说明书和包装盒;

(2)F・S－850/1300nm LED 光源;

(3)LS－1310/1550 激光光源，包括一个 1310/1550 双波长激光光源、2 条单模 ST－ST 测试光纤、一个单模 ST－ST 适配器和说明书;

(4)DSP－F・M 光功率计，包括一个光功率计、2 条多模 ST－ST 测试光纤、一个多模 ST－ST 适配器、说明书和包装盒;

(5)BC7210 外接电池充电器;

(6)C789 工具包。

3. Fluke DSP－100 测试仪的简要的操作方法

Fluke DSP－100 测试仪的测试工作主要由主机实现，主机面板上有各种功能键，液晶屏显示测试信号及结果。在测试过程中，主要使用以下四个功能键:

(1)TEST 键，选择该键后测试仪进入自动测试状态;

(2)EXIT 键，选择该键后从当前屏幕显示或功能退出;

(3)SAVE 键，保存测试结果;

(4)ENTER 键，确认选择操作。

DSP－100 测试仪的远端单元操作很简便，只有一个开关以及指示灯。测试时将开关打开即可开始测试，测试过程中如果测试项目通过，则 PASS 指示灯显示，如果测试未通过，则 FAIL 的指示灯显示。

使用 Fluke DSP－100 测试仪进行测试工作的步骤如下所示:

(1)将 Fluke DSP－100 测试仪的主机和远端分别连接被测试链路的两端;

(2)将测试仪旋钮转至 SETUP;

(3)根据屏幕显示选择测试参数，选择后的参数将自动保存到测试仪中，直至下次修改;

(4)将旋转钮转至 AUT・TEST，按下 TEST 键，测试仪自动完成全部测试;

(5)按下 SAVE 键，输入被测链路编号，存储结果;

(6)如果在测试中发现某项指标未通过，将旋钮转至 SINGLE TEST 根据中文速查表进行相应的故障诊断测试;

（7）排除故障，重新进行测试直至指标全部通过为止；

（8）所有信息点测试完毕后，将测试仪与 PC 连接起来，通过随机附送的管理软件导入测试数据，生成测试报告，打印测试结果。

7.2.2 Fluke DSP－4000 系列测试仪

综合布线工程测试中，最常使用的测试仪器是 Fluke DSP－4000 系列的测试仪，它具功能强大、精确度高、故障定位准确等优点。Fluke DSP－4000 系列的测试仪包括 DSP－4000、DSP4300、DSP4000PL 三类型号的产品。这三类型号的测试仪基本配置完全相同，但支持的适配器及内部存储器有所区别。下面以 Fluke DSP－4300 为例，介绍 Fluke DSP－4000 系列的测试仪的功能及基本操作方法。

1. DSP－4300 电缆测试仪的功能及特点

DSP－4300 是 DSP－4000 系列的最新型号，它为高速铜缆和光纤网络提供更为综合的电缆认证测试解决方案，如图 7－4 所示。使用其标准的适配器就可以满足超 5 类、6 类基本链路、通道链路、永久链路的测试要求。通过其选配的选件，可以完全满足多模光纤和单模光纤的光功率损耗测试要求。它在原有 DSP－4000 基础之上，扩展了测试仪内部存储器，方便的电缆编号下载功能增加了准确性和效率。

图 7－4　Fluke DSP－4300 测试仪组件

DSP－4300 测试仪具有以下特点：

（1）测量精度高。它具有超过了 5 类、超 5 类和 6 类标准规范的 III 级精度要求并由 UL 和 ETL SEMK · 机构独立进行了认证；

（2）使用新型永久链路适配器获得更准确、更真实的测试结果，该适配器是 DSP－4300 测试仪的标准配件；

（3）标配的 6 类通道适配器使用 DSP 技术精确测试 6 类通道链路，包含的通道/流量适配器提供了网络流量监视功能可以用于网络故障诊断和修复；

（4）能够自动诊断电缆故障并显示准确位置；

（5）仪器内部存储器扩展至 16MB，可以存储全天的测试结果；

（6）允许将符合 TIA－606A 标准的电缆编号下载到 DSP－4300，确保数据准确和节省时间；

（7）内含先进的电缆测试管理软件包，可以生成和打印完整的测试文档。

2. DSP－4300 电缆测试仪的组件

如图 7－4 所示，DSP－4300 测试仪的组件如下所示：

(1)DSP－4300 主机和智能远端；

(2)Cable Manger 软件；

(3)16MB 内部存储器；

(4)16MB 多媒体卡；

(5)PC 卡读取器；

(6)Cat 6/5e 永久链路适配器；

(7)Cat 6/5e 通道适配器；

(8)Cat 6/5e 通道/流量监视适配器；

(9)语音对讲耳机；

(10)AC 适配器/电池充电器；

(11)便携软包；

(12)用户手册和快速参考卡；

(13)仪器背带；

(14)同轴电缆(BNC)；

(15)校准模块；

(16)RS－232 串行电缆；

(17)RJ45 到 BNC 的转换电缆。

根据光纤的测试要求，DSP－4300 测试仪还可以使用以下常用选配件：

(1) DSP－FTA440S 多模光缆测试选件，包括：使用波长为 850nm 和 1300nm 的 VCSEL 光源、光缆测试适配器、用户手册、SC/ST 50μm 多模测试光缆、ST/ST 50μm 多模测试光缆、ST/ST 适配器；

(2)DSP－FTA430S 单模光缆测试选件，包括：使用波长为 1310nm 和 1550nm 的激光光源、光缆测试适配器、用户手册、SC/ST 单模测试光缆、ST/ST 单模测试光缆、ST/ST 适配器；

(3)DSP－FTA420S 多模光缆测试选件，包括：使用波长为 850nm 和 1300nm 的 LED 光源、光缆测试适配器、用户手册、SC/ST 62、5μm 多模测试光缆、ST/ST 62、5μm 多模测试光缆、ST/ST 适配器；

(4)DSP－FTK 光缆测试包，包括一个光功率计 DSP－F・M、一个 850/1300nm LED 光源 F・S－850/1300、2 条多模 ST－ST 测试光纤、一个多模 ST－ST 适配器、说明书和包装盒。

3. DSP－4300 电缆测试仪的简要操作方法

在综合布线测试过程，主要使用 DSP－4300 测试仪的主机部分和智能远端部分，它们分别连接在被测试链路的两端，如图 7－5 所示为典型的基本连接的测试图。

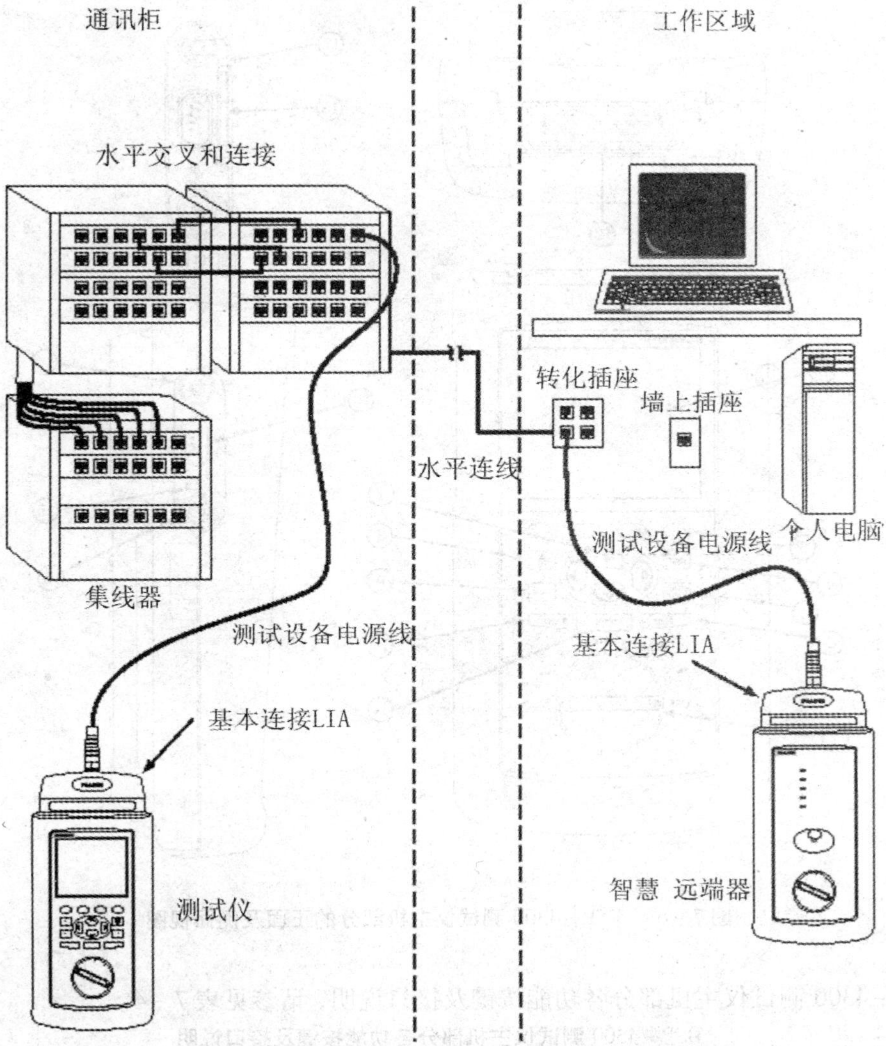

图 7－5　典型基本连接测试图

整个测试工作主要由主机部分进行控制，它负责配置测试参数，发出各种测试信号，智能远端部分接收测试信号并反馈回到主机部分，主机根据反馈信号判别被测链路的各种电气参数。主机部分有一个简易的操作面板，由一系部功能键及液晶显示屏组成，另外还有一系列接口用于各种通讯连接。DSP－4300 测试仪主机部分的正面及侧面视图，如图 7－6 所示。

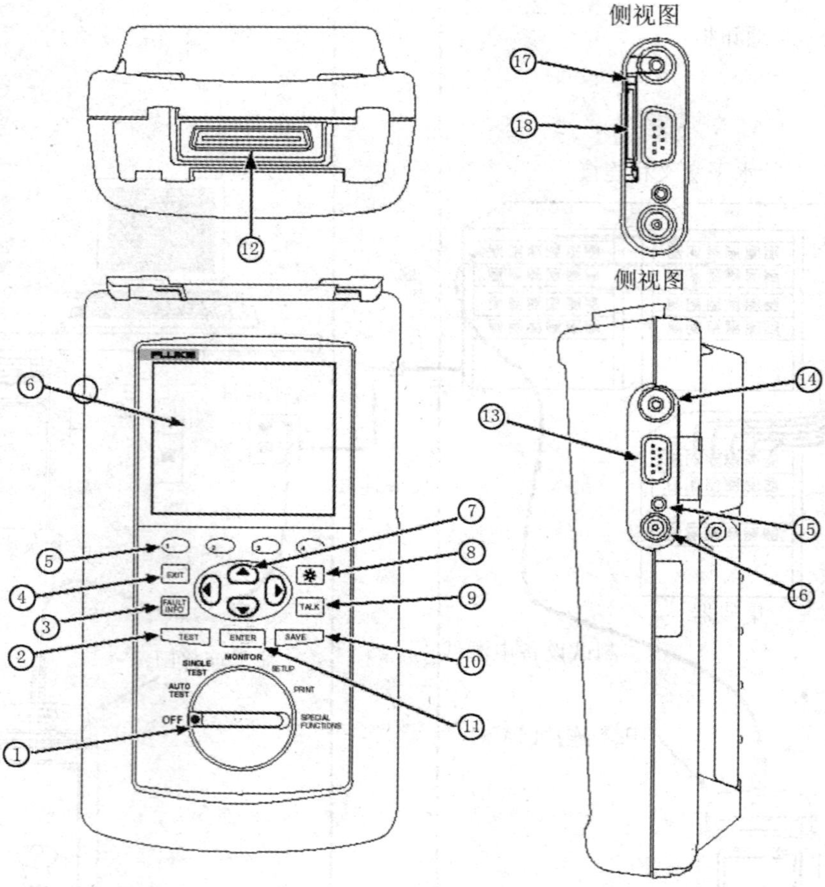

图 7－6　DSP－4300 测试仪主机部分的正面及侧面视图

DSP－4300 测试仪主机部分各功能按键及接口说明，请参见表 7－4。

表 7－4　DSP－4300 测试仪主机部分各功能按键及接口说明

项目编号	功能说明
(1)	旋钮开关，用于选择测试仪的工作模式
(2)	TEST 键，启动突出显示所选的测试或再次启动上次运行的测试
(3)	FAULT INF・键，自动提供造成自动测试失败的详细信息
(4)	EXIT 键，退出当前屏幕，不保存修改
(5)	1～4 数字键，提供与当前显示相关的功能
(6)	显示屏，它是一个对比度可调的 LCD 显示屏
(7)	移动键，在屏幕中可上、下、左、右移动

续表

项目编号	功能说明
(8)	背景灯控制键，用于背景灯控制。按住 1 秒可以显示对比度。 测试仪进入休眠状态后，按该键重新启动。
(9)	TALK 键，使用耳机可通过双绞线或光纤电缆进行双向通话
(10)	SAVE 键，存储自动测试结果和改变的参数
(11)	ENTER 键，选择菜单中突出显示的项目
(12)	LIA 接头和插销，连接接口适配器接头和插销(LIA)
(13)	RS－232C 串行口，通过串行电缆可将测试仪连接到打印机或 PC
(14)	2.5mm 话筒插孔，连接测试仪的耳机
(15)	AC 交流电源指示灯
(16)	交流稳压电源/充电插口
(17)	弹出按键，按此键可弹出存储器卡
(18)	存储器卡槽，可以插入保存自动测试结果的存储器卡

DSP－4300 测试仪的远端器部分由旋转开关及一系指示灯组成，如图 7－7 所示。如果测试项目通过，则 PASS 指示灯显示，如果测试项目失败，则 FAIL 指示灯显示。如果在测试过程中，则 TESTING 指示灯在闪烁。

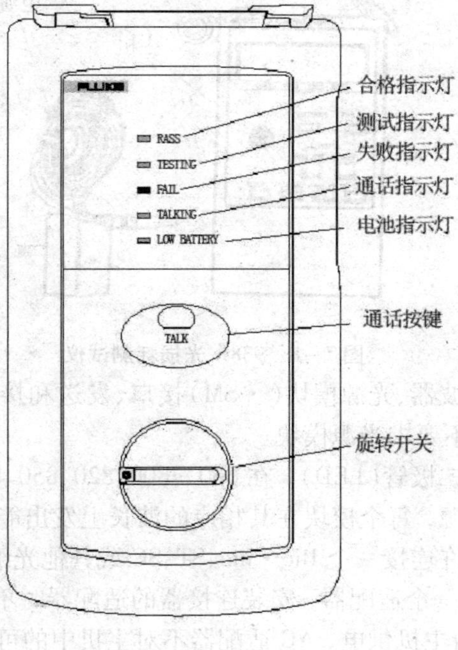

图 7－7　智能远端器

DSP－4300 测试仪对行双绞线电缆通道测试的步骤如下：

(1)为主机和智能远端器插入相应的适配器；

(2)将智能远端器的旋转开关置为·N;

(3)把智能远端器连接到电缆连接的远端，对于通道测试用网络设备接插线连接;

(4)将主机上的旋转开关转至 AUT·TEST 档位;

(5)将测试仪的主机与被测电缆的近端连接起来，对于通道测试用网络设备接插线连接;

(6)按主机上的 TEST 键，启动测试;

(7)自动测试完成后，使用数字键给测试点进行编号，然后按 SAVE 键保存测试结果;

(8)直至所有信息点测试完成后，使用串行电缆将测试仪和 PC 相连;

(9)使用随机附带的电缆管理软件导入测试数据，生成并打印测试报告。

7.2.3 光纤测试仪

目前综合布线系统中光纤传输系统的性能测试除了可以用上述的 Fluke DSP－4000 系列的电缆测试仪，还经常使用 AT & T 公司生产的 938 系列光纤测试仪。下面简要介绍 AT & T 公司生产 938A 光纤测试仪的功能及简要操作方法。

1. 光纤测试仪的组成

938A 光纤测试仪由主机、光源模块、光连接器的适配器、AC 电源适配器四个部件组成，如图 7－8 所示。

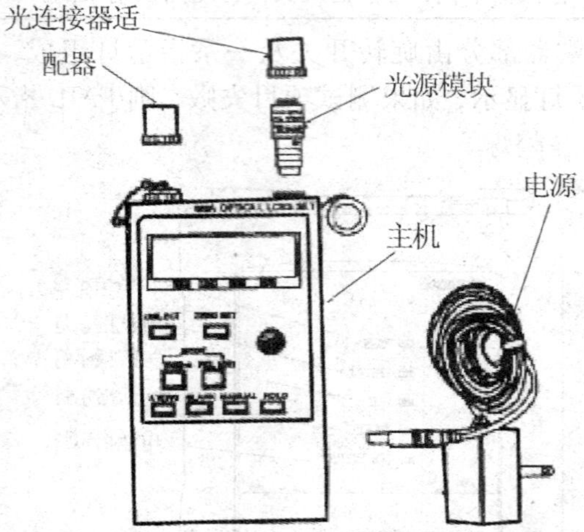

图 7－8 938A 光损耗测试仪

主机部分包含一个检波器、光源模块(·SM)接口、发送和接收电路及供电电源。主机可独立地作为功率计使用，不要求光源模块。

光源模块包含有发光二极管(LED)，在 660、7800、820、850、870、1300、1550 nm 波长上作为测量光衰减或损耗的光源，每个模块在其相应的波长上发出能量。

光连接器的适配器允许连接一个 Bic·nic、ST、SC 或其他光缆连接器至 938 主机，对每一个端口(输入和输出)要求一个适配器，安装连接器的适配器时不需要工具。

AC 电源适配器主要给主机供电，AC 适配器不对主机中的可充电电池进行充电。如果使用的是可充电电池，而必须由外部 AC 电源对充电电池进行充电。

2. 938 系列测试仪的技术参数

目前，工程中使用的光纤测试仪主要是 938 系列测试仪，它的技术参数如下。

(1)发送器

发送器的技术参数如表 7－5 所示。

表 7－5　　发送器的技术参数

发送器	标准模块最大标称波长	频宽	输出功率	输出稳定性(常温下超过 8 h)
9 G	660nm ± 10 nm	≤20 nm	≥－20 dBm	≤ ±0.5 dB
9 H	80 nm ± 10 nm	≤30 nm	≥－20 dBm	≤ ±0.5 dB
9 B	820 nm ± 10 nm	≤50 nm	≥－25 dBm	≤ ±0.5 dB
9 C	850 nm ± 10 nm	≤50 nm	≥－25 dBm	≤ ±0.5 dB
9 D	875 nm ± 10 nm	≤50 nm	≥－25 dBm	≤ ±0.5 dB
9 E	1300 nm ± 20 nm	≤150 nm	≥－30 dBm	≤ ±0.5 dB
9 F	1550 nm ± 20 nm	≤150 nm	≥－30 dBm	≤ ±0.5 dB

(2)接收器

接收器的技术参数如表 7－6 所示。

表 7－6　　接收器的技术参数

接收器类型	938A	938C
标准校准波长	850 nm、875 nm、1300 nm、1550 nm	660 nm、780 nm、820 nm、850 nm
测量范围	+ 3dBm ~ －60dBm, 2mW ~ 1nW	
精确度	+ 5%	
分辨率	0.01dBm / 0.01dBm	

(3)电源供电

交流电源适配器：120V/AC，220V /AC。

3. 938A 系列光纤测试仪的操作说明

938A 系列 · LTS/ · PM 能用来作为一个光能量功率计，以测试一个光信号的能级。该系列也可用来测试一个部件(组成部分)或一条光纤链路的损耗/衰减。

(1)初始校准

为了获得准确的测试结果，永远要保持光界面的清洁，可用一个沾有酒精(乙醇)的棉花签轻轻擦拭界面，并用罐气将界面吹干。初始校准按下列步骤进行。

1)将电源开关(P · WER)置于 · N 的位置，并等待如图 7－9 所示的两个 LCD(液晶显示)画面。

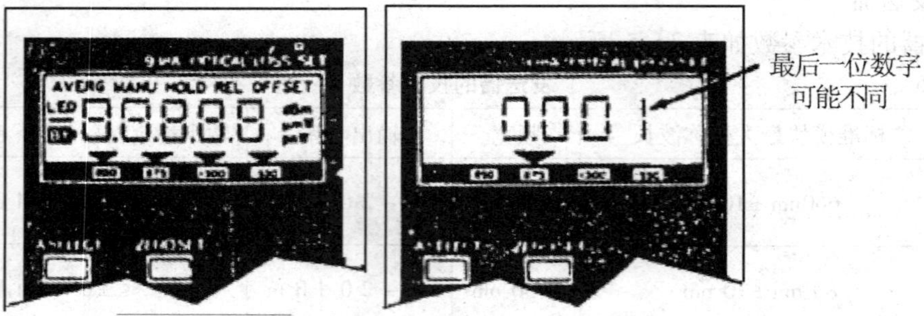

图 7－9　初始调零

（2）波长选择。通过重复地按“SELECT”按钮，以使指示器移到所选的波长上，如图 7－10 所示。

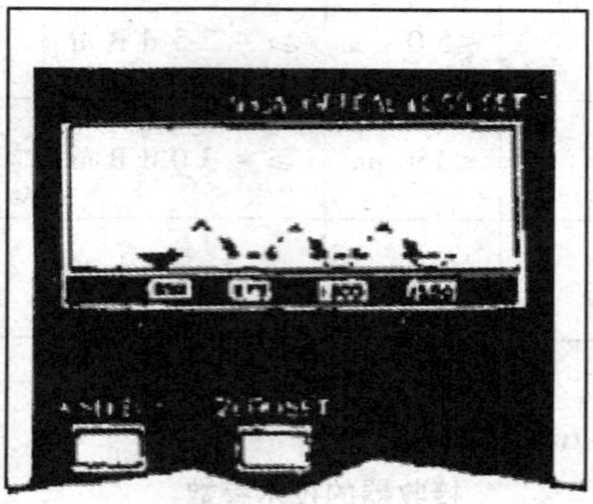

图 7－10　波长选择

为了方便起见，插入的光源是颜色编码的，与 938A 主机面板上“波长终点颜色”相匹配。

3）检波器偏差调零，将防尘盖加到输入端口上并拧紧，这时按下“ZER · SET”按钮，调零的顺序由 －9 开始，由 －0 结尾。请注意：当进行弱信号测试时，必须完成此项操作。

4）当调零序列（ －9 到 －0）完成后，将输入端口上的防尘盖取下，再将合适的连接器适配器加上，如图 7－11 所示。

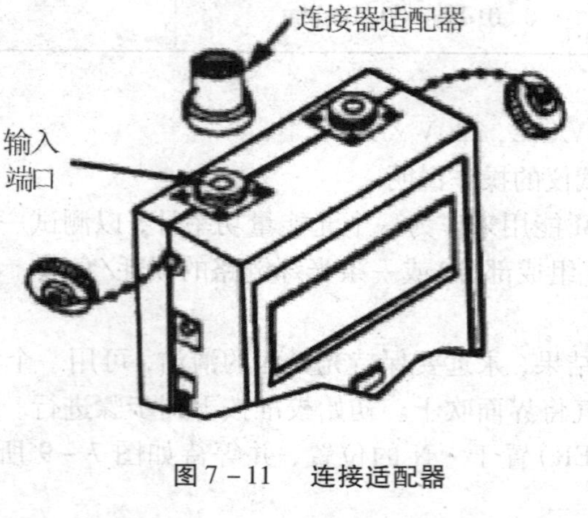

图 7－11　连接适配器

(2)光源模块的安装与卸下

将要安装的光源模块上的定位键与主机938A中对应的槽对准，然后将模块压进938A主机直到完全吻合，并且掩没在主机体内，如图7－12所示。

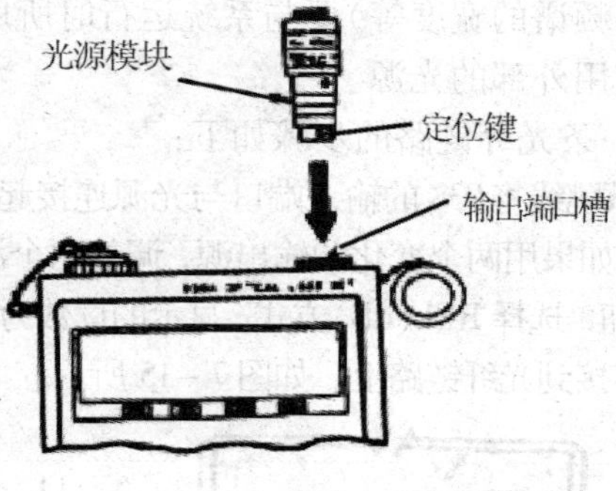

图7－12　光源模块的安装

用拇指向上推位于设备背面的排出锁闩，以卸下光源模块。这时，一定要确认防尘盖是否去掉了，如图7－13所示。

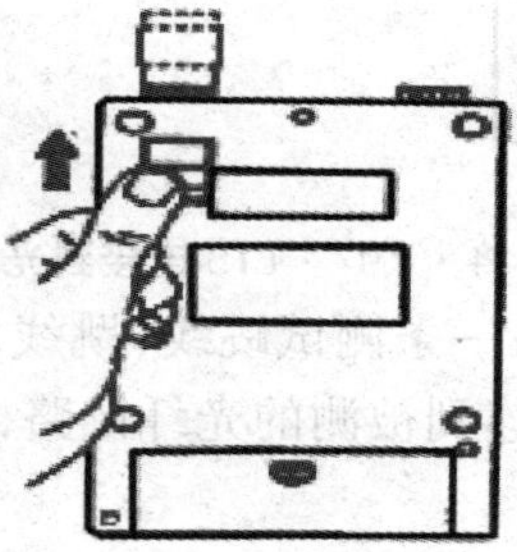

图7－13　光源模块的卸下

(3)能级测试

能级测试(Watts或dBm)按下列步骤完成，具体如图7－14所示。

在初始调整完成后，用一条测试跳线将·PM的输入端口与被测的光能源连接起来，根据所选择的W/dBm按钮不同，检测到的能级将以Watts或dBm显示出来。

请注意:所用的测试跳线类型(无论是单模还是多模，50/125mm还是62、5/125mm)将影响测试，确定并选择合适的跳线类型。

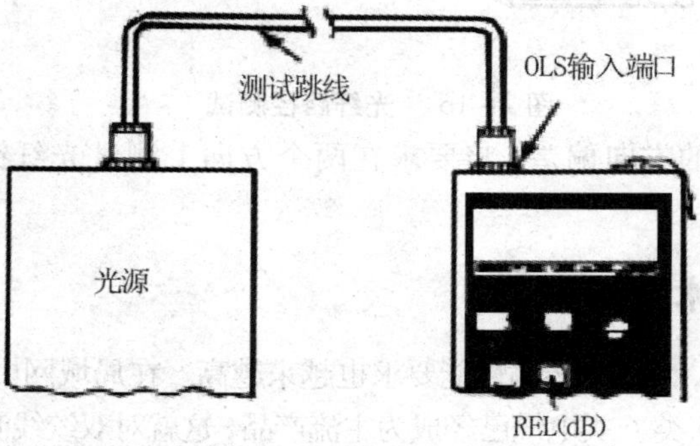

图7－14　能级及光纤损耗(衰减)测试

(4)损耗/衰减测试

·LTS/·PM 可用来测试光纤及其元件部件(衰减器、分离器、跳线等)或光纤链路的衰减/损耗。光衰减测试依赖于所用光源(发送器)的特性。因此，当测试一条光纤通道时，光源的类型(Center/Peak 波长、频谱的宽度等)要与系统运行时所用的光源类型相近。单模和多模光纤的损耗/衰减测试，使用外部的光源。

使用·LTS/·PM 测试一条光纤链路的步骤如下：

测试仪初始调整工作;测试跳线将938 的输入端口与光源连接起来;如果用的是一个变化的输出源，则将输出能级调到最大值;如果用两个变化的输出源，调整两个源的输出能级，直到它们是等同的为止;通过按下 REL(dB)按钮，选择 REL(dB)方式，显示的读数为 0.00dB;断开(从·PM/·LTS 输入端口上)测试跳线，并将它连接到光纤链路上。如图 7－15 所示。

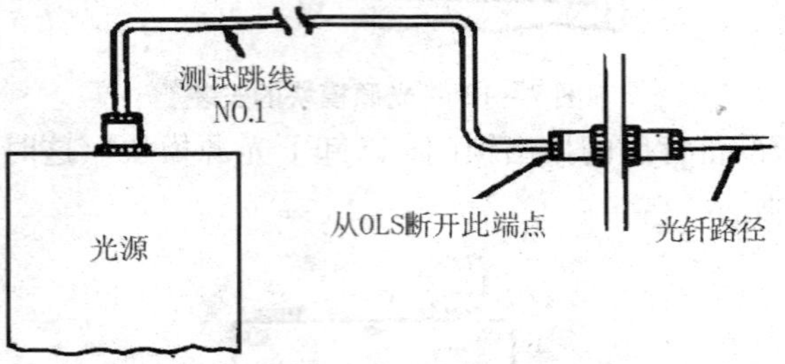

图 7－15　将·PM/·LTS 连接到光纤链路上

光纤链路相反的一端，连接上另一条测试跳线(跳线应是同一类型的 10/125 ·LTS/·PM 的输入端口，且此跳线的另一端连到被测的光纤链路，该光纤跳线的损耗将以 dB 显示，如图 7－16 所示。

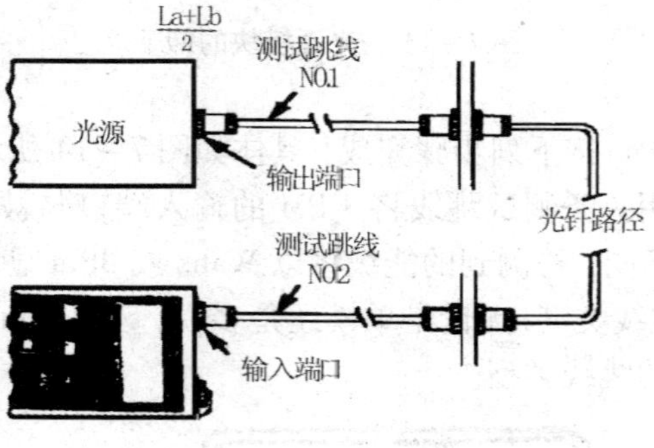

图 7－16　光纤路径测试

为了消除测试中产生的方向偏差，将要求在两个方向上测试光纤链路，然后取损耗的平均值作为结果值。

7.3 双绞线测试技术

随着网络应用不断扩大，对网络传输性能要求也越来越高。在局域网中最常使用的双绞线电缆传输性能不断提高，目前超5 类、6 类电缆已经成为主流产品，这就对双绞线测试技术提出越来越高的要求。对于5 类双绞线电缆，使用 Fluke DSP－100 测试仪就可以满足测试要求;对于超5 类、6 类双绞线电缆，必须使用 Fluke DSP－4000 系列的测试仪才能满足测试要求。

7.3.1 双绞线测试内容

1. 5 类双绞线测试内容

根据 EIA/TIA TSB－67 标准规定，5 类双绞线测试的内容有以下项目：

(1)接线图测试，确认一端的每根导线与另一端相应的导线连接的线序，以判断是否正确地绞接。

(2)链路长度测试，测试链路布设的真实长度，一般实际测量时会有至少 10% 的误差。

(3)衰减测试，测试信号在被测链路传输过程中的信号衰减程度，单位为 db。

(4)近端串扰 NEXT 损耗测试，测试传送信号与接收同时进行的时候产生干扰的信号，是对双绞线电缆性能评估的最主要的标准。

2. 超 5 类、6 类双绞线测试内容

超 5 类、6 类双绞线测试在 5 类双绞线测试的基础上，增加了 7 项测试项目，具体如下：

(1)特性阻抗测试，它是衡量由电缆及相关连接硬件组成的传输通道的主要特性之一；

(2)结构回波损耗(SRL)测试，用于衡量通道所用电缆和相关连接硬件阻抗是否匹配；

(3)等效式远端串扰测试，用于衡量两个以上信号朝一个方向传输时的相互干扰情况；

(4)综合远端串扰(P · wer Sun ELFEXT)测试，用于衡量发送和接收信号时对某根电缆所产生的干扰信号；

(5)回波损耗测试，用于确定某一频率范围内反射信号的功率，与特性阻抗有关；

(6)衰减串扰比(ACR)测试，它是同一频率下近端串扰 NEXT 和衰减的差值；

(7)传输延迟测试，它代表了信号从链路的起点到终点的延迟时间，两个线对间的传输延迟上的差异对于某些高速局域网来说是十分重要的参数。

7.3.2 常见问题的解决方法

在双绞线电缆测试过程，经常会碰到某些测试项目测试不合格的情况，这说明双绞线电缆及其相连接的硬件安装工艺不合格或者产品质量不达标。要有效地解决测试中出现的各种问题，就必须认真理解各项测试参数的内涵，并依靠测试仪准确地定位故障。下面将介绍测试过程中经常出现的问题及相应解决办法。

1. 接线图测试未通过

该项测试未通过可以有以下因素造成：

(1)双绞线电缆两端的接线相序不对，造成测试接线图出现交叉现象；

(2)双绞线电缆两端的接头有短路、断路、交叉、破裂的现象；

(3)跨接错误，某些网络特意需要发送端和接收端跨接，当为这些网络构筑测试链路时，由于设备线路的跨接，测试接线图会出现交叉。

相应的解决问题的方法：

(1)对于双绞线电缆端接线序不对的情况，可以采取重新端接的方式来解决；

(2)对于双绞线电缆两端的接头出现的短路、断路等现象，首先根据测试仪显示的接线图判定双绞线电缆哪一端出现的问题，然后重新端接双绞线电缆；

(3)对于跨接错误的问题，只要重新调整设备线路的跨接即可解决。

2. 链路长度测试未通过

链路长度测试未通过的可能原因有：

(1)测试仪标称传播相速度设置不正确;

(2)实际长度超长,如双绞线电缆通道长度不应超过100米;

(3)双绞线电缆开路或短路。

相应的解决问题的方法:

(1)可用已知的电缆确定并重新校准标称传播相速度;

(2)对于电缆超长问题,只能采用重新布设电缆来解决;

(3)双绞线电缆开路或短路的问题,首先要根据测试仪显示的信息,准确地定位电缆开路或短路的位置,然后采取重新端接电缆的方法来解决。

3. 近端串扰测试未通过

近端串扰测试未通过的可能原因有:

(1)双绞线电缆端接点触不良;

(2)双绞线电缆远端连接点短路;

(3)双绞线电缆线对扭绞不良;

(4)存在外部干扰源影响;

(5)双绞线电缆和连接硬件性能问题或不是同一类产品;

(6)双绞线电缆的端接质量问题。

相应的解决问题的方法:

(1)对于端接点接触不良的问题经常出现在模块压接和配线架压接方面,因此应对电缆所端接的模块和配线架进行重新压接加固;

(2)对于远端连接点短路的问题,可以通过重新端接电缆来解决;

(3)如果双绞线电缆在端接模块或配线架时,线对扭绞不良,则应采取重新端接的方法来解决;

(5)对于外部干扰源,只能采用金属槽或更换为屏蔽双绞线电缆的手段来解决;

(6)对于双绞线电缆及相连接硬件的性能问题,只能采取更换的方式来彻底解决,所有线缆及连接硬件应更换为相同类型的产品。

4. 衰减测试未通过

衰减测试未通过的原因可能有:

(1)双绞线电缆超长;

(2)双绞线电缆端接点接触不良;

(3)电缆和连接硬件性能问题或不是同一类产品;

(4)电缆的端接质量问题;

(5)现场温度过高。

相应解决问题的方法:

(1)对于超长的双绞线电缆,只能采取更换电缆的方式来解决;

(2)对于双绞线电缆端接质量问题,可采取重新端接的方式来解决;

(3)对于电缆和连接硬件的性能问题,应采取更换的方式来彻底解决,所有线缆及连接硬件应更换为相同类型的产品。

7.4 大对数电缆测试技术

在综合布线系统的干线子系统中，大对数电缆经常作用数据和语音的主干电缆，其线对数量比 4 对双绞线电缆要多，如 25 对、100 对、300 对等。大对数电缆不能直接采用 4 对双绞线电缆测试的方法，可以使用专用的大对数电缆测试仪进行测试，如 TEXT－ALL25。

对于常用的 25 对线大对数电缆可以采用两种方法进行测试：

(1)用 2 5 对线测试仪进行测试；

(2)分组用双绞线测试仪测试。

我们建议尽量采用 2 5 对线测试仪进行测试，这种方法效率较高。

7.4.1 TEXT－ALL25 测试仪

TEXT－ALL25 是一个自动化的测试系统，可在无源电缆上完成测试任务。TEXT－ALL 25 可同时测 25 对线的连续性、短路、开路、交叉、有故障的终端、外来的电磁干扰和接地中出现的问题。

要测试一根 25 对线的大对数电缆，首先在大对数电缆两端各接一个 TEXT－ALL25 测试器，由这两个测试器之间形成一条通信链路，如图 7－17 所示。分别启动测试器，由这两个测试器共同完成测试工作。

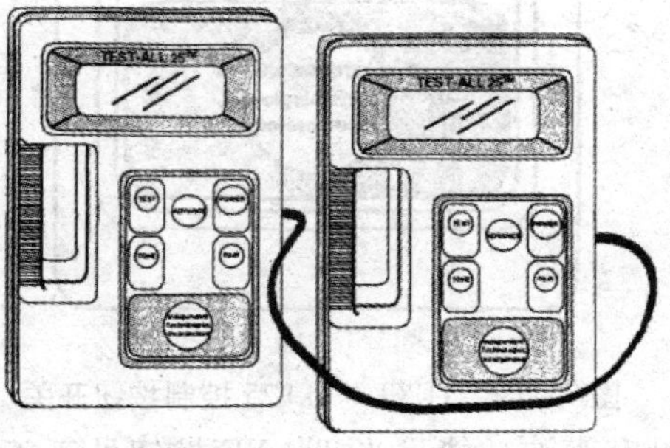

图 7－17　测试电缆两端分别连接 T E X T－ALL25 测试器

下面简要介绍 T E X T－ALL25 测试器的操作面板。

1. 液晶显示屏

T E X T－A L L 2 5 测试器使用了一个大屏幕的彩色液晶显示屏，如图 7－18 所示。它能显示用户工作方式以及测试的结果。液晶显示屏从 1 到 25 计数指示电缆对，在每个数字的左边有一个绿色符号表示电缆对正常，而在每个数字的右边有一个红色符号表示电缆对的环路。

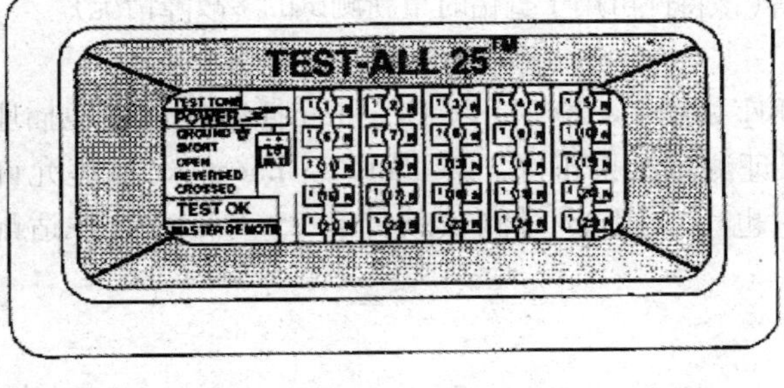

图 7－18　TEXT－ALL25 液晶显示屏

2. 控制按钮

在该测试器面板上有 5 个控制按钮，在其右边板上有 5 个连接插座。控制按钮开关如图 7－19 所示。

P·WER 电源开关按钮在测试器右上角。当整个测试系统安装完毕，打开测试器电源开关，该仪器就开始进行自动测试(为了进行自动测试总是先要连接电缆，然后打开测试器的电源，这样可以防止测试仪将测出的电缆故障作为测试设备内部故障来显示)。

PAIR 绿色开关置于测试仪的右下角，使用户可以选择一次测试 2 5 对…4 对、3 对、2 对、1 对。测试仪一打开电源总是工作在 2 5 对方式，除非用户选择另一种方式。

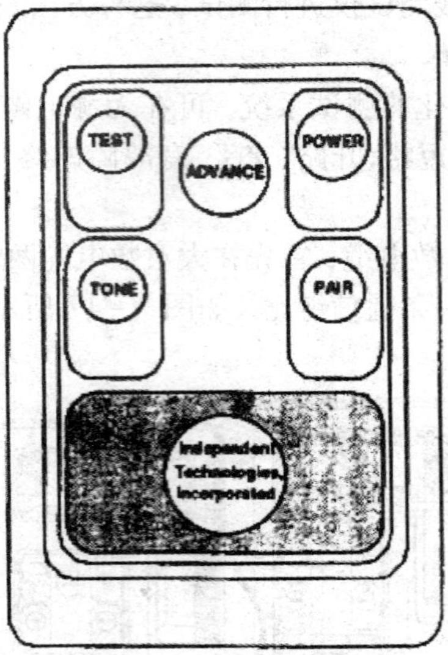

图 7－19　TEXT－ALL25 控制按钮开关

T·NE 按钮使测试仪具有声波功能。当 T·NE 按钮处于工作状态时，T·NE 出现在显示屏上。一个光源照亮了线对的绿色或红色字符。在线对需要时 T·NE 能使用推进式按钮。

按下 TEST 按钮开始顺序测试。在双端测试中，TEXT－ALL25 测试仪有一个可操作的测试(TEST)按钮，这是最基本的装置(控制器)，而另一个装置作为远程装置需要重新调整。

ADVANCE 按钮用于选择发出声音的缆对，或选择用户所希望查看的故障指示。当测试完成时，同时显示所有发现的故障。当发现的故障是在一个以上时，闪光显示的部分较难看懂。通过操作 ADVANCE 按钮，测试再次开始循环，并停在第一个故障情况的显示上，再次推动 ADVANCE 按钮，下一个故障情况出现等等(该特性可用于查错时重新测试的多故障情况)。

3. 测试连接插座

测试仪上的测试插座如图 7－20 所示。Gr·und 插座提供接地插座和用于使设备接地正确，这样做的目的是保证测试结果正确。25 Pair C·nnect·r 插座允许连接的电缆直接插入测试仪中进行测试。它也可应用 25 对测试软件和 25 对 110 硬件适配器，便于测试中访问 110 系统。

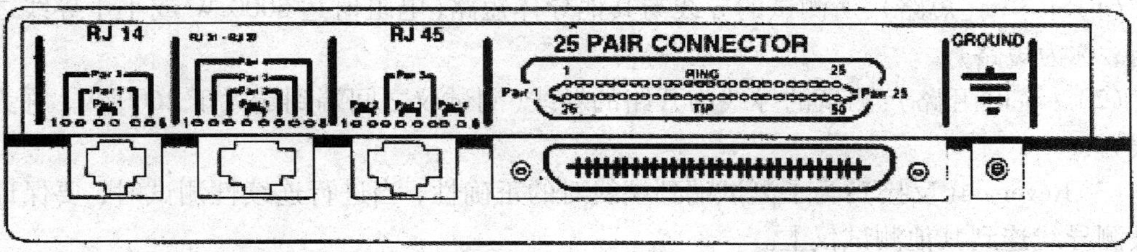

图 7－20 TEXT－ALL25 测试仪上的测试插座

RJ－45 插座允许带有 RJ－45 插头的测试软线直接插入测试仪中进行测试。

RJ－14 插座允许 RJ－14 和 RJ－11 线缆直接插入 TEXT－AA25 进行测试。

7.4.2 大对数电缆的测试

使用 TEXT－ALL25 测试仪进行大对数电缆测试过程中，主要有下列测试程序：

1. 自检

把要测试的大对数电缆连接到测试仪插座上，打开 TEXT－ ALL25 测试仪电源开关。测试仪自动完成自检程序，以保证整个系统测试精确。下面是操作者在显示屏上能观察到的信息：

(1)当测试仪检查它的内部电路时，在彩色屏幕上显示文字、数字和符号，大约 1 s；

(2)接着，如果测试仪整个系统正常，屏幕先变黑，然后显示 TEXT ·K，大约 1 s；

(3)然后，MASTER 闪光和在屏幕右边显示数字，表示该测试器已经准备好，可以使用。

2. 通信

一旦自检程序完成之后，保证该测试仪已经连到一个电路上，并着手进行与远端通信。通信链路总是被测电缆中的第一个电缆对。当通信链路已经成功建立，MASTER 照亮在第一个测试仪的显示窗口上，而 REM·TE 照亮在远端的第二个测试仪上。

在使用另一个测试仪不能正常通信的情况下，MASTER 闪烁，指示不能通信，要进行再次尝试，TEST 按钮必须再次压入。

3. 电源故障测试

TEXT－ALL25 照亮 P·WER FAULT 完成电源故障测试时，能检查通交流或直流电的所有 50 根导线。如果所测电压(交流或直流)等于或高于 15V，该电压在两端测试仪的显示屏上照亮后显示出来，并终止测试程序(当指出有电源故障而且确实存在电源故障时，常常需要重新测试。因为有时电缆上的静电会造成电源故障指示错误。但应当请注意，接地导体良好时，可以防止测试时因静电产生电压指示差错)。

4. 接地故障测试

屏幕显示 GR·UND FAULT，表示正在进行接地测试。该测试表示在两端的测试仪上连接一根外部接地导线。首先测试地线的连续性。包括地线是否已连到两个测试仪上及电缆的两端及其地电位。不同电平的电压常常在于大楼地线上形成噪声，从而影响传输质量，该地线连续性测试是为了检查地线连接的正确性。已接地的导线用 TEXT－ALL25 测试和完成端到端的地线性能测试时，可能造成噪声或电缆故障(测试参考值为 75000W 或小于地线与导线之间的阻值，均被认为是存在接地故障)。

5. 连续性测试

下面的测试是完成端到端线对的测试。

(1) Sh · rts(短路):所测试的导线与其他导体短路(电阻值达6000 W或小于导线之间的电阻，称为短路)。

(2) · pen(开路):测试的导线为开路的导线(测试仪之间端到端大于2600 W，称为开路导线)。

(3) Reversed(反接):为了测试端到端线对的正确性，当进行连续性测试时，要保证每一个被测导线连到其他测试仪上。

(4) Cr · ssed(交叉):为了测试所有的导线是否端到端正确的连接，还应检查所测电缆组中是否有与其他导线交叉连接的情况(这就是常说的易位)。

当所有测试令人满意地完成，而且测试过程中没有发现任何故障，这时屏幕上出现照亮的TEST · K。

大对数线的测试也可以用测试4对双绞线电缆的测试仪来分组测试，每4对线作为一组，当测到第25对时，向前错位3对线。这种测试方法也是较为常用的。

7.5 光缆测试技术

7.5.1 光纤测试技术综述

随着计算机技术和通信技术的高速发展，光纤的应用越来越广泛，光纤测试技术已成为一个崭新的领域。光纤的种类很多，但光纤及其传输系统的基本测试方法与所使用的测试仪器原理基本相同。对光纤或光纤传输系统，其基本的测试内容有连续性和衰减/损耗、光纤输入功率和输出功率、分析光纤的衰减损耗、确定光纤连续性和发生光损耗的部位等。

光纤测试常用的仪器有Fluke DSP－4000系列的线缆测试仪(要安装相应的光纤选配件)、AT&T公司生产的938系列光纤测试仪。

为了确保测试的准确性，在进行光纤的各种参数测量之前，要选择匹配的光纤接头，仔细地平整及清洁光纤接头端面。如果选用的接头不合适，就会造成损耗或者光的反射。

目前，绝大多数的光纤系统都采用标准类型的光纤、发射器和接收器。例如，综合布线几乎全都使用纤芯为62.5μm的多模光纤和标准发光二极管(LED)光源，工作在850nm的光波上，这样就可以大大地减少测量的不确定性。而且，即使是用不同厂家的设备，也可以很容易地进行连接，可靠性和重复性也很好。

7.5.2 光纤测试技术

测试光纤的目的，是要知道光信号在光纤链路上的传输损耗。光信号是由光纤链路一端的LED光源所产生的(对于LGBC多模光缆，或室外单模光缆是由激光光源产生的)。光信号从光纤链路的一端传输到另一端的损耗来自光纤本身的长度和传导性能，来自连接器的数目和接续的多少。当光纤损耗超过某个限度值后，表明此条光纤链路是有缺陷的。对光纤链路进行测试有助于找出问题。下面给出如何用938系列光纤测试仪来进行光纤链路测试的步骤。

1. 测试光纤链路所需的硬件

(1)两个938A光纤损耗测试仪(· LTS)；

(2)为使在两个地点进行测试的操作员之间能够通话，需要有无线电话(至少要有电话)；

(3)4条光纤跳线，用来建立938A测试仪与光纤链路之间的连接；

(4)红外线显示器，用来确定光能量是否存在；

(5)眼镜(测试人员必须戴上眼镜)。

测试人员特别要注意：当执行下列过程时，决不能去观看一个光源的输出。为了确定光能量是否存在，应使用能量/功率计或红外线显示器来测试。

2. 设置测试设备

按随938A光纤损耗测试仪一起提供的指令来设置测试仪。

3. 对938A测试仪进行调零

调零用来消除能级偏移量，当测试非常低的光能级时，不调零则会引起很大的误差，调零还能消除跳线的损耗。为了调零，在位置A用一跳线将938A的光源（输出端口）和检波器插座（输入端口）连接起来，在光纤链路的另一端（位置B）完成同样的工作，测试人员必须在两个位置（A和B）上对两台938A调零，如图7－21所示。

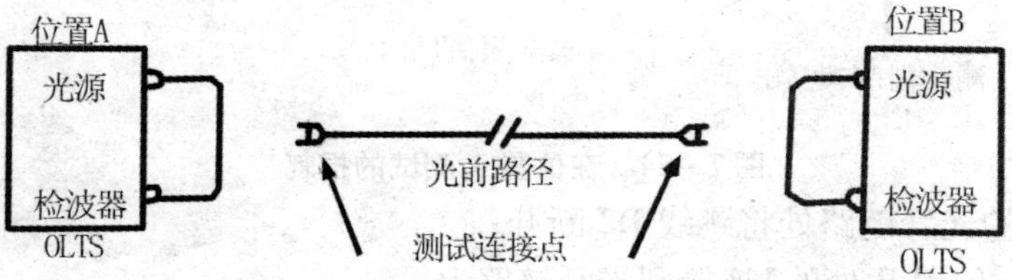

图7－21 对两台938 A测试仪进行调零

4. 对测试仪进行自校准

连续按住ZER · SET按钮一秒钟以上，等待20秒钟的时间来完成自校准，如图7－22所示。

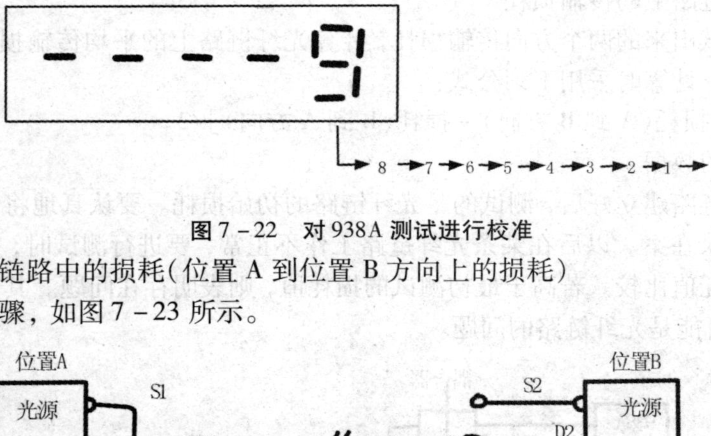

图7－22 对938A测试进行校准

5. 测试光纤链路中的损耗（位置A到位置B方向上的损耗）

具体操作步骤，如图7－23所示。

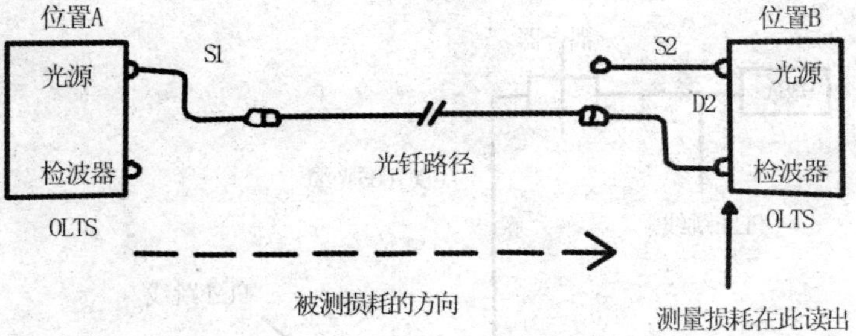

图7－23 在位置B测试的损耗

（1）在位置A的938A测试仪上从检波器插座（IN端口）处断开跳线S1，并把S1连接到被测的光纤链路上；

（2）在位置B的938A测试仪上从检波器插座（IN端口）处断开跳线S2；

（3）在位置B的938A检波器插座（输入端口）与被测光纤通路的位置B末端之间用另一

条光纤跳线连接起来；

(4)在位置 B 处的 938A 测试仪测试 A 到 B 方向上的损耗。

5. 测试光纤链路中的损耗(位置 B 到位置 A 方向上的损耗)

具体操作步骤，如图 7-24 所示。

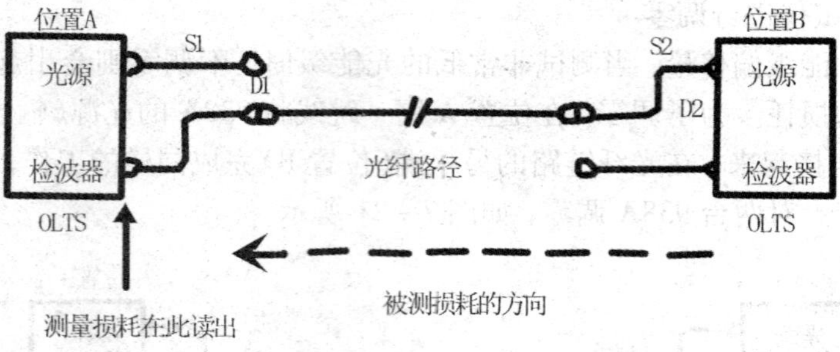

图 7-24　在位置 A 测试的损耗

(1)在位置 B 的光纤链路处将跳线 D2 断开；

(2)将跳线 S2(位置 B 处的)连接到光纤链路上；

(3)从位置 A 处将跳线 S1 从光纤链路上断开；

(4)用另一条跳线 D1 将位置 A 处 938 检波器插座(IN 端口)与位置 A 处的光纤链路连接起来；

(5)在位置 A 处的 938A 测试仪上测试出 B 到 A 方向上的损耗。

6. 计算光纤链路上的传输损耗

根据前面测试出来的两个方向传输损耗，计算光纤链路上的平均传输损耗，然后将数据认真地记录下来。计算时采用下列公式：

平均损耗 = [损耗(A 到 B 方向) + 损耗(B 到 A 方向)]/2

7. 记录所有的数据

当一条光纤链路建立好后，测试的是光纤链路的初始损耗。要认真地将安装系统时所测试的初始损耗记录在案。以后在某条光纤链路工作不正常，要进行测试时，这时的测试值要与最初测试的损耗值比较。若高于最初测试的损耗值，则表明存在问题。其原因可能是测试设备的问题，也可能是光纤链路的问题。

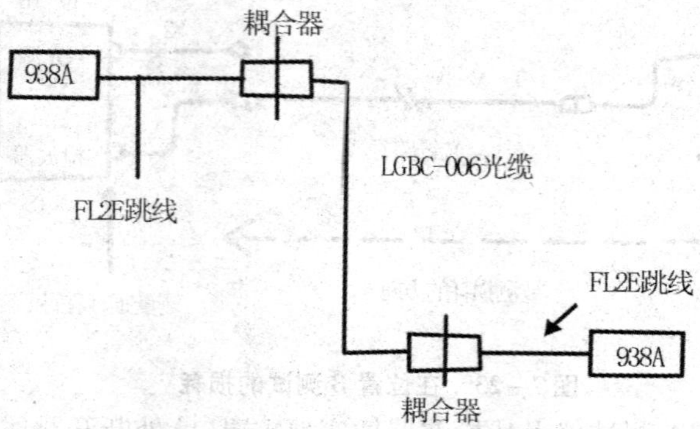

图 7-25　光纤测试连接

8. 重复以上测试过程

如果测出的数据高于最初记录的损耗值，那么要对所有的光纤连接器进行清洗。此外，测试人员要检查对设备的操作是否正确，还要检查测试跳线连接条件。光纤测试连接如图 7－25 所示。

如果重复出现较高的损耗值，那么就要检查光纤链路上有没有不合格的接续，损坏的连接器，被压住/挟住的光纤等等。测试数据记录单如表 7－7 所示。

表 7－7　测试数据记录单

光纤号 N·	波长 (nm)	在 X 位置的损耗读数 Lx (dB)	在 Y 位置的损耗读数 Ly (dB)	总损耗为 (Lx + Ly)/2 (dB)
1				
2				
3				
· · ·				
·n				

7.6 测试报告

7.6.1 测试报告生成

与 Fluke DSP－4000 系列测试仪配合使用的测试管理软件是 Fluke 公司的 Link Ware 电缆测试管理软件。Link Ware 电缆测试管理软件支持 ANSI/EIA 606－A 标准，允许加入 ANSI/EIA 606－A 标准管理信息到 Link Ware 数据库。该软件可以帮助组织、定制、打印和保存 FLUKE 系列测试仪测试的铜缆和光纤记录，并配合 Link Ware Stats 软件生成各种图形测试报告。

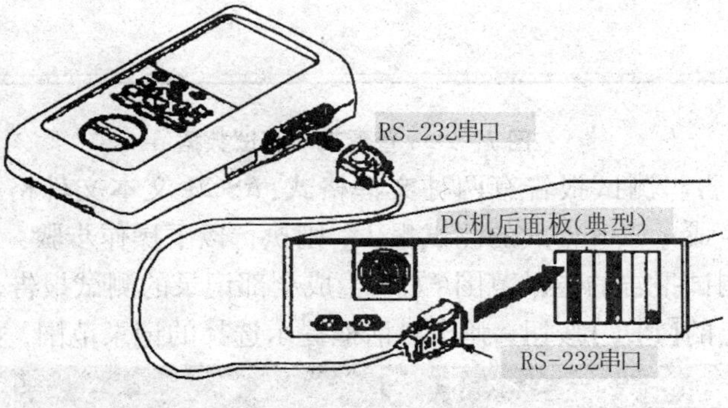

图 7－26　测试仪与 PC 相连

使用 Link Ware 电缆测试管理软件管理测试数据并生成测试报告的操作步骤为：

(1) 安装 Link Ware 电缆测试管理软件。

(2) Fluke 测试仪通过 RS－232 串行接口或 USB 接口与 PC 相连，如图 7－26 所示。

(3) 导入测试仪中的测试数据，例如要导入 Fluke DSP－4300 测试仪中存储的测试数据，则在

Link Ware 软件窗口中，选择【Imp · rt fr · m】菜单下【DSP－4100/4300】命令，如图 7－27 所示。

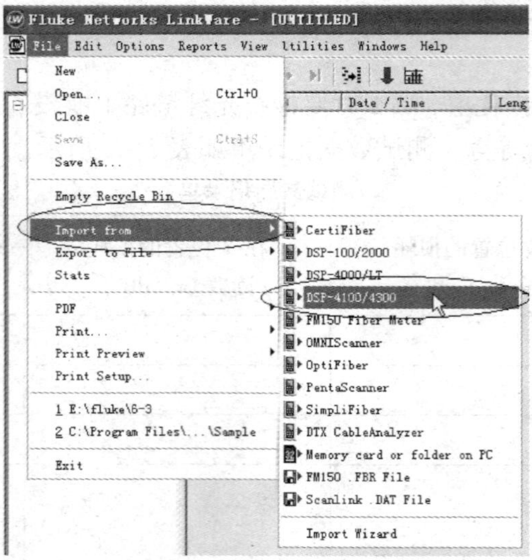

图 7－27　在菜单中选择要导入数据的测试仪型号

(4)导入数据后，可以双击某测试数据记录，查看某一测试数据的情况，如图 7－28 所示。

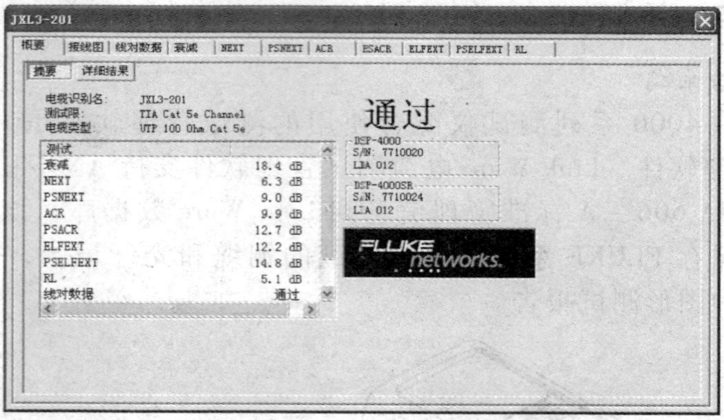

图 7－28　查看某一测试数据

(5)生成测试报告。测试报告有两种文件格式：ASCII 文本文件格式和 Acr · bat Reader 的 · PDF 格式。要生成 · PDF 格式的测试报告，则执行以下操作步骤：

首先选择生成测试报告的记录范围(如果生成全部记录的测试报告，则不需用选择)；

选择快捷菜单上的【PDF】按钮，弹出对话框提示选择的记录范围，如图 6－29 所示；

图 7－29　选择记录范围

在弹出对话框内，输入保存、PDF 文件的名称，如图 7－30 所示；

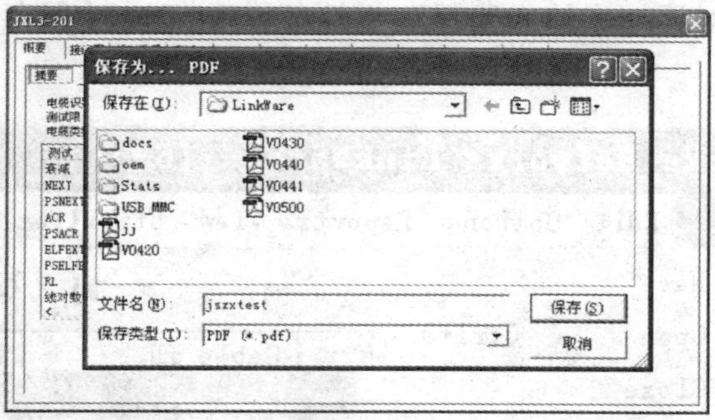

图 7－30　输入保存的文件名称

选择【保存】按钮后，即生成了全部记录的测试报告，如图 7－31 所示。

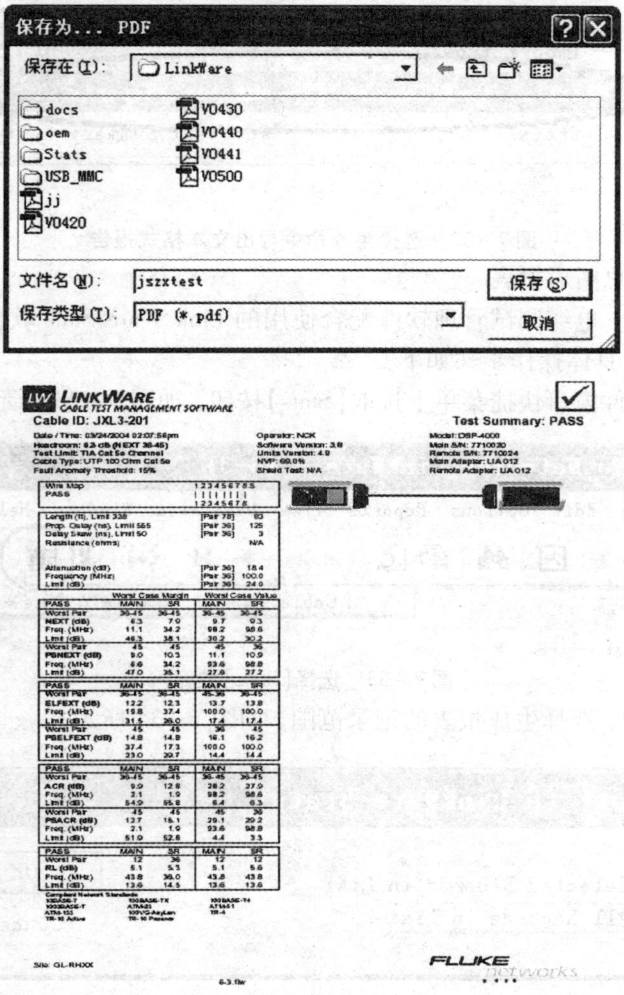

图 7－31　PDF 格式的测试报告

如果要生成 ASCII 文本文件格式的测试报告，则选择【File】菜单下【Exp · rt t · File】子菜单下【Aut · test Rep · rts】命令，如图 7－32 所示。在弹出对话框中选择要生成报告的记录范围，在弹出导出文件对话框中输入要保存文件名称后，选择【保存】按钮即可生成报告文件。

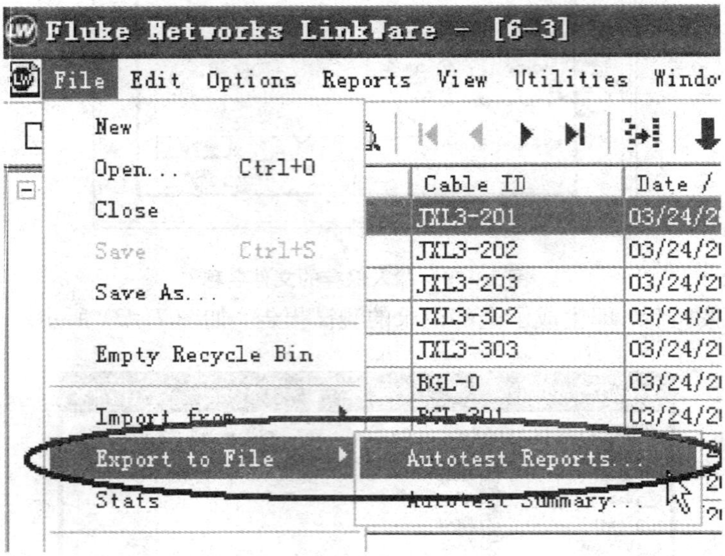

图 7－32　选择菜单命令导出文本格式报告

(6)生成测试汇总图形报表。

利用与 Link Ware 电缆测试管理软件配合使用的 Link Ware Stats 软件，可以生成一系列测试汇总图形报表。具体操作步骤如下：

在 Link Ware 软件窗口快捷菜单上选取【Stats】按钮，如图 7－33 所示；

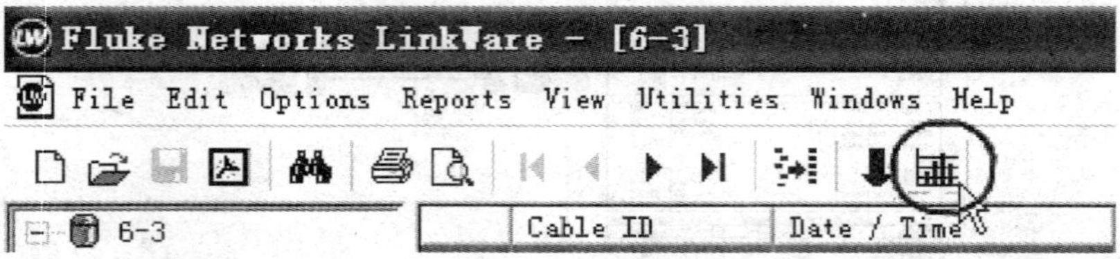

图 7－33　选择[Stats]按钮

在弹出对话框中，选择生成报表的记录范围，如图 7－34 所示；

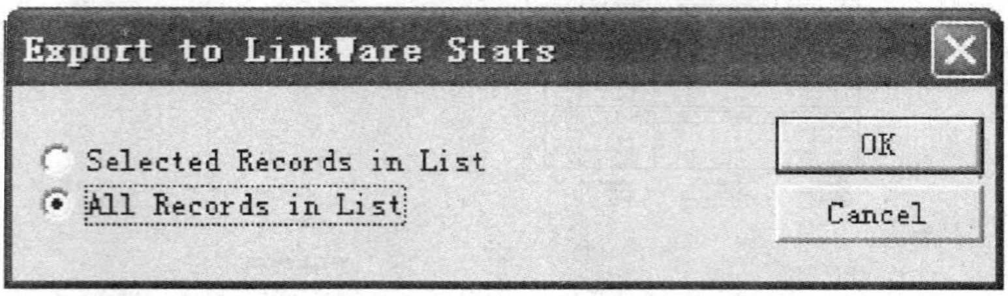

图 7－34　选择记录范围

在 Link Ware Stats 软件窗口中，选取【Create Rep · rt】标签，并选择【Pr · duce PDF】单选按钮(以生成 PDF 格式报表)，然后选取【Create Rep · rt】按钮，如图 7 - 35 所示；

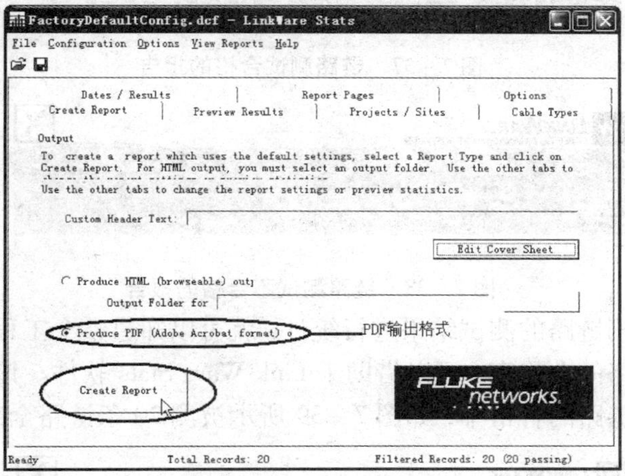

图 7 - 35　Link Ware Stats 软件窗口内选取相应选项及按钮

在弹出对话框内，输入保存的文件名称，选取【保存】按钮即可生成测试报表；

打开已生成的测试报表文件，可以看到所有记录的测试汇总图表，如图 7 - 36 所示。

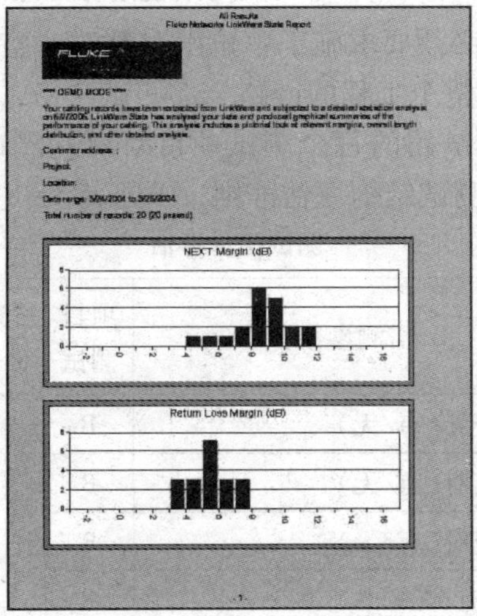

图 7 - 36　所选记录的测试汇总图表

7.6.2 评估测试报告

通过电缆管理软件生成测试报告后，要组织人员对测试结果进行统计分析，以判定整个综合布线工程质量是否符合设计要求。使用 Fluke Link Ware 软件生成的测试报告中会明确给出每条被测链路的测试结果。如果链路的测试合格，则给出“PASS”的结论，如图 6 - 37 所示。如果链路测试不合格，则给出“FAIL”的结论，如图 7 - 38 所示。

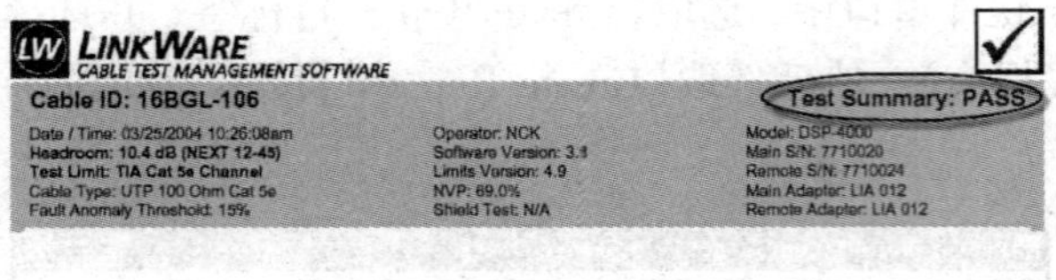

图 7－37　链路测试合格的报告

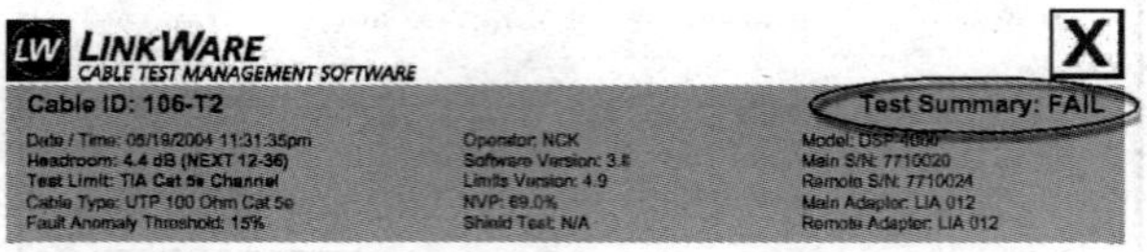

图 7－38　链路测试不合格的报告

对测试报告中每条被测链路的测试结果进行统计，就可以知道整个工程的达标率。要想快速地统计出整个被测链路的合格率，可以借助于 Link Ware Stats 软件。该软件生成的统计报表的首页会显示出被测链路的合格率，如图 7－39 所示被测 20 条链路全部合格。

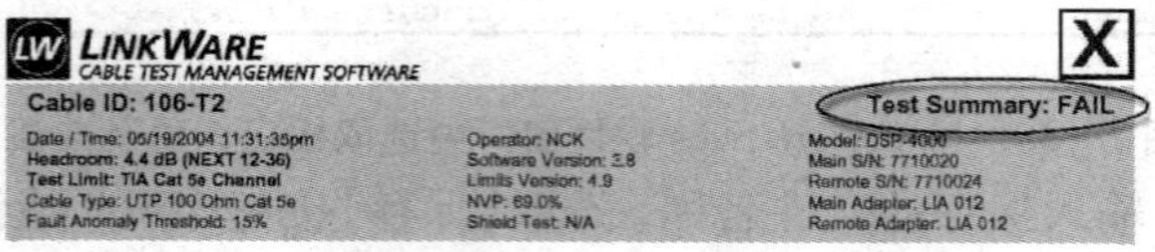

图 7－39　Link Ware Stats 软件生成的测试统计信息

对于测试不合格的链路，必须要求施工单位限时整改。整改完成后，施工方、监理方、用户方一起进行重新测试。只有整个工程的链路全部测试合格，才能确认整个综合布线工程通过测试验收工作。要想了解被链路的每个测试项目对评判测试结果的影响，可以参见 YD/T1013－1999 标准中测试链路测试结构评估准则，详见表 7－8 测试报告评估表。

表 7－8　测试报告评估

序号	测试项目	需测参数	项目测试	被测线对出现一个(含一个)以上失败参数对判定结果的影响
1	连接图	线条交叉(有/无)	B	
		反向线对(有/无)	B	
		交叉线对(有/无)	B	
		短路(有/无)	B	
		开路(有/无)	B	
		串绕线对及其他错误线对(有/无)	B	
2	长度	长度(各线对)	C	允许个别线对超标，在 10% 范围内判合格
3	特性阻抗	特性阻抗(各线对)	B	项目不合格，该链路不合格
4	环路电阻	环路电阻(各线对)	C	允许个别线对超标，在 40 欧姆之内判合格

续表

序号	测试项目	需测参数	项目测试	被测线对出现一个(含一个)以上失败参数对判定结果的影响
5	衰减量	各线对衰减量及余量	B	项目不合格,该条链路不合格
6	近端串扰损耗	各线对时间串扰损耗及余量	B	
7	远方近端串扰损耗	各线对间串扰损耗及余量	B	
8	等效近端串扰损耗	各线对间 ELFEXT 值及最差值,余量	B	
9	相临线对综合近端干扰	各受干扰线对对穿套功率总和值,与标准最小差值,余量	B	
10	近端 ACR	各受干扰线对 ACR,余量	B	
11	远端等效串扰总合	各受干扰线对 PSELFEXT 与标准限差及余量	B	
12	传输时延差值	各线对传输时延以及各线对传输时延差值	B	
13	回波损耗	各线对回波损耗值余量	B	
14	链路脉冲噪声	链路上 2 分钟内脉冲平均个数 ≤10	B	项目不合格,该条链路不合格,扩展抽测
15	链路背景噪声	噪声值≤－20dB	B	
16	安全接地	系统安全接地	B	
16	安全接地	屏蔽接地	B	
17	光纤链路	衰减 850nm A－B,B－A 1300nm B－A,A－B	C	衰减值超过设定值,项目不合格,该条链路不合格
18	光纤链路	链路长度	C	指出长度作为参考

测试报告是测试工作的总结,也是测试工作的成果,并作为工程质量的档案。当整个工程测试合部后,需要统一编制工程的测试报告。在编制测试报告时应该精心、细致,保证其完整性和准确性。测试报告应包括正文、数据副本(同时形成电子文件)、发现问题副本等三部分。正文应包括结论页(包含施工单位、设计单位、工程名称、使用器件类别、工程规模、测试点数、合格与不合格等情况),统计合格率作出结论。正文还应包括对整个工程测试生成的总结结论摘要报告(每条链路编号、通过及未通过的结论)。数据副本包括每一条链路的测试数据。

◇ 项目小结

本章阐述了综合布线系统测试的相关基础知识，常用测试仪使用方法、双绞线测试技术、大对数电缆测试技术、光缆测试技术等内容。通过测试，可以及时发现布线故障，确保工程施工质量。测试完成后，应使用电缆管理软件导入被测试数据，生成测试报告。通过对测试报告的分析，可以判定整个工程的施工质量。

链路故障是网络故障中常见的故障现象之一。在网络使用和维护中，链路的故障定位和排除要花费大量的人力，处理不好还会造成网络的重大损失。因此在电缆布线和端接过程中，一定选用合格的布线产品，施工过程中要遵循综合布线的施工规范，并在施工完成后，认真进行链路的测试工作以便及早排除链路的故障，为网络运行提供可靠的传输平台。

习题及思考

1. 我国综合布线系统测试有关标准有哪些？

2. 简述电缆的两种测试。

3. 简述测试项目不合格的原因。

4. 简述光纤测试的方法。

5. 有关测试的仪器有哪些？

■实训十六　综合布线测试

一、实训目的

掌握 5E 类和 6 类布线系统的测试标准，掌握简单网络链路测试仪的使用方法。

掌握用 FLUKE DTX－1200 进行认证测试的和对光纤测试的方法。培养正确使用 DTX－1200 进行 5e 类和 6 类布线系统的测试能力和提交符合要求的测试报告文档的能力。

二、实训器材

FLUKE DTX－1200 测试仪及智能远端、电池组、内存卡，两个永久链路适配器，两个通道适配器。

三、实训内容

这部分内容重点是掌握在布线系统施工的最后，对线缆进行电气性能测试的重要内容。熟悉常用的线缆测试仪器，和各种测试模块的使用。使学生熟练掌握测试设备的同时对数据的简单处理知识进行进一步的巩固。

四、实训准备

1. 电缆系统包括：插座，插头，用户电缆，跳线和配线架等。

2. UTP 链路标准：

（1）定义测试参数和测试限的数值（公式）

（2）定义两种链路的性能指标

o － 永久链路（Permanent Link）

o － 通道（Channel）

（3）定义现场测试仪和网络分析仪比较的方法

（4）性能的测试限基于

o – 元件的性能指标
o – 元件互连的“实际情况”和安装工艺的影响
3. 现场测试的参数：
(1) Wire Map 接线图（开路/短路/错对/串绕）
(2) Length 长度
(3) Attenuation 衰减
(4) NEXT 近端串扰
(5) Return Loss 回波损耗
(6) ACR 衰减串扰比
(7) Propagation Delay 传输时延
(8) Delay Skew 时延差
(9) PS NEXT 综合近端串扰
(10) EL FEXT 等效远端串扰
(11) PS ELFEXT 综合等效远端串扰
五、测试内容
(1) 对实训 3——实训 5 中安装的双绞线链路进行测试
(2) 对实训室的一条光缆链路进行测试
操作步聚
1. 认识 FLUKE DTX－1200 测试仪：
(1) 主面板
· 退出键
· 功能键
· LCD 显示屏幕
· 测试键
· 保存键
· 旋转开关
· 电源开关
· 对讲开关
· 显示屏背光开关按钮
· ←↑→↓ 方向键
· 确认键
(2) 智能远端
· USB 端口
· 耳机插座
· 交流适配器连接器
· 模块托架
2. 检查仪器是否正常，配件、电池是否充足。
3. 准备保存测试结果：
(1) 检查可用的内存空间

(2)选择线缆标识码来源

(3)设置任务资料夹

(4)设置绘图数据存储选项

(5)输入任务信息

4．设置基准。

5．以双绞线布线上进行自动测试：

(1)将适用于该任务的适配器连接至测试仪及智能远端

(2)进行双绞线类型设置和测试极限设置

6．将旋转开关转至 AUT · TEST，然后开启智能远端。

· 永久链路测试连接图

· 通道测试连接图

7．按测试仪或智能远端的测试键。

8．如果失败，按 F1 键查看可能失败的原因。

9．保存测试结果，按保存键。

项目八　综合布线工程的概、预算

◆ 项目描述

综合布线概、预算是综合布线设计环节的一部分，它对综合布线项目工程的造价估算和投标估价及后期的工程决算都有很大的影响。

根据工程技术要求及规模容量，需要首先设计绘制出施工图纸。按设计施工图纸统计工程量并乘以相应的定额即可概、预算出工程的总体造价，此过程即为综合布线工程的概、预算。统计工程量时，尽量要与概、预算定额的分部、分项工程定额子目划分相一致，按标准化要求进行统计，以便采用微机编制概、预算，采用综合布线工程概预算编制计算机管理系统。根据软件要求首先输入初始信息，初始信息采用人机对话方式，按设计要求的内容格式、预算项目、概预算编制方法和费用定额进行。初始信息输入完毕后微机会自动计算，最后生成所需要的概预算表格，打印输出。如果工程量统计过程中未按定额子目要求标准填写或定额子目无此项定额，则微机就不能自动计算，需进行修改或编制临时补充预算定额，至工程量输入完毕，微机方能进一步计算。当然，微机在计算过程中针对定额中的材质可以替换修正材料的规格尺寸，最后统一汇总材料表，所以工程量统计一定要准确可靠，才能保证概预算的准确度。

8.1 综合布线工程的工程量计算原则

1. 工程量计算要求

工程量计算是确定安装工程直接费用的主要内容，是编制单位、单项工程造价的依据。工程量计算是否准确，将直接关系到预算的准确性。运用概预算的编制方法，以设计图纸为依据，并对设计图纸的工程量按一定的规范标准进行汇总，就是工程量计算。工程量计算是编制施工图预算的一项复杂而又十分重要的步骤，其具体要求是：

(1) 工程量的计算应按工程量计算规则进行，即工程量项目的划分、计量单位的取定、有关系数的调整换算等。工程量是以物理计量单位和自然计算单位所表示的各分项工程的数量。物理计量单位一般是指以公制度量所表示的长度、面积、体积、质量等，例如双绞电缆长度为米(m)，电缆沟的体积为立方米(m^3)，设备间面积为平方米(m^2)等。而自然计量单位，如信息终端模块安装、配线架的安装等，则以个、套、端等来计算。

(2) 工程量的计算无论是初步设计，还是施工图设计，都要依据设计图纸计算。因此，对图纸的画法和各种符号都要比较熟悉。

(3) 工程量的计算方法各不相同，而我们要求从事概预算的人员，应在总结经验的基础上，找出计算工程量中影响预算及时性和准确性的主要矛盾，同时还要分析工程量计算中各个分项工程量之间的共性和个性关系，然后运用合理的方法加以解决。例如，虽然双绞布放电缆可能具有不同的对数和屏蔽方式，但只要同吨位就可套同一子目。又例如光缆的布放可以套用通信光缆布放定额，但也要注意其不同点，因为综合布线光缆通常为软性光缆，使用时一般是布放在垂直干线系统部分。这和一般的通信光缆施工是有一定区别的。

2. 计算工程量应注意的问题

(1)熟悉图纸。要及时地计算出工程量，首先要熟悉图纸，看懂有关文字说明，掌握施工现场有关的问题。

(2)要正确划分项目和选用计量单位。所划分的项目和项目排列的顺序及选用的计量单位应与定额的规定完全一致。

(3)计算中要采用的尺寸要符合图纸中的尺寸要求。

(4)工程量应以安装就位的净值为准，用料数量不能作为工程量。

(5)对于小型建筑物和构筑物可另行单独规定计算规则或估列工程量和费用。

3. 工程量计算的顺序

(1)顺时针计算法，即从施工图纸右上角开始，按顺时针方向逐步计算，但一般不采用。

(2)横竖计算法或称坐标法，即以图纸的轴线或坐标为工具分别从左到右，或从上到下逐步计算。

(3)编号计算方法，即按图纸上注明的编号分类进行计算，然后汇总同类工程量。

8.2 综合布线工程概、预算的步骤和程序

1. 概、预算的编制程序

(1)收集资料，熟悉图纸。在编制概、预算前，应收集有关资料，如工程概况、材料和设备的价格、所用定额、有关文件等，并熟悉图纸，为准确编制概、预算做好准备。

(2)计算工程量。根据设计图纸，计算出全部工程量，并填入相应表格中。

(3)套用定额，选用价格。根据汇总的工程量，套用《综合布线工程预算定额项目》，并分别套用相应的价格。

(4)计算各项费用。根据费用定额的有关规定，计算各项费用并填入相应的表格中。

(5)复核。认真检查、核对。

(6)拟写编制说明。按编制说明内容的要求，拟写说明编制中的有关问题。

(7)审核出版，填写封皮，装订成册。

2. 引进设备安装工程概、预算编制

(1)引进设备安装工程概、预算的编制是指引进设备的费用、安装工程费用及相关的税金和费用的计算。无论从何国引进，除必须编制引进的设备价款外，一律按设备到岸价(CIF)的外币折成人民币价格，再按本办法有关条款进行概、预算的编制。

(2)引进设备安装工程应由国内设备单位作为总体设计单位，并编制工程总概、预算。

(3)引进设备安装工程概、预算编制的依据为:经国家或有关部门批准的订货合同、细目及价格，国外有关技术经济资料及相关文件，国家及原邮电行业通信工程概、预算编制办法、定额和有关规定。

(4)引进设备安装工程概、预算应用两种货币形式表现，外币表现可用美货币。

(5)引进设备安装工程概、预算除包括本办法和费用定额规定的费用外，还包括关税、增值税、工商统一费、进口调节税、海关监理费、外贸手续费、银行财务费和国家规定应记取的其他费用，其记取标准和办法按国家和相关部门有关规定办理。

3. 概、预算的审批

(1)设计概算的审批。设计概算由建设单位主管部门审批，必要时可由委托部门审批;设计概算必须经过批准方可作为控制建设项目投资及编制修正概算的依据。设计概算不得突破

批准的可行性研究报告投资额，若突破时，由建设单位报原可行性研究报告批准部门审批。

(2)施工图预算的审批。施工图预算应由建设单位审批;施工图预算需要由设计单位修改，由建设单位报主管部门审批。

4. 综合布线工程概、预算编制软件

综合布线工程概、预算过去一直是手工编制。随着计算机的普及和应用，近年来相关技术单位开发出了综合布线工程概、预算编制软件。如北京通太科技开发有限公司开发的综合布线工程概、预算软件既有 wind · ws 单用户版，又有网络版。通过实际使用，深受用户好评。此产品是一套成熟可靠的软件，通用于综合布线行业的建设单位、设计单位、施工企业和监理企业进行综合布线工程专业的概预算、结算的编制和审核，同时具有审计功能。另外，本套软件还提供了“工程造价分析”可选模块，本模块可通过工程概、预算数据的累计，完成工程项目的统计和造价分析，为工程招投标工作提供可靠的基础数据。

◇ 项目小结

本章简单地阐述了综合布线工程概、预算的计算原则，以及综合布线工程概、预算的程序。

习题及思考

1. 什么是综合布线工程的概、预算?
2. 工程量计算要求有哪些?
3. 计算工程量应注意什么问题?
4. 概、预算要经过哪些审批?

■ 实训十七　综合布线工程概预算

一、实训目的

掌握综合布线工程概、预算的编制程序。

二、实训内容

根据对综合布线工程的了解，查找相关的资料和预算定额，编制简单的工程预算表。

项目九　网络综合布线系统工程的验收

◆ 项目描述

工程的验收工作是对工程施工质量的严格检验，对工程质量保证起到重要的作用。工程的验收工作主要分为随工验收、初步验收、竣工验收等几个阶段，每个阶段都有明确的内容和要求。

9.1 综合布线系统验收目的和依据

1. 验收目的

工程验收是全面考核工程的建设工作、检验设计和工程质量的重要环节，是汇报项目按设计内容建成以后的生产能力或效益、质量、成本、收益等全面情况及交付新增的固定资产的过程。竣工验收对促进项目的及时投产、发挥效益、总结建设经验都有重要作用。

2. 验收依据

综合布线验收除要根据国际标准和国家标准来进行外，还要结合以下文件进行验收：

① 可行性研究报告；

② 计划任务书；

③ 初步设计；

④ 技术设计；

⑤ 施工图设计；

⑥ 设计技术说明书；

⑦ 设计修改变更单；

⑧ 现行的技术验收规范；

⑨ 主管部门有关的审批、修改、调整意见等。

9.2 综合布线系统验收主要项目

工程的验收工作对保证工程的质量起着重要作用，也是质量的四大环节（产品质量、设计水平、施工质量、验收情况）之一。工程验收体现在新建、扩建和改建工程的全过程。

在进行了有关综合布线工程环境与设备检验以后，即可根据检验的结果和掌握的第一手资料对综合布线工程进行整体验收。验收分随工验收、初步验收和竣工验收几个阶段，每个阶段都有其特定的内容。

（1）随工验收。为随时考核施工单位的施工水平和施工质量，对产品的整体技术指标和质量的要求有很大一部分是在施工过程中进行的（如布线系统的电器性能测试工作、隐蔽工程等）。只有这样才能及时发现工程质量问题，避免因为返工而造成的浪费。

随工验收应对工程的隐蔽部分边施工边验收，在竣工验收时一般不再对隐蔽工程进行复查。

（2）初步验收。对所有新建、扩建和改建的综合布线项目工程，都应在完成施工调测之后进行初步验收。初步验收的时间应在原定计划的建设工期内进行，由建设单位组织相关单位人员（如设计、施工、监理等）参加。初步验收工作包括检查工程质量和审查竣工资料。如发现质量问题应提出整改意见，并落实相关责任单位组织解决。

(3)竣工验收。综合布线系统接入电话交换系统、计算机局域网或其他弱电系统，在试运行后的半个月内，由建设单位向上级主管部门报送竣工报告(含工程的初步决算及试运行报告)，并请示主管部门后，组织相关部门按竣工验收办法对工程进行验收。

工程竣工验收为工程建设的最后一个程序，对于大、中型项目可分为初步验收和竣工验收两个阶段。

9.3 综合布线系统工程验收

1. 验收要求

由建设单位负责组织现场检查、资料收集与整理工作。设计单位，特别是施工单位都有提供资料和竣工图纸的责任。

在竣工验收之前，建设单位为了充分做好准备工作，需要有一个自检阶段和初检阶段。

2. 验收的范围

凡列入固定资产投资计划的建设项目，按照上级批准的设计文件的要求全部建成，且使用条件的项目都应进行验收，并办理固定资产交付使用的转账手续。

对综合布线系统工程而言，验收的主要内容为:环境检查、器材检验、设备安装检验、缆线敷设和保护方式检验、缆线终接和工程电气测试等，验收标准为(GB/T 50312－2000)《建筑与建筑群综合布线系统工程验收规范》。

3. 验收的条件

验收应具备如下条件:

(1)满足目前及将来的使用;

(2)技术性能符合要求;

(3)经工程质量监督检验合格，有工程质量评定的意见;

(4)技术文件、工程技术档案和竣工资料正确、齐全、完整;

(5)生产维护管理人员配齐到岗。

4. 验收组织

竣工验收的组织要根据建设项目的重要性、规模大小和隶属关系决定，并成立验收组织。

(1)成立验收领导小组;

(2)成立验收小组;

(3)应有建设单位、生产单位、设计单位、施工单位及相关的银行、审计、安全、消防、卫生、质检、监理和档案等部门参加;

(4)在组织竣工验收前，建设单位应事先做验收的各项好准备工作。

5. 验收的工作程序

按照验收小组规定验收计划、办法、分工，排定具体方法、步骤，按各专业分工进行。

验收小组是代表上级主管部门来进行验收的有多方代表参加的组织，最后的意见和结论是代表集体，而不是某个单位或个人的签字和意见。应严格检查工程质量、审查竣工资料、分析投资效益，对发现的问题应提出处理意见，并组织相关的责任单位落实解决。验收合格后，才能作全面考核，进行试运行。在试运行阶段若发现问题，便由责任单位负责返修。

初步验收要写出初验报告，按规定内容由建设单位写出向上级主管部门报送，并经验收小组审查。

6. 竣工决算和竣工资料移交

(1)竣工决算

在竣工验收后，建设单位和财务部门应组织编制单项工程的竣工决算和建设项目总决算报上级主管部门，并办理固定资产交付使用的转账手续。

(2)竣工资料移交

这部分内容是组织竣工验收的重要环节。建设单位的竣工验收档案部门负责多对所有的技术资料的收集、整理、分类、立卷工作，在正式验收会议上，建设单位向使用单位移交一套或两套完整的竣工技术资料(包括竣工图)。竣工技术资料包括以下内容：

① 安装工程量；

② 工程说明；

③ 设备、器材明细表；

④ 竣工图样(施工中更改后的施工设计图)；

⑤ 测试记录(宜采用中文表示)；

⑥ 工程变更、检查记录及施工过程中，需更改设计或采取相关措施，由建设、设计、施工等单位之间的双方洽商记录；

⑦ 随工验收记录；

⑧ 隐蔽工程签证；

⑨ 工程决算。

竣工技术文件要保证质量，做到外观整洁，内容齐全，数据准确。

(3)工程档案的收集和编制要求

工程档案为项目的永久性技术文件，是建设单位使用、维护、改造、扩建的重要依据，也是对建设项目进行复查的依据。在项目竣工后，项目经理必须按规定向建设单位移交档案资料。因此，项目经理所在的技术部门应派专人收集、整理和管理工程的档案资料，不得丢失。

7. 综合布线系统工程的主要档案资料

首先要了解工程建设的全部内容，弄清其全过程，掌握项目发生、发展、完成的全部过程，并以图、文、声、像的形成进行归档。

应当归档的文件，包括项目的提出、调研、可行性研究、评估、决策、计划、勘测、设计、施工、测试、竣工的工作中形成的文件材料。其中竣工图技术资料是工程使用单位长期保存的技术档案，因此必须做到准确、完整、真实，且符合长期保存的归档要求。竣工图必须做到以下几点：

(1)与竣工的工程实际情况完全符合。

(2)保证绘制质量，做到规格统一，字迹清晰，符合归档要求。

(3)经过施工单位的主要技术负责人审核、签认。

8. 验收中其他注意事项

综合布线系统工程，应按附录二《综合布线系统工程验收规范》中的附录A、附录B及附录C所列项目、内容进行检验；在验收中发现不合格的项目，应由验收机构查明原因，分清责任，提出解决办法；综合布线系统工程如采用计算机进行管理和维护工作，应按专项进行验收。

9. 验收报告格式

(1)正式验收。施工单位在自验的基础上，确认工程全部符合竣工验收之日的前 10 天，向建设单位发送《竣工验收通知书》。通知书的主要内容格式如下：

×××(建设单位名称)

由我单位城建的×××工程，定于 年 月 日竣工，进行竣工验收。请贵单位在接到本通知书后，约请组织有关单位和人员，于 年 月 日前来验收，并做完竣工验收工作。

(施工单位名称)

年 月 日

(2)签发《竣工验收证明书》，办理工程移交。在建设单位验收完毕并确认工程符合竣工标准和合同条款规定要求以后，即应向施工单位签发《竣工验收证明书》，其格式如表 9－1 所示。

表 9－1　　竣工验收证明书

施工单位名称：

<table>
<tr><td>工程名称</td><td colspan="2"></td><td colspan="2">工程地点</td><td></td></tr>
<tr><td>工程范围</td><td colspan="2"></td><td colspan="2">建筑面积</td><td></td></tr>
<tr><td>工程造价</td><td colspan="5"></td></tr>
<tr><td>竣工日期</td><td colspan="5">年 月 日</td></tr>
<tr><td>计划工作日</td><td colspan="5"></td></tr>
<tr><td>验收意见</td><td colspan="5"></td></tr>
<tr><td>建设单位
验 收 人</td><td colspan="5"></td></tr>
<tr><td colspan="2">建设单位主管(签字)

(公章)</td><td colspan="2">监管单位主管(签字)

(公章)</td><td colspan="2">施工单位主管(签字)

(公章)</td></tr>
</table>

10. 工程的收尾工作

(1)工程结束时应做的工作如下：

①清理现场，保持现场清洁、美观；

②对墙洞、竖井等土建施工处要进行修补和完善；

③汇总各种剩余材料并移交建筑单位，签收材料移交单；

④写总结报告，其主要内容包括开工报告、网络文档、使用报告和验收报告。

(2)网络文档。因为网络文档目前在国际上还没有一个标准可言，所以国内各大网络公司提供的文档内容也不一样。但网络文档是绝对重要的，它可为未来的维护、扩展故障处理节省大量的时间。网络文档一般由 3 种类别的文档组成，即网络结构文档、网络布线文档和网络系统文档。网络结构文档由下列内容组成：

①网络布线逻辑图；

②网络布线工程图(物理图);
③测试报告(提供每一节点的接线图、长度、衰减、近端串扰);
④配线架与信息插座对照表;
⑤配线架与网络交换设备接口对照表;
⑥网络交换设置与设备间的主机设备连接表。

◇ 项目小结

本章首先介绍了综合布线验收的目的和依据，然后介绍了综合布线验收的项目及其内容，最后介绍了工程的收尾工作。

习题及思考

1. 简述综合布线验收目的和验收依据。
2. 简述综合布线系统验收项目及其内容。
3. 简述综合布线系统工程的主要档案资料。

■ 实训十八　综合布线系统验收

一、实训目的

训练要求:掌握现场验收的内容和过程，掌握验收文档的内容 。

二、实训内容

现场验收和文档验收 。

三、实训方法

由老师带领监理员、项目经理、布线工程师对工程施工质量进行现场验收，对技术文档进行审核验收。

四、实训步骤

1. 现场验收

(1)工作区子系统验收

线槽走向、布线是否美观大方，符合规范;信息座是否按规范进行安装;信息座安装是否做到一样高、平、牢固;信息面板是否都固定牢靠;标志是否齐全。

(2)水平干线子系统验收

槽安装是否符合规范;槽与槽、槽与槽盖是否接合良好;托架、吊杆是否安装牢靠;水平干线与垂直干线、工作区交接处是否出现裸线?有没有按规范去做;水平干线槽内的线缆有没有固定;接地是否正确。

(3)垂直干线子系统验收

垂直干线子系统的验收除了类似于水平干线子系统的验收内容外，要检查楼层与楼层之间的洞口是否封闭，以防火灾出现时，成为一个隐患点。线缆是否按间隔要求固定?拐弯线缆是否留有孤度?

(4)管理间、设备间子系统验收

检查机柜安装的位置是否正确；规定、型号、外观是否符合要求；跳线制作是否规范，配线面板的接线是否美观整洁。

(5) 线缆布放

线缆规格、路由是否正确；对线缆的标号是否正确；线缆拐弯处是否符合规范；竖井的线槽、线固定是否牢靠；是否存在裸线；竖井层与楼层之间是否采取了防火措施。

(6) 架空布线

架设竖杆位置是否正确；吊线规格、垂度、高度是否符合要求；卡挂钩的间隔是否符合要求；管道布线；使用管孔、管孔位置是否合适；线缆规格；线缆走向路由；防护设施。

2. 技术文档验收

(1) FLUKE 的 UTP 认证测试报告(电子文档即可)

(2) 网络拓朴图

(3) 综合布线逻辑图

(4) 信息点分布图

(5) 机柜布局图

(6) 配线架上信息点分布图

第四篇 智能楼宇布线系统工程应用

项目十　综合布线工程案例

◆ 项目描述

综合布线技术自从20世纪90年代初期引入我国后，综合布线系统工程设计已在国内实施了十多年时间。国家有关部门及相关行业制定综合布线系统的设计、施工、验收的标准和规范，但目前还没有制定规范的设计文档格式。行业内各公司根据实际施工需要，制定了标准的设计内容和规范文档，以满足工程施工要求。

10.1 网络综合布线实训室建设

10.1.1 产品选择

计算机网络实训装置系列产品是结合计算机网络工程的实际应用需求，由西安交通大学等国内外多所大学教授、博导、网络综合布线专家等参与研制和开发的全新网络实验装置，使计算机专业学生和网络工程从业人员熟悉和掌握网络综合布线的基本操作。

该系列产品的发明填补了网络实训领域的空白，为网络教学提供了一种基础的实训装置，能够体现网络布线真实环境，多个学员同时实训，提高学生动手能力。

网络实训装置系列产品有四个国家专利产品组成。在网络配线和端接实训装置上安装有网络压线实验仪、网络跳线测试仪等。采用工业产品进行网络布线操作实验和训练。

1. 网络配线和端接实训装置

(1)带指示灯显示系统的——网络配线实训装置

产品名称:网络配线实训装置(公司专利产品)

产品型号:KYPXZ - 01 - 02

产品规格:外型尺寸:长0.6m，宽0.53m，高1.8m。

主要设备:网络压接线实验仪1台。网络跳线测试仪1台。

24口RJ45网络配线架2个。100回110通信跳线架2个。

网络理线环2个。零件/工具盒1个。

地弹网络插座1个。开放式标准U机架1个。

产品功能:

①网络配线和端接实训。

每次压接线有对应指示灯显示。进行RJ45模块的压接线24个。

进行RJ45水晶头压接24个。进行110通信跳线架压接线96次。

②网络跳线制作和测试实训。

制作和测试 RJ45 跳线 4 根。对应指示灯显示开路、短路、跨接、反接。

③多种配线组合实训。

RJ45 模块 – 110 跳线架 – 5 对连接块 – RJ45 水晶头。

④网络链路测试平台功能。

⑵带实训专家指导系统的——网络配线实训装置

产品名称:网络配线实训装置(公司专利产品)

产品型号:KYPXZ – 01 – 12

产品规格:外型尺寸:长 0.6m,宽 0.53m,高 1.8m。

主要设备:在网络配线实训装置(带指示灯显示系统)设备上加装 19 英寸液晶显示器和 DVD 光盘播放机,也可以选配笔记本电脑。

其余与 KYPXZ – 01 – 02 相同。

产品功能:

①能够播放《实训专家指导系统 DVD 教学光盘》。

②能够通过笔记本电脑进行实训指导或者进行视频指导。

③其余与 KYPXZ – 01 – 02 相同。

2. 网络综合布线实训装置

产品名称:网络综合布线实训装置

图 10 – 1

产品型号、规格:

⑴型号 KYSYZ – 08 – 08。规格:高 2.6m,宽 2.64m,长 5.28m

由 8 模块组成 8 个实训区域,适合 32 人同时实训。

⑵型号 KYSYZ – 12 – 12。规格:高 2.6m,宽 2.64m,长 7.92m

由 12 模块组成 12 个实训区域,适合 48 人同时实训。

⑶型号 KYSYZ – 16 – 16。规格:高 2.6m,宽 2.64m,长 10.56m

由 16 模块组成 16 个实训区域,适合 64 人同时实训。

图 10 – 2

产品特点:

⑴实训装置为全钢结构,数控设备生产,保证万次以上各种实训,无尘操作。

⑵模块化设计,适合各种教室安装,实训灵活,一致性好。

⑶能够进行网络综合布线工作区、设备间、水平、垂直等各个子系统模拟布线实训操作和考核。

⑷提供综合布线系统设计模型,满足万种布线设计路径和设计方案实训操作。

⑸能够搭建网络永久链路、万种模拟链路的测试平台,并且进行实际测试。

⑹能够扩展为智能化管理系统、监控报警系统实训平台等。

图 10 – 3

⑺能够扩展为现场总线系统技术工程实训平台。

3. 网络综合布线系统展示装置

产品名称:网络综合布线系统展示装置

产品型号、规格:

型号:KYSYZ-09-04。规格:高2.84m,宽1.44m,长5.52m。由9模块组成。

产品特点和功能:

⑴全钢结构,模块化组装,展示灵活,美观安全,寿命长,适合各个楼层安装。

⑵六种颜色分别展示综合布线系统的各个子系统

按照赤、橙、黄、绿/青、蓝、紫的光谱顺序分别展示网络综合布线的六个子系统。连接关系清楚,易学便认。

同时非常适合作为综合布线的实训样板或模型。

⑶彩色灯光闪烁展示各个子系统

各个子系统有对应的彩色灯带不断闪烁,使复杂系统变得简单、清晰和有趣。

⑷突出典型应用案例展示

重点模拟展示了家居、银行、办公室、宾馆客房等不同工作区综合布线各子系统的实际应用。

⑸实物与模板结合展示

实物展示——小型或廉价常用器材实物展示。

模板展示——大型或昂贵器材模板展示。

模拟展示——抗静电地板用钢化玻璃代替。

⑹能够展示各种网络综合布线永久链路和网络链路测试。

⑺能够扩展为智能化管理系统、现场总线系统展示实训平台。

4. 网络综合布线器材展示柜

产品名称:网络综合布线器材展示柜

产品型号:KYSYZ-01-11

产品规格:长1.25m,宽0.35m,高2m

产品特点和功能:

⑴密度板外框+全钢展板+玻璃门结构。

⑵全钢展板预置多种安装孔,万种方式、拆装方便、快速布展、无痕布展。

⑶网络综合布线常用器材、设备、工具展示。

例如:网络面板、RJ45模块、网络跳线、网络配线架、110通信跳线架、RJ45压线钳、打线钳、剥线器、弯管器、铜缆链路等。

⑷网络综合布线铜缆、光缆、组合等各种链路展示。

例如:光缆、光纤跳线、耦合器、光纤熔接盒、光端机、光缆链路等。

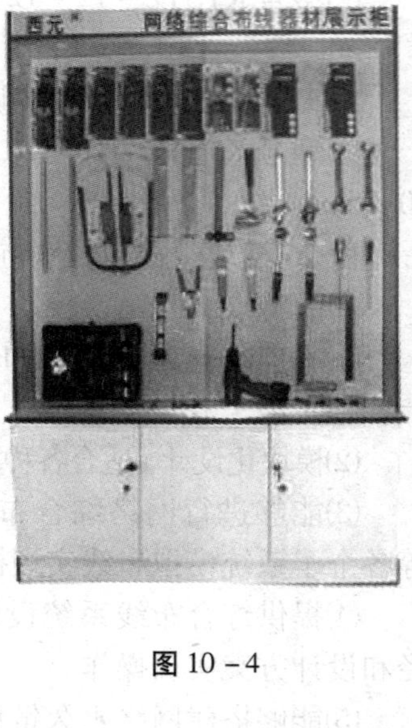

图10-4

⑸能够扩展为智能化管理系统、监控报警系统展示柜等。

⑹能够扩展为现场总线系统展示柜等。

10.1.2 网络综合布线实训室解决方案设计内容

1. 网络综合布线实训室解决方案

⑴实训室功能：

①网络配线和端接实训功能。指示灯直观显示压接线端接连接状况和线序。

②网络综合布线工作区、设备间、水平、垂直等各个子系统实训功能。满足 48 人进行各个子系统交叉或同时实训。

③提供综合布线系统设计模型，满足万种布线设计路径和设计方案实训操作。

④能够搭建网络永久链路、万种模拟链路的测试平台。

⑤能够扩展为智能化管理系统、监控报警系统实训平台等。

⑥能够扩展为现场总线系统工程技术实训平台。

图 10－5

⑵实训项目和课时：

①网络配线和端接实训项目【6 课时】

②网络跳线制作和测试实训项目【6 课时】

③网络综合布线垂直子系统操作实训项目【4 课时】

④网络综合布线水平子系统操作实训项目【4 课时】

⑤网络综合布线工作区子系统操作实训项目【4 课时】

⑥网络综合布线设备间子系统操作实训项目【4 课时】

⑦网络综合布线管理区子系统操作实训项目【4 课时】

图 10－6

⑧网络综合布线建筑物子系统操作实训项目【4 课时】

⑶实训室组成：

①带显示系统的网络配线实训装置 6 台。

产品型号：KYPXZ－01－02

产品规格：长 0.6m，宽 0.53m，高 1.8m。

②网络综合布线实训装置 1 套。（由 12 个模块组成）

产品型号：KYSYZ－12－12。

产品规格：长 7.92m，宽 2.64m，高 2.6m。

③配套实训设备（包括机柜、配线架、模块等 9 种）。

④配套实训工具（20 种）。

⑤配套实训消耗材料（28 种）。

⑥实训指导手册＋PPT 教学课件＋实训指导光盘＋教学挂图。

2. 网络配线和端接实训室解决方案

㈠实训室功能：

①每次压接线有对应的指示灯直观显示线序、开路、短路、跨接、反接等端接情况。

②网络配线架的配线和端接实训功能。

③通信跳线架的配线和端接实训功能。

④多种组合链路的配线和端接实训功能。

例如：RJ45 模块 – 110 跳线架 – 5 对连接块 – RJ45 水晶头。

⑤网络跳线制作和测试实训功能。

⑥能够搭建网络永久链路、万种模拟链路的测试平台。

㈡实训项目和课时：

①110 通信跳线架和连接块的配线端接实训【2 课时】

②网络配线架和 RJ45 模块的配线端接实训【2 课时】

③110 通信跳线架与网络配线架之间的配线端接实训【2 课时】

④一端压接 RJ45 水晶头，另一端压接连接块实训【2 课时】

⑤网络跳线制作和测试实训项目【2 课时】

⑥铜缆链路组合压接实训【2 课时】

⑦可以扩展为光缆链路的端接实训【2 课时】

⑧网络设备的安装和调试实训项目【2 课时】

⑨各种网络链路组合及测试实训项目【2 课时】

㈢实训室组成：

①带显示系统的网络配线实训装置 15 台。

产品型号：KYPXZ – 01 – 02

产品规格：长 0.6m，宽 0.53m，高 1.8m

②配套实训设备、实训工具、实训消耗材料。

③实训指导手册 + PPT 教学课件 + 实训指导光盘 + 教学挂图。

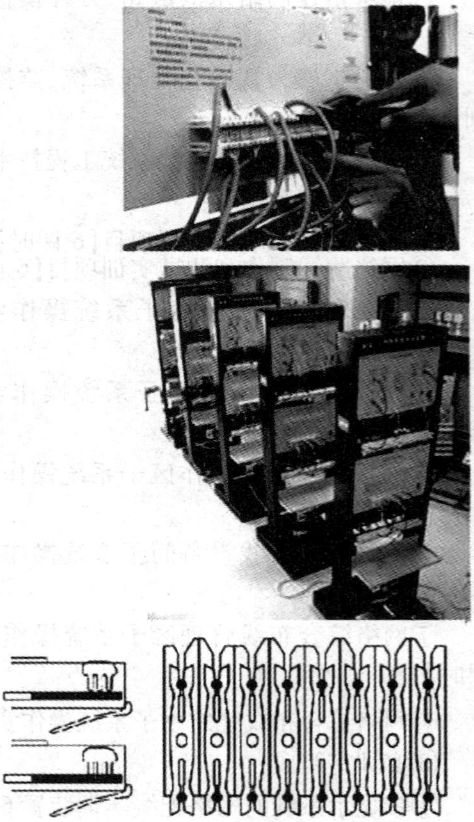

图 10 – 7

3. 网络综合布线展示系统解决方案

⑴展示内容：

①建筑物子系统（赤色）：光缆、尾纤、熔接盒、耦合器、跳线等。

②设备区子系统（橙色）：核心交换机、汇聚层交换机、防火墙、服务器、机柜、静电泄漏网、稳压电源、电池柜等。

③管理区子系统（黄色）：接入层交换机、网络配线架、通讯跳线架、理线环、机柜等。

④垂直子系统（绿色）：桥架、PVC 线槽、弯头、三通等。

⑤水平子系统（蓝色）：桥架、吊杆、三角支架、PVC 线管/槽等。

⑥工作区子系统（紫色）：RJ45 网络插座、RJ11 电话插座、各种阴角、阳角、三通、堵头、弯头、直通等。

⑦常用器材、工具等。

⑧可以扩展为智能化管理系统工程应用展示。

⑨可以扩展为现场总线系统工程应用展示。

(2)展示室的组成:

①网络综合布线展示系统装置1套。

型号:KYSYZ－09－04 规格:长5.52米，宽1.44米，高2.84米。

②网络综合布线器材展示柜4个。

型号:KYSYZ－01－11 规格:长1.25米，宽0.35米，高2米。

③钢化玻璃地板系统器材。

④楼层模拟板系统器材。

⑤建筑物子系统模拟展示器材。

⑥设备区子系统模拟展示器材。

⑦管理区子系统模拟展示器材。

⑧垂直子系统模拟展示器材。

⑨水平子系统模拟展示器材。

⑩工作区子系统模拟展示器材。

⑪彩色灯光控制系统。

⑫挂图+《网络综合布线实训指导光盘》。

4. 网络综合布线与测试工程技术实训室解决方案

(2)实训室功能:

①光缆剥线、打磨、熔接、测试实训功能。

②网络链路测试和分析实训功能。

③布线系统距离测量、故障查询实训功能。

④A0 解决方案的全部实训功能。(详见 Page7)

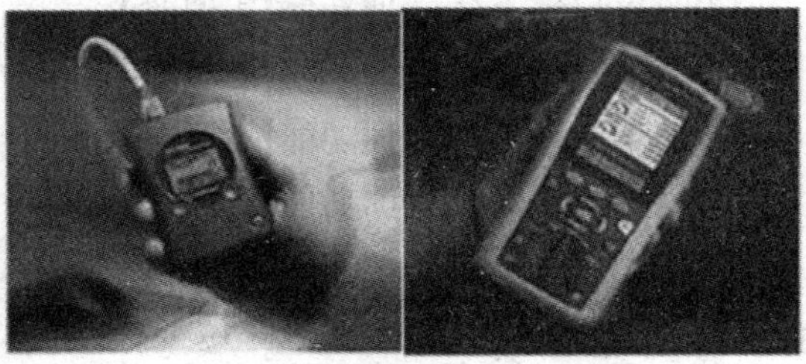

图10－8

(2)实训项目和课时:

①光缆熔接和测试实训【4课时】

②线缆距离测量、模拟故障测试实训【4课时】

③网络链路测试和分析实训【4课时】

④网络配线和端接实训【12课时】

⑤网络综合布线工程技术实训【24课时】

(3)实训室组成:

①光纤熔接机1台，光缆工具箱1个。

②网络链路通6台，网络测试仪1台。

③带显示系统的网络配线实训装置6台。

④网络综合布线实训装置1套。

⑤配套实训设备、实训工具、实训消耗材料。

⑥实训指导手册+PPT课件+指导光盘+教学挂图。

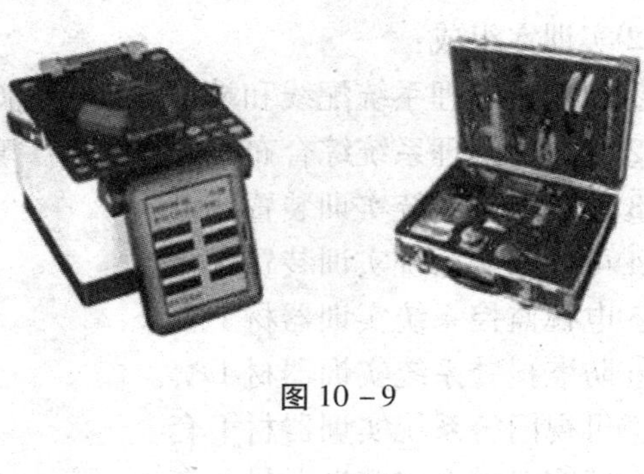

图10－9

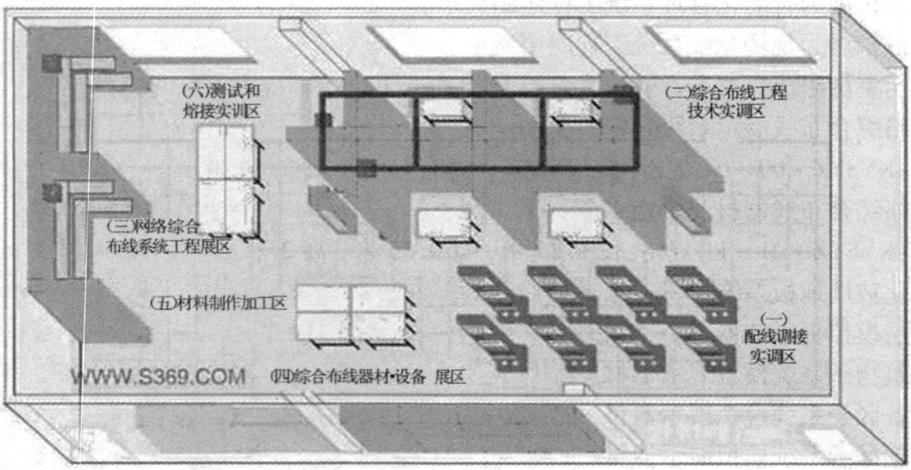

图 10－10

5．智能化管理实训室解决方案

(1)实训室功能和课时：

①智能化管理系统配线和端接实训功能【4 课时】。

②智能化管理系统综合布线实训功能【6 课时】。

③电视监控系统实训功能【4 课时】。

④防盗报警系统实训功能【4 课时】。

⑤可视门警系统实训功能【4 课时】。

⑥楼宇对讲系统实训功能【2 课时】。

⑦闭路电视系统实训功能【2 课时】。

⑧门警考勤系统实训功能【2 课时】。

⑨停车场管理系统实训功能【2 课时】。

⑩消防系统实训功能【2 课时】。

⑪电力远程抄表系统实训功能【2 课时】。

⑫综合布线链路测试实训功能【4 课时】。

⑬光纤熔接技术实训功能【2 课时】。

(2)实训室组成：

①智能化管理系统配线和端接实训装置 6 台。

②智能化管理系统综合布线实训装置 1 套。

③监控报警系统实训装置 6 台。

④可视门警系统实训装置 6 台。

⑤电视监控系统实训器材 1 套。

⑥防盗报警系统实训器材 1 套。

⑦可视门警系统实训器材 1 套。

⑧楼宇对讲系统实训器材 1 套。

⑨闭路电视系统实训器材 1 套。

⑩门警考勤系统实训器材 1 套。

⑪停车场管理系统实训器材 1 套。

⑫消防系统实训器材 1 套。

⑬电力远程抄表系统实训器材 1 套。

⑭网络链路测试实训器材 1 套。

⑮光纤熔接技术实训器材 1 套。

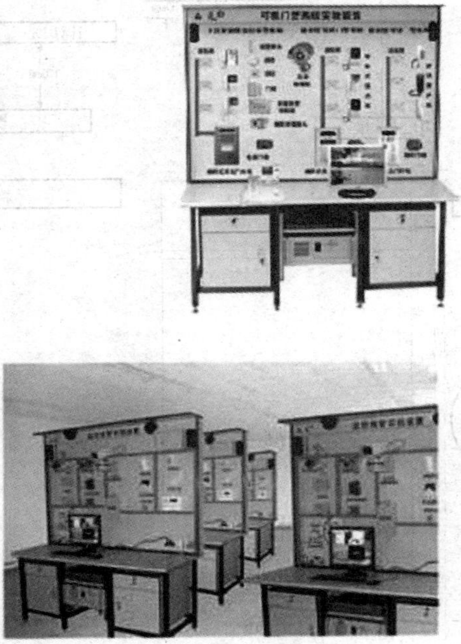

图 10－11

10.2 某学院校园网综合布线系统设计案例

10.2.1 某学院校园网综合布线系统需求分析

1. 项目概述

从某学院实际情况出发，校园网工程分为三个阶段完成。第一阶段实现校园网基本连接，第二阶段校园网将覆盖校园所有建筑，第三阶段完成校园网应用系统的开发。学院校园网建设的一期工程覆盖了教学、办公、学生宿舍区、教工宿舍区，接入信息点约为 2600 个，投资 400 万。为了实现网络高带宽传输，骨干网将采用千兆以太网为主干，百兆光纤到楼，学生宿舍 10M 带宽到桌面，教工宿舍 100M 带宽到桌面。

2. 校园建筑物布局说明

某学院校园网覆盖了 41 栋楼房，其中学生宿舍 12 栋，教工宿舍 20 栋，办公楼、实验大楼、计算中心、电教楼、图书馆、招待所、青工楼各一栋，教学楼两栋。网络管理中心已定在电教楼三楼。具体的建筑物布局如图 10－12 所示。

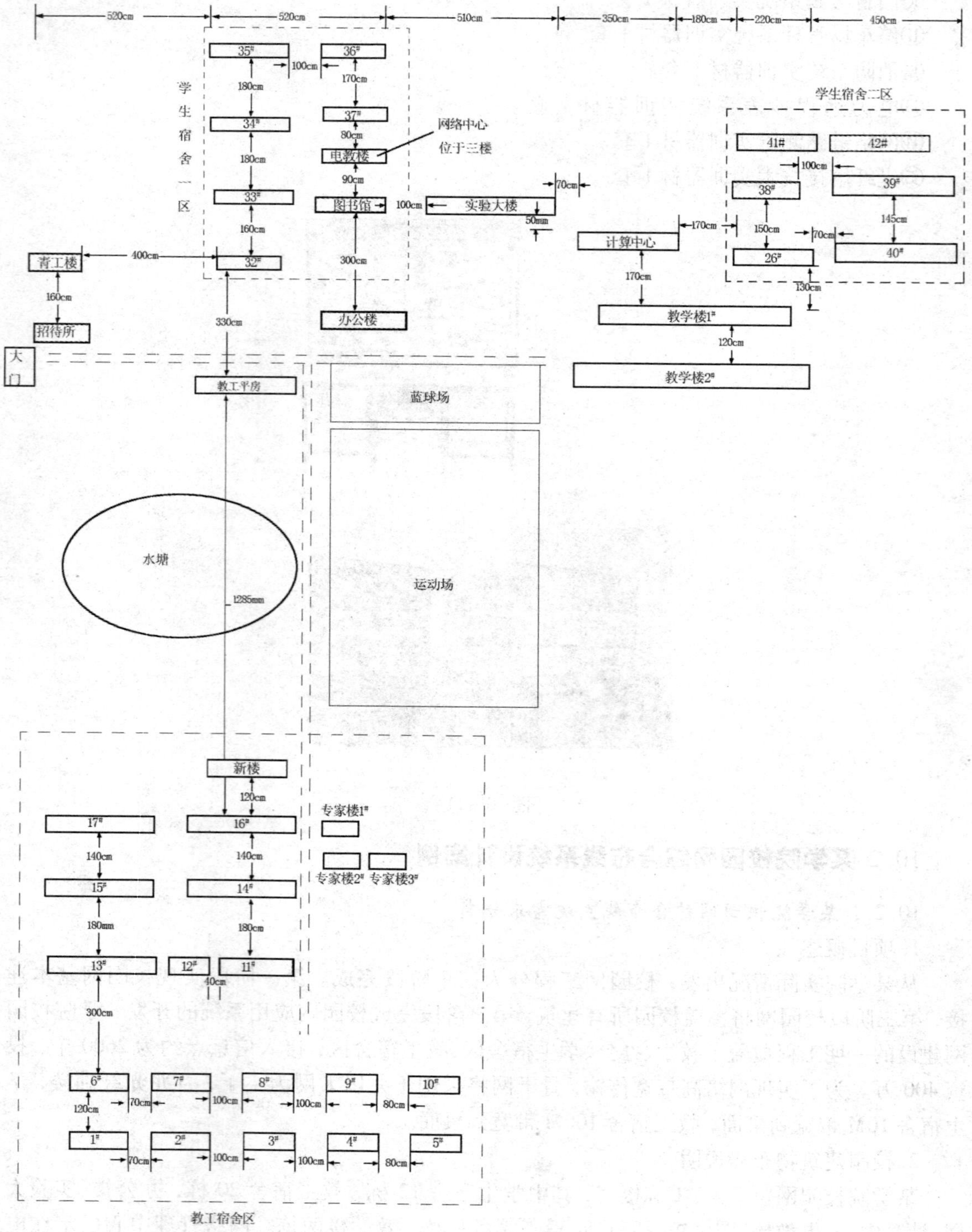

图 10－12　某学院校园网建筑布局图

3. 校园网网络拓扑结构

根据用户需求分析，决定某学院的校园网络采用星形网络拓扑结构。学院网络中心的核心交换机为中心点，二区学生宿舍的核心交换机通过 2G 聚合链路连接网络中心核心交换机，教工区的核心交换机也通过 2G 聚合链路连接网络中心核心交换机。学生宿舍一区的各楼宇交换机直接汇聚到网络中心交换机。校园网网络拓扑结构，如图 10－13 所示。

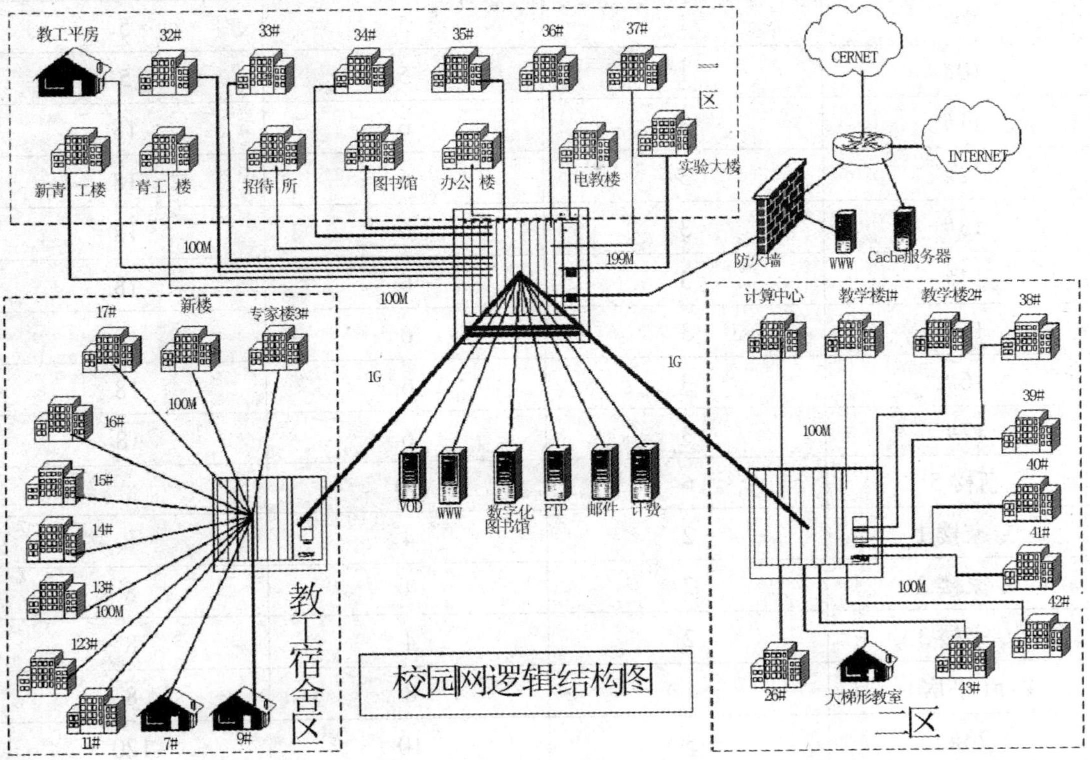

图 10－13　校园网网络拓扑结构图

4. 通信信息种类和数量

该院的校园网现有电话网络系统已覆盖整个校园，因此本次综合布线工程不考虑语音电话系统，只考计算机信息点。校园网各建筑物信息点分布情况，如表 10－1 所示，总共计算机信息点为 2622 个。该信息点的分布设计已经考虑了今后的网络发展的需要，信息点的数量已经预留了一定的数量。

表 10－1　**校园网建筑信息点分布表**

建筑物名称	楼层数	每层房间数	信息点数量
1#	1	5	5
2#	1	5	5
3#	1	5	5
4#	1	5	5
5#	1	5	5
6#	1	5	5

续表

建筑物名称	楼层数	每层房间数	信息点数
7#	1	5	5
8#	1	5	5
9#	1	5	5
10#	1	5	5
11#	3	6	18
12#	3	6	18
13#	3	6	18
14#	3	6	18
15#	3	6	18
16#	3	6	18
17#	3	6	18
新楼 5	6	30	
专家楼 1	2	4	8
专家楼 2	2	4	8
专家楼 3	2	4	8
21#(平房)	1	8	8
26#	3	10	120
32#	3	10	120
33#	4	10	160
34#	4	10	160
35#	4	10	160
36#	4	10	160
37#	4	10	160
38#	4	10	160
39#	5	2	240
40#	5	12	240
41#	5	12	240
42#	5	12	240

续表

建筑物名称	楼层数	每层房间数	信息点数
办公楼	3	11	50
电教楼	3	5	6
图书馆	3	10	30
实验大楼	5	12	50
计算中心	3	10	28
教学楼 1#	3	20	30
教学楼 2#	6	10	30
总计			2622

5. 现有网络情况说明

该学院的计算中心二楼、三楼机房及电机系办公室已组建自己的局域网络，连接计算机达 320 台。电教楼一楼的计算机实验室也已组建了小的局域网络，连接计算机达 92 台。图书馆一、二、三楼已组建了局域网络用于采编，连接计算机达 10 台。

6. 网管中心位置

该学院已指定网管中心设立在电教楼三楼，位于学院建筑平面的中心点。

10.2.2 设计依据

1. 本综合布线工程设计遵循以下标准或规范

(1) DBJ08 - 59 - 95：智能建筑设计标准

(2) ANSI/EIA/TIA - 568A：民用建筑电信布线系统标准

(3) ANSI/EIA/TIA - 569：电信走道和空间的民用建筑标准

(4) ANSI/EIA/TIA - 606：民用建筑电信设施的管理标准

(5) ANSI/EIA/TIA - 607：民用建筑电信设施接地标准

(6) TSB - 67：UTP 布线现场测试标准

(7) IS・/IEC 11801：电信布线系统标准

(8) GB/T 50312 - 2000：建筑与建筑群综合布线系统工程设计规范

(9) JGJ/T 16 - 92：中国民用建筑电气设计规范

2. 本工程设计参照的网络标准有

(1) IEEE802. 3：Ethernet(10BASE - T)

(2) IEEE802. 3u：Fast Ethernet(100BASE - T)

(3) IEEE802. 5：T・ken Ring (4M/16M)

(4) ANSI FDDI/TPDDI：光纤分布式数据接口网络标准

3. 本工程设计依据的资料

(1)《某学院建筑平面示意图》

(2)《某学院网络拓扑结构图》

10.2.3 设计目标

1. 标准化

本设计综合了楼内所需的所有的语音、数据、图像、等设备的信息的传输，并将多种设备终端插头插入标准的信息插座或配线架上。

2. 兼容性

本设计对不同厂家的语音、数据设备均可兼容，且使用相同的电缆与配线架、相同的插头和模块插孔。因此，无论布线系统多么复杂、庞大，不再需要与不同厂商进行协调，也不再需要为不同的设备准备不同的配线零件，以及复杂的线路标志与管理线路图。

3. 模块化

综合布线采用模块化设计，布线系统中除固定于建筑物内的水平线缆外，其余所有的接插件都是积木标准件，易于扩充及重新配置，因此当用户因发展而需要增加配线时，不会因此而影响到整体布线系统，可以保证用户先前在布线方面的投资。综合布线为所有话音、数据和图像设备提供了一套实用的、灵活的、可扩展的模块化的介质通路。

4. 先进性

本设计将采用目前最先进的丽特科技 N · RDX/CDT(丽特网络科技)公司生产的超五类器件构筑楼内的高速数据通信通道，能将当前和未来相当一段时间的语音、数据、网路、互连设备以及监控设备很方便地扩展进去，其带宽高达 150M 以上，是真正面向未来的超五类系统。

10.2.4 本工程设计方案系统产品选型及产品特点

1. 产品选型

本设计方案中的综合布线系统选择丽特网络科技(N · RDX/CDT)公司的超五类综合布线产品，其产品性能接近非屏蔽铜缆布线的极限。

2. 丽特科技 IBDN 综合布线系统的特点

丽特科技 IBDN 是一套结构化布线系统，它采用模块化设计，基于标准的星形拓扑结构，最易于配线系统扩展及重组。丽特科技 IBDN 符合并超越 EIA/TIA 568A 及 IS · 11801 标准的要求。

(1)符合 CAT5E 类国际标准，是真正意义上的超五类综合布线系统

丽特科技 IBDN 是综合布线系统标准的倡导者,一直在标准的制定过程中起积极的领导作用。丽特科技 IBDN 公司参加了 IS · /IEC 联合技术委员会，并是该国际标准编写组的成员。

(2)产品系列齐全

丽特网络科技的超五类综合布线系统具有全线的产品，丽特网络科技 IBDN 1200 布线系统组成如下：

专利之丽特网络科技 BIX 交叉连接系统；

最新专利非磨接光纤端接头；

丽特网络科技 PDS HD 快接式模块化配线架；

丽特网络科技超强型 5 类跳接线；

丽特网络科技 CAT5E 类高性能电缆；

IBDN 既提供通用的产品,也提供某些特殊应用的转换器件,供用户灵活的选用。

(3)施工及维护方便

丽特网络科技公司的信息插座(模块免打线)、配线架(搭配容易)都是经过专门的设计以方便安装,另外丽特网络科技的 BIX 交叉连接系统为 25 对大对数端接器,安装时省去了端接模块安装,减少了信道传输衰减及信道间相互干扰,同时端接简单、标识清晰、外型美观。

(4)应用范围广

丽特科技 IBDN 公司的布线产品不仅可用于语音、数据、图像信号传输的场合,也可用于视频、音响、楼宇自控信号传输中。而且在这种应用中不使用适配器(如 AT&T 等公司的产品在用于视频等信号的传输时要用到适配器)。

(5)开放性及兼容性好

丽特科技 IBDN 公司的综合布线系统具有开放式的系统结构,兼容许多厂家的语音、数据通信、图像等设备连接。

因此我们选择用丽特科技 IBDN 公司综合布线系统构筑该学院校园网网络的神经网络!

10.2.5 综合布线总计方案设计

1. 工作区子系统的设计

学生宿舍一般通过 HUB 接入校园网网络,因此为了节省工程造价,每个宿舍只安装一个单口信息插座。信息点密集的房间可以选用两口或四口信息插座,如教学楼的多媒体教室、办公室、计算中心机房等,信息插座的数量要根据用户的需求而定。在确定工作区的信息插座数量时,还要考虑未来的发展,因此要预留一定的余量。例如,办公楼用户的计算机数量还会不断增加,因此建议每门办公室安装两个信息插座。

考虑到校园网中大多数信息点的接入要求达到 100Mbps,考虑随着校园网的应用不断增加,对计算机网络性能要求会越来越高,因此建议校园网内所有信息插座均选用 IBDN Giga Flex PS5E 超 5 类模块。IBDN 超五类模块可以满足未来 155Mbps 网络接入的要求。

为了方便用户接入网络,信息插座安装的位置结合房间的布局及计算机安装位置而定,原则上与强电插座相距一定的距离,安装位置距地面 30cm 以上高度,信息插座与计算机之间的距离不应超过 5 米。

2. 水平干线子系统的设计

综合布线系统的水平干线子系统可以考虑采用屏蔽双绞线、非屏蔽双绞线、光缆。光缆价格过高不予考虑。对于屏蔽双绞线,考虑到它存在以下问题:

本身特性决定对低频噪声(如交流 50Hz)难以抑制,在一般情况下与非屏蔽双绞线的效果相当,没有特殊作用。屏蔽双绞线的连接要求制作工艺精良,否则不但起不了屏蔽的作用,反而会引起干扰。

因此经过全面的考虑,该院的综合布线系统的水平干线子系统全部采用非屏蔽双绞线。如果随着环境的变化,校园建筑中确定存在电磁干扰很强的环境,也可以直接考虑使用光缆,而不必采用安装施工较为复杂的屏蔽双绞线。考虑以后的校园网网络的应用,建议整个校园网的楼内水平布线全部采用 IBDN 1200 系列超 5 类非屏蔽双绞线,以便满足以后网络的升级需要。

考虑到该院实施布线的建筑物都没有预埋管线,所以建筑物内的水平干线子系统全部采用明敷 PVC 管槽,并在槽内布设超 5 类非屏蔽双绞线缆的布线方案。原则上 PVC 管槽的敷设应与强电线路相距 30cm,由于特殊情况 PVC 管槽与强电线路相距很近的情况下,可在

PVC管槽内安装白铁皮然后再安装线缆，从而达到较好的屏蔽效果。

3. 设备间子系统设计

(1)设备间的设计

经实地考察发现，每幢学生宿舍都有两个楼道，而且在2层或3层楼道都已设置了配电房，可以利用现有的配电房作为设备间。对于学生宿舍楼层较长的，建议采用双设备间的配置方案，例如40#、41#、43#。教工宿舍和办公楼信息点较少，不考虑专门设置设备间。整个校园网的主设备间放置于电教楼三楼的网管中心。

由于学生宿舍信息点特别密集，每幢楼分别采用两个高密度交换机堆叠组解决网络接入，因此楼道的设备间必需放置多个交换机、配线架、理线架等设备。考虑设备的密集程度，学生宿舍的管理间必须采用20U以上的落地机柜。由于该设备间与配电房共用，因此网络线布设时，注意与强电线路保持30cm的距离。

教工宿舍的信息点较分散且信息点较少，没有必要设立专门的设备间，可以在楼道内安装6U墙装机柜，机柜内只需容纳1交换机和2个配线架即可。办公楼、图书馆、实验大楼、教学楼的信息点不多，而且以后的信息点扩展的数量不会太多，因此也没有必要设立专门的设备间，可以在合适的楼层处安装6U墙装机柜即可。机柜内应配备足够数量的配线架和理线架设备。计算中心已组建了局域网，并已建好的设备间，因此该楼不再考虑设备间的设计问题。

电教楼三楼的网络中心根据功能划分为两个区域，一半空间作为机房，另一半作为行政办公区域。网络中心机房采用铝合金框架支撑的玻璃墙进行隔离，按合部铺设防静电地板，地板已进行良好接地处理。机房内还安装了一个10KVA的UPS，配备的40个电池可以满足8个小时的后备电源供电。为了保证机房内温度的控制，机房内配备了两个5匹的柜式空调，空调具备来电自动开机功能。为了保证机房内设备的正常运行，所有设备的外壳及机柜均做好接地处理，以实现良好的电气保护。

(2)管理子系统的设计

为了配合水平干线子系统选用的超五类非屏蔽双绞线，每个设备间内都应配备IBDN PS5E超五类24口/1U模块化数据配线架，配线架的数量要根据楼层信息点数量而定。为了方便设备间内线缆管理，设备间内安装相应规格的机柜，机柜内的两个配线架之间还安装IBDN理线架，以进行线缆的整理和固定。

为了便于光缆的连接，每幢楼内的设备间内应配备光缆接线箱或机架式配线架，以便端接室外布设进入设备间的光缆。为了端接每个交换机的光纤模块，还应配备一定数量的光纤跳线，以端接交换机光纤模块和配线架上的耦合器。

4. 干线子系统的设计

综合布线系统的干线子系统一般采用大对数双绞线或光缆，将各楼层的配线架与设备间的主配线架连接起来。由于大多数建筑物都在6层以下，考虑到工程造价，决定采用4对UTP双绞线作为主干线缆。对于楼层较长的学生宿舍，将采用双主干设计方案，两个主干通道分别连接两个设备间。

对于新建的学生宿舍及教学大楼都预留了电缆井，可以直接在电缆井中铺设大对数双绞线，为了支撑垂直主干电缆，在电缆井中固定了三角钢架，可将电缆绑扎在三角钢架上。对于旧的学生宿舍、办公大楼、实验大楼、图书馆，要开凿直径20cm的电缆井并安装PVC管，然后再布设垂直主干电缆。

5. 建筑群子系统的设计

从校园建筑布局图可以看出，整个校园比较分散，且相互距离较远，因此把校园划分为3个片区，每个区的光纤汇集到该区设备间，再从各区设备间敷设光纤到主配线终端。

主配线终端位于电教楼3层网络中心机房内，它直接连接学生宿舍一区内的光纤，并连接学生宿舍二区和教学宿舍区的上行光纤。学生宿舍二区的设备间位于26栋的配电房，教工宿舍区的设备间位于12栋。

校园内建筑物之间的距离很近，只有网络中心机房与教工区设备间之间的跨距。网络中心机房与学生宿舍二区设备间之间的跨距较远，均已超过550米，其他建筑物之间的跨距不超过500米，因此除了网络中心机房与教工区、学生宿舍二区设备间之间布设12芯单模光纤外，其他建筑物之间的光缆均选用6芯50μm多模光缆进行布线。由于该学院原有的闭路电视线、电话线全部采用架空方式安装，而且目前建筑物之间没有现成的电缆沟，经过与院方交流意见，决定所有光纤采用架空方式铺设。铺设光纤时，尽量沿着现有的闭路电视或电话线路的路由进行安装，从而保持校园内的环境美观要求，也可以加快工程进度。

教工宿舍中有十幢平房，每幢平房的信息点只有5个，每幢平房之间采用光纤连接造价太高。通过实地考察，决定拉两条光缆分别接7栋和9栋，然后各幢平房之间埋设铁管，在铁管内布设充油非屏蔽双绞电缆，以连接各幢与7栋或9栋的交换机，最后要对埋设的铁管实施接地处理。

表10－2　为该院校园网光纤布线系统材料清单

序号	产品名称	产品厂家	数量	单位
1	6芯多模室外光纤(50um)	IBDN	4500	米
2	多模SC头光纤耦合器	IBDN	384	个
3	8口SC头光纤配线箱	BDN	11	个
4	12口SC头光纤配线箱	IBDN	1	个
5	24口SC头光纤配线箱	IBDN	2	个
6	48口SC头光纤配线箱	IBDN	3	个
7	3米单模光纤SC－SC头跳线	IBDN	320	条
8	10米多模光纤SC－SC头跳线	IBDN	10	条
9	光缆熔接		384	端
10	光纤消耗材料		1	套

6. 校园网综合布线系统结构图

图10－14为该院校园网综合布线系统结构图，由学生宿舍一区，学生宿舍二区，教工宿舍区三个部分组成。三个区域都通过室外多模光缆汇聚到网管中心。

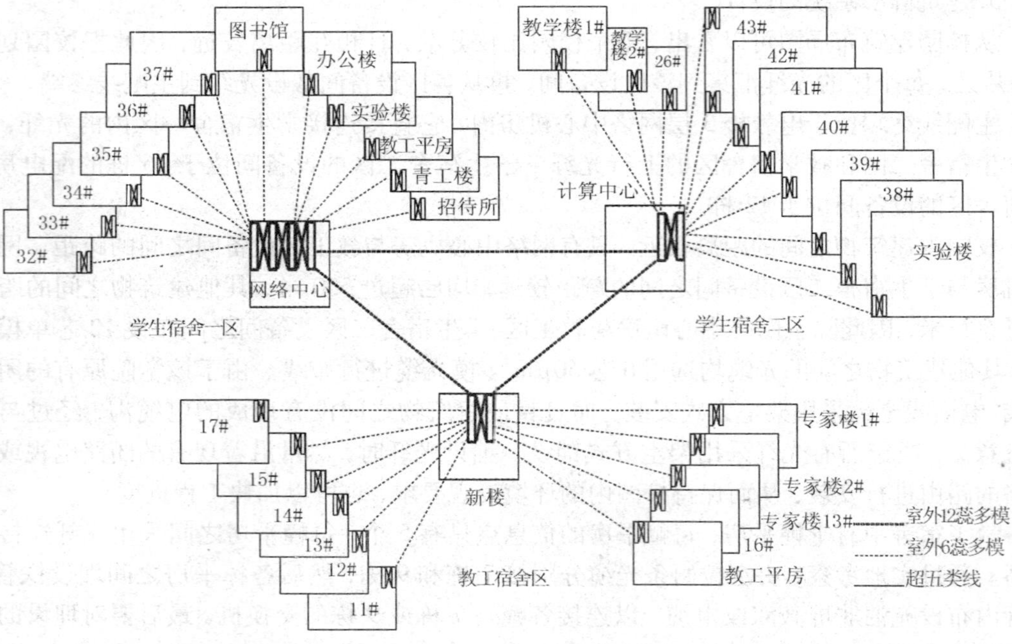

图 10－14　校园网综合布线系统结构图

10.3 办公楼综合布线系统设计案例

10.3.1 某检察院办公楼综合布线系统需求分析

1. 项目概述

某人民检察院为适应办公现代化管理及安全防范的需要，决定对其办公大楼实施综合布线系统工程，以使某人民检察院办公楼成为一座拥有先进的办公自动化管理系统、计算机网络和通讯系统、视频监控系统等于一体的智能化办公大楼。

2. 建筑物结构及信息点分布

某人民检察院办公大楼共七层，一楼为大厅和会审室，7 楼为领导办公室，其余楼层为各科室的办公室及会议室。要求每个办公室安装一个计算机网络信息点、一个电话语音信息点，共计需要安装 154 个计算机网络信息点、77 个电话语音信息点。在领导办公室和会议室内需要各安装一个有线电视信息点。为了保障大楼的安全，在各楼层通道、大厅和会审室内均安装一个闭路视频监控点，其计 15 个闭路监控制点。

3. 项目功能要求

为了保证系统安全，本布线系统设计要实现内外网隔离，因此计算机网络系统必须布设两套系统，一套用于内部办公网络，另一套用于连接外部互联网络。安装计算机网络信息点总计应为 154 个，其中内网安装 77 个信息点、外网安装 77 个信息点。

根据用户需求分析，本系统的局域网的骨干采用千兆以太网技术，百兆以太网连接到用户终端设备。要求在楼道、大厅、会审室布设全方位的视频监控点，在二楼的控制中心内可以监控到整个大楼的状况。

4. 办公楼的设备间位置

根据综合布线系统设计规范要求并结合办公楼的内部结构，建议设备间设定在二楼的计算中心机房。该设备间既是计算机网络和电话系统的管理中心，也是视频监控系统的控制中心。

10.3.2 设计标准与依据

本项目设计遵循以下标准或规范：

DBJ08－47－95：智能建筑设计标准

ANSI/EIA/TIA－568B：民用建筑电信布线系统标准

ANSI/EIA/TIA－569：电信走道和空间的民用建筑标准

ANSI/EIA/TIA－606：民用建筑电信设施的管理标准

ANSI/EIA/TIA－607：民用建筑电信设施接地标准

TSB－67：UTP布线现场测试标准

IS·/IEC 11801：电信布线系统标准

CECS72：97：建筑与建筑群综合布线系统工程设计规范

JGJ/T 16－92：中国民用建筑电气设计规范

参照的网络标准有：

IEEE802.3u：快速以太网(100Mbps)

IEEE802.3ab：千兆以太网（1000Mbps）

城市住宅区和办公楼电话通讯设施设计标准(YDT 2008－93)

10.3.3 系统设计原则

根据对某人民检察院综合布线工程的概况和需求的研究分析，我们在系统设计中确立以下设计原则：

1. 标准化

本设计综合了楼内所需的所有的语音、数据、图像等设备的信息的传输，并将多种设备终端插头插入标准的信息插座或配线架上。

2. 适用性

本设计从该系统能提供综合服务这一基本功能出发，主要满足语音、数据、图像传输对布线系统的需求并且能够适应未来网络通讯技术的发展的需求。能支持各种数据通信、多媒体技术以及信息管理系统等，并且能适应现代和未来技术的发展。

3. 灵活性

系统应能够在应用过程中根据实际情况或不同的通讯条件，方便地改变连接，灵活进行各种组合和配置。模块化的设计使系统的灵活性能够轻易地实现。

4. 扩展性

整个系统的配置，能够对新业务、新应用提供强有力的支持，也就是说保证今后的新技术和新应用在系统中得到运行和扩展。

5. 模块化

综合布线采用模块化设计，布线系统中除固定于建筑物内的水平线缆外，其余所有的接插件都是积木标准件，易于扩充及重新配置，因此当用户因发展而需要增加配线时，不会因此而影响到整体布线系统，可以保证用户先前在布线方面的投资。综合布线为所有话音、数据和图像设备提供了一套实用的、灵活的、可扩展的模块化的介质通路。

6. 兼容性

本设计对不同厂家的语音、数据设备均可兼容，且使用相同的电缆与配线架、相同的插头和模块插孔。因此，无论布线系统多么复杂、庞大，不再需要与不同厂商进行协调，也不再需要为不同的设备准备不同的配线零件，以及复杂的线路标志与管理线路图。

7. 先进性

IBDN 布线系统采用极富弹性的布线概念，应用光纤与双绞线混合方式，极为合理的构成一套完整的布线系统。所有布线设计均采用世界最新通讯标准，双绞线采用国际标准八芯设计。物理星型方式为将来发展交互式网络奠定了坚实的基础。

8. 保密原则

我们通过在办公室内布设两套网络系统，使办公楼内的办公局域网和 Internet 外网隔离，保障了楼内的信息保密和安全，达到保密局的规定要求。

10.3.4 总体方案设计

1. 工作区子系统

本方案的工作区子系统结合楼内办公环境的实际情况，为了满足现在或将来数据的传输的应用要求，采用 IBDN Giga Flex PS5E 超 5 类模块来连接终端计算机设备。考虑到办公网络的安全性，楼内需要安装两套物理隔离的网络，因此在楼内的每个办公室、会议室内各安装两个信息插座，每个插座内安装一个 IBDN Giga Flex PS5E 超 5 类模块。为了让办公人员较容易区分两个不同网络接入插座，因此在插座上应贴上明显的标志。

为了使每个办公室配置一个电话接口，因此在办公室内应配备一个 RJ－11 电话模块，并将该模块安装在其中一个信息插座内，与计算机网络接口模块 RJ－45 共用一个插座。但为了区别插口的类型，应在电话接口处贴上明显的电话标志。办公室内所有安装的信息插座应距离地面 30cm 以上，信息插座应配符合国标 86 系列标准的双孔带防尘盖的面板。

根据需求分析得知，楼内的有线电视系统的信息点只有 5 个，分布在领导办公室及会议室内，因此必须在领导办公室及会议室内各安装一个 CATV 电视插座。

为了确保大楼的安全，各楼层通道及会审室内应安装一个彩色摄像机，并配电动可变焦镜头和云台，使摄像机在监控人员控制下进行全方位的视频监控工作。

2. 水平子系统

为了实现内外两套网络的布设，因此每个办公室将从信息插座处布设两根 IBDN1200 系列超五类屏蔽双绞线电缆至楼层配线间内。每个办公室或会议室的语音电话插座处布设一根 IBDN1200 系列超五类屏蔽双绞线电缆到楼层配线间内，选用超五类 UTP 电缆的目的是为了以后的语音和数据互换做准备。领导办公室和会议室内的 CATV 电视插座处将布设一根 75Ω 同轴电缆至楼层电视分支器设备。各楼层及大厅内安装的视频监控摄像机将布设一根视频同轴电缆至二楼的控制中心，以传输视频信号，另外还布设一根 2 芯控制线缆，以控制云台移动和镜头变焦。

本楼内各房间内均安装了天花板吊顶，因此水平子系统中各系统所使用线缆可以统一穿在一个 PVC 管道内，并布设在天花板吊顶内。各房间内的线缆经过走廊天花板吊顶统一布设到楼层配线间或垂直竖井管道内。PVC 管道内敷设电缆的截面积应该只占 PVC 管截面积的 70%，为以后的线路扩展预留一定的空间。房间内的 PVC 管预埋于墙内，与墙上暗装的底盒相连接。

3. 干线子系统

干线子系统由连接设备间和各楼层配线间的线缆构成，其功能是把设备间的主配线架（MDF）与各楼层的分配线架（IDF）连接起来。根据某人民检察院办公楼的建筑特点和系统要求，干线子系统采用垂直干线路由的布线方式。利用各楼道已安装好的垂直弱电井，布设各系统所选用的各种干线电缆。

由于该楼内的局域网主干要求采用千兆以太网技术，因此计算机网络系统的主干线缆应选用用 IBDN 六芯 62.5/125μm 规格的多模室内光缆，为各楼层交换机与设备间的中心交换机之间连接提供千兆链路。

电话语音系统则选用 IBDN Plus 三类 25 对大对数电缆，将各楼层的电话语音线路汇聚到二楼的设备间内。由于各楼层的有线电视信息点较少，因此各楼层有线电视电缆经过分支器连接后，在垂直干线通道内布设一根有线电视同轴电缆连接到二楼设备间的有线电视放大器。各楼层及大厅的视频监控摄像机连接的视频同轴电缆和 2 芯控制电缆，经垂直干线通道布设到二楼的设备间的视频监控中心。

二楼的设备间离垂直干线的弱电井有一定的水平距离，因此在二楼走廊上安装一段金属槽架，将二楼垂直弱电井与设备间连接起来。楼内的所有干线线缆经垂直干线弱电井布设后，再经过二楼的金属槽架布设到设备间内。

4. 设备间子系统

设备子系统由设备间中的线缆、线缆管理器件和相关支撑硬件组成，它也是楼内各系统的控制中心。

（1）设备间位置

根据建筑物的结构特点，设备间设在办公楼二楼计算机管理中心。

（2）管理子系统设计

设备间内安装 1 个 40U 的立式 19”标准机柜，机柜内安装两台 24 口千兆全光口以太网交换机、1 台电话程控交换机、2 个 IBDN12 口光纤配线架、1 个 IBDN250 线对 BIX 配线架、1 个 IBDN 理线架等设备。

各楼层的两套计算机网络系统分别通过不同主干光缆接入到设备间机柜内的两个光纤配线架上，再通过光纤跳线连接到千兆全光口以太网交换机。

电话语音系统的主干大对数电缆端接到设备间机柜内的 BIX 配线系统，然后通过跳线连接到电话程控交换机端口上。各楼层的有线电视主干同轴电缆通过分配器连接到设备间内的有线电视放大器。

设备间还是本楼视频监控的控制中心，因此需要安装一个视频监控控制台。在控制台上配备一台视频矩阵切换主机、1 个控制键盘、1 台 16 画面的分割器、1 台监视器、1 台时滞录像机。各楼层监控点布设的同轴电缆和控制电缆应与控制台上的设备正确连接。监控人员可以通过 1 台监视器监控所有监控点的图像，并通过控制键盘控制摄像机的变焦和移动。

（3）环境要求

为了确保设备间内设备的正常运行，设备间内安装了防静电地板，地板、设备外壳、机柜均应进行良好接地，设备间内还安装了两台 5 匹的柜式空调，以控制设备间的温度和湿度。设备间内应安装了必备的消防设施，以达到设备防火要求。设备间内配备了 1 台 10KVA UPS 设备并配备足够数量的电池，以确保设备间内设备的稳定供电。

5. 管理子系统

根据某人民检察院办公楼信息点的分布情况，在 1 楼、3 楼、4 楼、5 楼、6 楼、7 楼各设一个楼层配线间。配线间内安装一个 20U 的落地机柜，机柜内应安装两台 24 口的百兆以太网交换机，以分别连接两个不同的网络系统。机柜内还安装两个 IBDN 24 口的模块化数据配线架，以分别端接两个不同网络系统信息点。为了方便线缆的管理，机柜内还要安装两个 IBDN 理线架，以整理和固定跳线。机柜下方还应安装一个光纤配线盒，以端接两根主干 6 芯光缆。

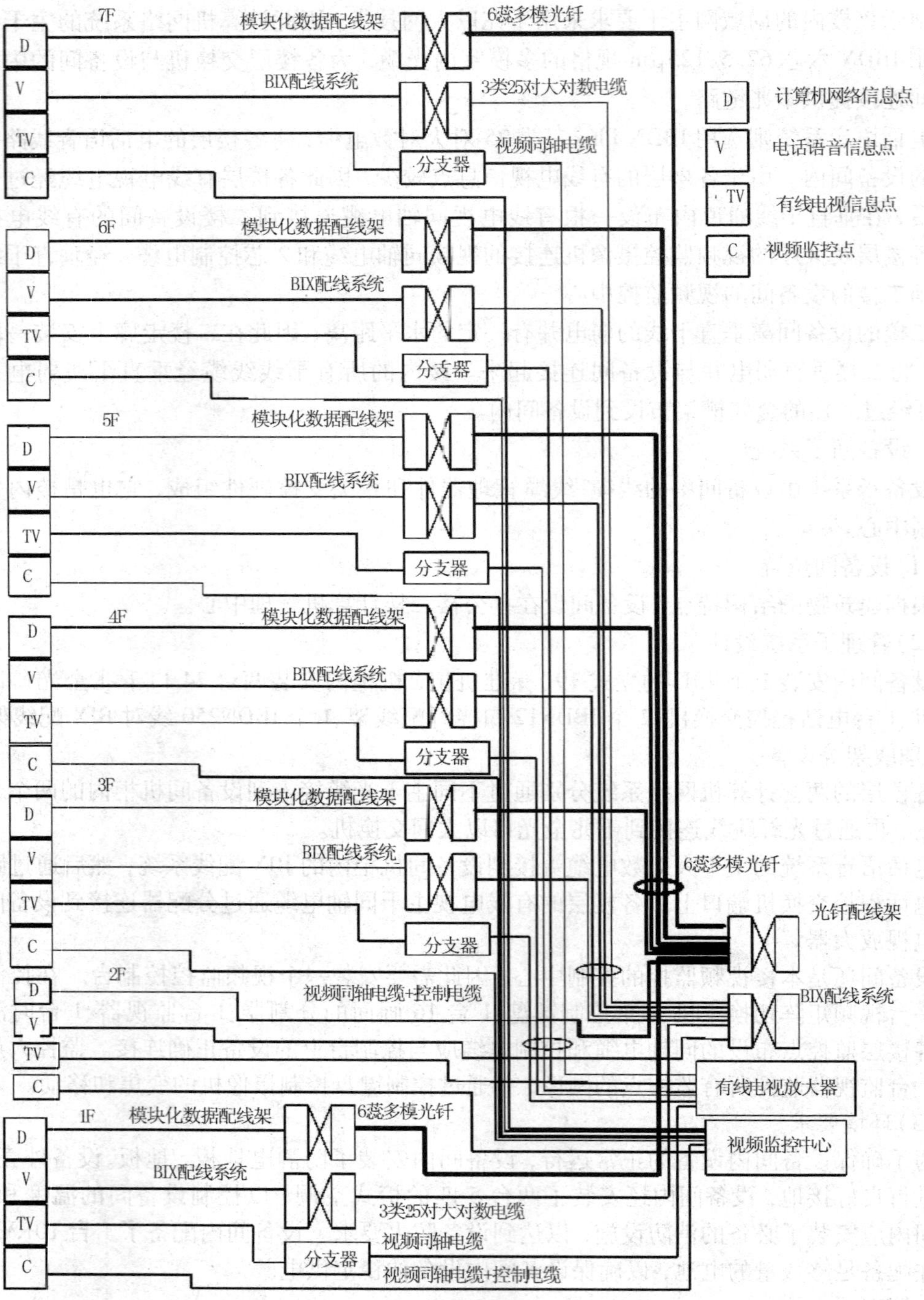

图 10－15　某检察院办公楼综合布线系统结构图

在配线间墙面上应安装一个50线对的IBDN BIX配线架，以端接各楼层房间布设到配线间的UTP电缆。BIX配线架最终将各房间电话线路转接到3类大对数主干电缆，该主干电缆将与设备间的BIX配线系统端接。

6. 办公楼综合布线系统结构图

某检察院办公楼综合布线系统结构图，如图10－15所示。通过系统结构图，可以清楚地了解整个综合布线系统由四个系统构成，每个系统均由工作区、水平子系统、管理子系统、主干子系统、设备间子系统构成。各子系统的连接方式可以参考图10－15所示。

10.4 智能化住宅小区综合布线系统设计案例

10.4.1 智能化住宅小区综合布线系统需求分析

1. 工程概述

某智能化住宅小区建筑占地面积500亩，是一个超大坡地型现代化人文社区。该小区可容纳4800户人家入住，有8万平方米的商业街区，7大主题园林，5大休闲广场。本工程项目主要负责该小区的风林苑综合布线工程。风林苑包括14栋，15栋，16栋，21栋，22栋共五幢建筑物。

2. 小区建筑布局说明

风林苑小区共包括14栋、15栋、16栋、21栋、22栋，共5幢建筑。22#，21#为一梯两户，楼层高度为3、6米。14#，15#，16#为一梯4户，楼层高度为3.6米，各幢建筑物的楼层均为6层。小区中心机房已布设暗埋管道至各幢建筑。具体的小区建筑物布局如图10－16所示。

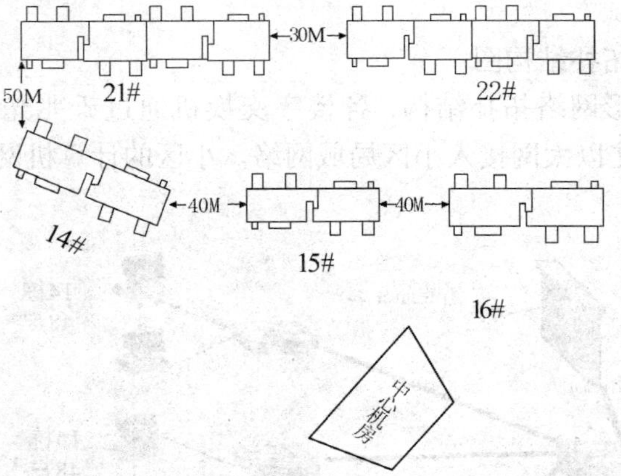

图10－16　风林苑小区建筑布局图

3. 综合布线系统的种类及功能

根据该小区的用户的需求，小区的综合布线系统应包括计算机网络系统、电话语音系统、有线电视系统、视频监控系统四类系统。本项工程方案设计将围绕这四类系统进行详细设计。小区每个住户内均需要安装计算机网络信息点、电话语音信息点、有线电视信息点。为了确保小区的安全，在每幢楼的四角各安装一个全方位的视频监控点，并能通过控制中心进行视频监控管理。

4. 各楼宇信息点数量及分布情况

各楼宇信息点数量如表10－2所示。

表 10－2　　小区各楼宇信息点数量

楼栋号	计算机网信息点数量	电话语音信息点数量	有线电视信息点数
14#	144	96	96
15#	132	96	96
16#	72	48	48
21#	108	72	72
22#	120	96	96
总计	576	408	408

小区内五幢楼宇的户型基本相似，住户的每个卧室内均布设一个计算机网络信息点，大厅布置一个语音点和一个有线电视点，主卧屋还要布设一个语音点和一个有线电视点。因此三房两厅户型的住户将安装三个计算机网络信息点、两个电话语音点，两个有线电视点。二房一厅的住户将安装两个计算机网络信息点、两个电话语音点、两个有线电视点。

小区共有 5 幢楼宇，每幢楼宇四角安装一个视频监控点，因此小区共计需要安装 20 个视频监控制点。

5. 小区计算机网络拓扑结构图

风林苑小区采用星形网络拓扑结构，各楼宇交换机通过千兆光纤链路与中心交换机连接，各楼宇住户通过百兆以太网接入小区局域网络。小区的计算机网络拓扑结构，如图 10－17 所示。

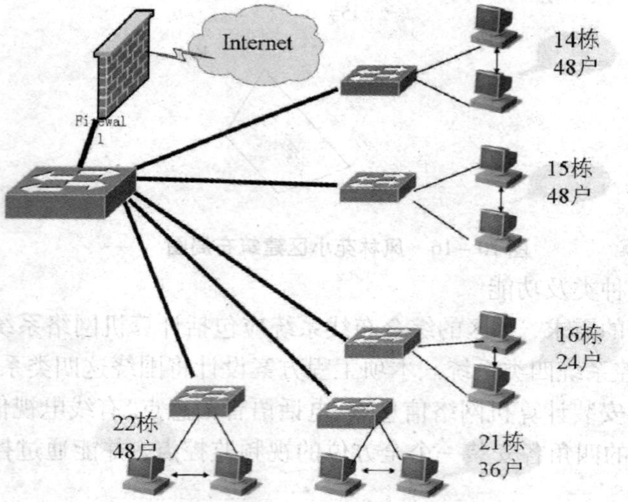

图 10－17　小区计算机网络拓扑结构

10.4.2 设计标准与依据

本工程项目的设计和施工主要遵循以下标准:

ANSI/EIA/TIA－568A 商用建筑通讯布线标准

ANSI/EIA/TIA－569 商用建筑通讯布线及空间标准

ANSI EIA/TIA－606 商用建筑通讯布线管理标准

ANSI EIA/TIA－607 商用建筑通讯布线接地标准

IS·/IEC 11801 用户楼宇通用布线标准

TIA/EIA TSB－67 商用建筑通讯布线测试标准

建筑与建筑群综合布线系统工程设计规范 CECS－72 －97

市内电话线路工程施工及验收技术规范(试行)■DJ38－85

《有线广播系统技术规范及电缆标准》(GY/T106－1999)

《有线广播电视网电缆分配网设计规范》

《有线电视 HFC 系统技术规范》

设计依据:

《风林苑小区建筑平面图》

《风林苑小区户型结构图》

10.4.3 系统设计原则

根据对风林苑小区综合布线工程的概况和需求的研究分析,我们在系统设计中确立以下设计原则:

1. 标准化

本设计综合了楼内所需的所有的语音、数据、图像等设备的信息的传输,并将多种设备终端插头插入标准的信息插座或配线架上。

2. 适用性

本设计从该系统能提供综合服务这一基本功能出发,主要满足语音、数据、图像传输对布线系统的需求并且能够适应未来网络通讯技术的发展的需求。能支持各种数据通信、多媒体技术以及信息管理系统等,并且能适应现代和未来技术的发展。

3. 灵活性

系统应能够在应用过程中根据实际情况或不同的通讯条件,方便地改变连接,灵活进行各种组合和配置。模块化的设计使系统的灵活性能够轻易地实现。

4. 扩展性

整个系统的配置,能够对新业务、新应用提供强有力的支持,也就是说保证今后的新技术和新应用在系统中得到运行和扩展。

5. 模块化

综合布线采用模块化设计,布线系统中除固定于建筑物内的水平线缆外,其余所有的接插件都是积木标准件,易于扩充及重新配置,因此当用户因发展而需要增加配线时,不会因此而影响到整体布线系统，可以保证用户先前在布线方面的投资。综合布线为所有话音、数据和图像设备提供了一套实用的、灵活的、可扩展的模块化的介质通路。

6. 兼容性

本设计对不同厂家的语音、数据设备均可兼容，且使用相同的电缆与配线架、相同的插头和模块插孔。因此，无论布线系统多么复杂、庞大，不再需要与不同厂商进行协调，也不再需要为不同的设备准备不同的配线零件，以及复杂的线路标志与管理线路图。

10.4.4 总体设计方案

1. 工作区子系统

小区各楼宇的户型结构有相似之处，根据的用户的需求，每户的所有卧室内均安装一个计算机网络信息点，大厅内安装一个电话语音点和一个有线电视点，另外主卧室还要安装一个电话语音点和一个有线电视点。因此三房两厅的户型将安装三个计算机网络信息插座、两个电话语音插座、两个有线电视插座，两房一厅房型将安装两个计算机网络信息插座、两个电话语音插座、两个有线电视插座。

为了不影响室内装修效果，所有信息点插座均暗埋在墙内，并距地面 30cm 以上的位置。计算机网络信息插座将安装一个 IBDN Giga Flex PS5E 超五类模块，并配一个 86 型的带防尘盖的单口面板。电话语音插座将安装一个 RJ－11 电话模块，并配一个 86 型的带防尘盖的单口面板。有线电视插座将采用有线电视 CATV 插座。所有安装的插座应贴上明显的功能标志，以方便用户识别使用。

为了便于用户接入各种信息插座，应为用户配备与插座数量相当的 RJ45－RJ45 跳线、RJ11－RJ11 跳线。有线电视插线一般由用户自配。

2. 水平子系统

根据小区住户内安装的系统类型，分别选择相应的传输线缆。计算机网络系统将选用 IBDN1200 系列超五类非屏蔽双绞线电缆，以实现 100M 以太网络接入的要求。电话语音系统将选用 IBDN1200 系列超五类非屏蔽双绞线电缆，为以后的数据和语音信息点互换做好准备。有线电视点将布设 75Ω 视频同轴电缆，由于住户内有两个有线电视点，因此应安装一个二分分支器，分支器输入端与室外视频同轴电缆连接。

为了不影响室内的美观，室内的所有线缆均采用暗埋方式进行布设。在建筑施工时，各住户已将 PVC 管暗埋到墙内，并与暗埋在墙内的插座底盒相连接。数据和语音系统的 UTP 电缆将混合一起进行敷设，有线电视同轴电缆单独敷设。

3. 干线子系统

由于小区内每幢楼宇的楼层数都为 6 层，楼内用户信息点不算密集，因此从造价及维护管理角度考虑将不设置楼层配线间，因此楼内各住户的线缆将直接从住房内引出，然后沿着已埋设好的垂直管道布设到一楼的设备间，不再配备专门的主干电缆。

各住户的 UTP 电缆将直接布设至一楼设备间，有线电视同轴电缆从房内分支器引出后，与楼道内的分配器相连，并通过一根视频同轴电缆布设至一楼设备间。

为了满足楼内主干线缆的布设，楼道内的垂直管道将预埋一根 100mm 的 PVC 管道。

4. 设备间子系统

由于小区内每幢楼宇内的信息点不算密集，因此楼层不设配线间，统一在一楼楼梯间设置设备间。小区的中心机房将作为整个小区的设备间，对小区的计算机网络、电话语音、有线电视系统、视频监控系统进行集中管理。

(1) 楼宇的设备间

各楼宇的设备间内主要安装必备的线路管理器件及设备，以管理楼内的各系统的线路并提供接入服务。

设备间内将安装一个落地 9U 机柜，机柜内安装两台 100M 以太网交换机、两个 IBDN 24 口的模块化数据配线架、两个 IBDN 理线架、一个光纤接线盒。楼内各住户的计算机网络信息点引出的 UTP 电缆将端接于数据配线架上，并通过 RJ45 – RJ45 跳线连接于以太网交换机端口。理线架起到线缆的整理和固定作用。光纤接线盒用于连接从小区设备间布设过来的光缆，并转接为光纤跳线，以连接以太网交换机的光纤模块。

设备间的墙面上将安装一个 50 线对的 IBDN BIX 配线架，配线架上安装两条 1A4 的 BIX 条。楼内所有住户电话语音信息点引出的 UTP 电缆将端接于配线架的 BIX 条上。从小区设备间引至楼内设备间的 3 类大对数电缆将端接于配线架的 BIX 条上，以实现电话系统的连接。

设备间内还将安装一台有线电视的光接收器和放大器，小区设备间布设的有线电视光缆通过光接收器转为电信号，然后经放大器输送到各楼层的分配器，最终将有线电视信号送至各住户的电视机。

(2) 小区设备间

为了对小区的计算机网络、电话语音、有线电视系统、视频监控系统进行集中管理，小区设备间安装相应的线路管理器件及设备，以为各系统提供服务。

小区设备间内将安装一个落地 40U 机柜，机柜内将安装小区中心交换机、IBDN24 口光纤配线架、IBDN 理线架。各楼宇布设的光缆经光纤配线架端接后，由光纤跳线连接至中心交换机，从而将小区各楼宇的局域网互连为小区宽带网络。

小区设备间还须另外安装一个落地 40U 机柜，机柜内将安装 IBDN BIX 配线架，各楼宇布设的 3 类大对数电缆将引至机柜内，然后端于配线架的 BIX 条。在机柜内安装电话程控交换机，该交换机与电信中继线路连接，配线架上 BIX 条通过跳线连接于电话程序控交换机，从而实现小区电话系统的接入管理。

小区设备间内安装了有线电视的放大器，放大器与市内有线电视网络连接。有线电视信号将通过光发射器，传输到各楼宇的设备间内。

为了确保小区设备间内设备正常运行，设备间内必须铺设防静电地板，地板、设备外壳和机柜均进行接地处理。设备间内还安装了两台 5 匹的柜式空调，以控制设备间的温度和湿度。设备间内应安装了必备的消防设施，以达到设备防火要求。设备间内配备了 1 台 10KVA UPS 设备并配备足够数量的电池，以确保设备间内设备的稳定供电。

5. 建筑群子系统

如图 10－18 所示，为风林苑小区的所楼宇到小区中心机房之间暗埋管道的距离示意图。

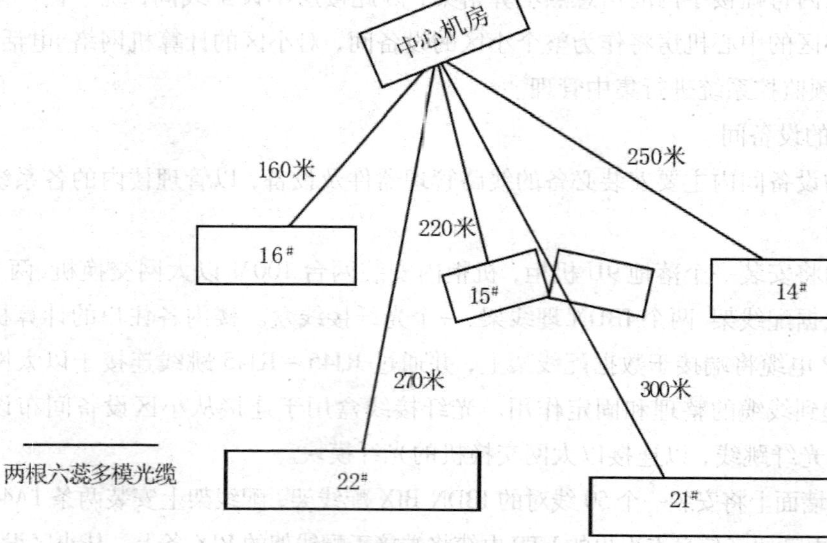

图 10－18　小区各楼宇与中心机房之间管道距离示意图

根据图 10－18 所示，各楼宇与中心机房之间管道的最大距离为 300 米，因此管道内布设的光缆可以选用多模光缆。考虑连接设备的数量及未来的应用，决定各楼宇与中心机房之间各布设一根 6 芯 50μm 多模光缆，以实现各楼宇交换机与小区中心交换机的连接。另外各楼宇还须布设一根 6 芯 50μm 多模光缆，以实现有线电视信号从小区中心机房传输至各楼宇。

对于电话语音系统，各楼宇将布设一根 3 类 100 线对大对数电缆至小区中心机房。大对数电缆和光缆在管道内布设时，要注意使用适度的牵引力和弯曲度。

6. 闭路视频监控系统

根据用户需求可知，该小区需要在 5 幢楼宇的四角安装全方位的视频监控制点，因此共计需要安装 20 个视频监控点。

为了实现全方位的视频监控，除了配备 20 台黑白摄像机外，还应配备 20 个可电动变焦镜头，20 个云台。每个摄像机将布设一根视频同轴电缆和一根 2 芯控制电缆至小区中心机房，对于距离较远的楼宇应再配备一台中继放大器，以便延长电缆连接。

小区中心机房作为小区视频监控中心。控制中心内将安装一个控制台、一台视频矩阵切换主机、1 个控制键盘、两台 12 画面的分割器、1 台监视器、1 台时滞录像机。各楼宇的监控点布设的同轴电缆和控制电缆应与控制台上的设备正确连接。监控人员可以通过 1 台监视器就可以监控所有监控点的图像，并通过控制键盘控制摄像机的变焦和移动。

7. 综合布线系统结构图

风林苑小区的综合布线系统结构图，如图 10－19 所示。从系统结构图来看，小区的综合布线系统采用星型拓扑结构，中心点为小区设备间。各楼宇内的住宅信息点，经楼内设备间设备转接后，最终连接至小区设备间的主设备，从而实现系统的集中控制和管理。

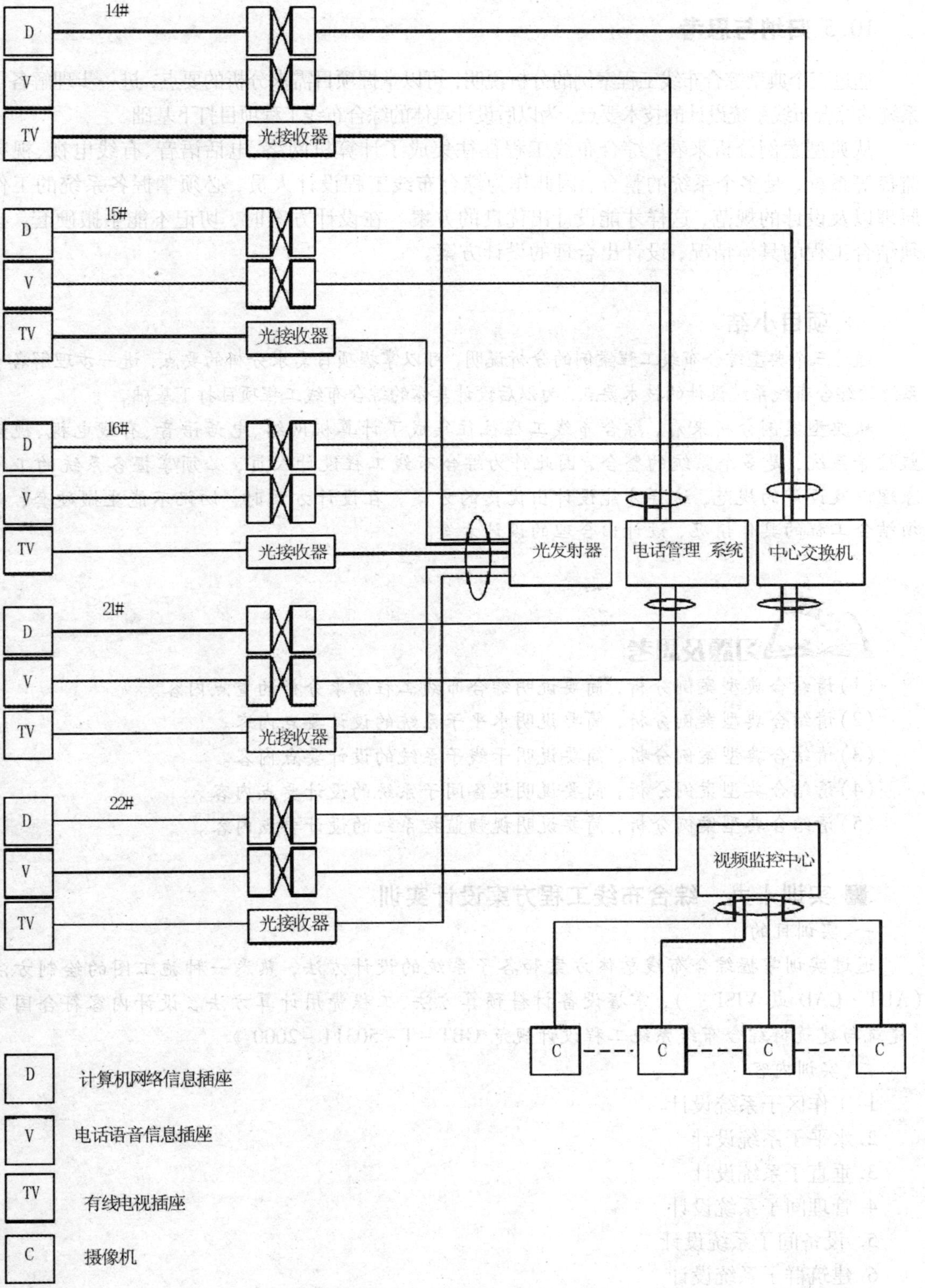

图 10－19　小区综合布线系统结构图

10.5 归纳与思考

通过三个典型综合布线工程案例的分析说明，可以掌握项目需求分析的要点，进一步理解各子系统的综合布线系统设计的技术要点，为以后设计具体的综合布线工程项目打下基础。

从典型案例分析来看，综合布线工程往往集成了计算机网络、电话语音、有线电视、视频监控等系统，是多个系统的整合，因此作为综合布线工程设计人员，必须掌握各系统的工作原理以及设计的规范，这样才能设计出优良的方案。在设计方案时，切记不能生搬硬套，必须结合工程的具体情况，设计出合理的设计方案。

◇ 项目小结

通过三个典型综合布线工程案例的分析说明，可以掌握项目需求分析的要点，进一步理解各子系统的综合布线系统设计的技术要点，为以后设计具体的综合布线工程项目打下基础。

从典型案例分析来看，综合布线工程往往集成了计算机网络、电话语音、有线电视、视频监控等系统，是多个系统的整合，因此作为综合布线工程设计人员，必须掌握各系统的工作原理以及设计的规范，这样才能设计出优良的方案。在设计方案时，切记不能生搬硬套，必须结合工程的具体情况，设计出合理的设计方案。

习题及思考

(1)请结合典型案例分析，简要说明综合布线工程需求分析的重点内容。

(2)请结合典型案例分析，简要说明水平子系统的设计要点内容。

(3)请结合典型案例分析，简要说明干线子系统的设计要点内容。

(4)请结合典型案例分析，简要说明设备间子系统的设计要点内容。

(5)请结合典型案例分析，简要说明视频监控系统的设计要点内容。

■ 实训十九　综合布线工程方案设计实训

一、实训目的

通过实训掌握综合布线总体方案和各子系统的设计方法，熟悉一种施工图的绘制方法(AUT · CAD 或 VISI ·)，掌握设备材料预算方法、工程费用计算方法。设计内容符合国家《建筑与建筑群综合布线系统工程设计规范 GBT－T－50311－2000 》

二、实训内容

1. 工作区子系统设计
2. 水平子系统设计
3. 垂直子系统设计
4. 管理间子系统设计
5. 设备间子系统设计
6. 建筑群子系统设计
7. 总体方案设计

三、实训方法

以一座大楼(学生宿舍、教学大楼、办公大楼等)为综合布线工程的设计目标，通过设计，掌握综合布线总体方案和各子系统的设计方法，熟悉一种施工图的绘制方法(AUT · CAD 或VISI ·)，掌握设备材料预算方法、工程费用计算方法。教学重点:网络拓扑结构、布线结构图、信息点分布图、布线路由图、材料预算方案 。

四、实训步骤

1. 现场勘测大楼，从用户处获取用户需求和建筑结构图等资料，掌握大楼建筑结构，熟悉用户需求、确定布线路由和信息点分布。

2. 总体方案和各子系统的设计。

3. 根据建筑结构图和用户需求绘制综合布线路由图，信息点分布图。

4. 综合布线材料设备预算。

5. 设计方案文档书写。

附录：

附录一　综合布线系统工程设计规范（GB 50311—2007）

建设部关于发布国家标准《综合布线系统工程设计规范》的公告

现批准《综合布线系统工程设计规范》为国家标准，编号为GB50311－2007，自2007年10月1日起实施。其中，第7.0.9条为强制性条文，必须严格执行。原《建筑与建筑群综合布线系统工程设计规范》GB/T50311－2000同时废止。

1 总则

2 术语和符号

2.1 术语

2.2 符号与缩略词

3 系统设计

3.1 系统构成

3.2 系统分级与组成

3.3 缆线长度划分

3.4 系统应用

3.5 屏蔽布线系统

3.6 开放型办公室布线系统

3.7 工业级布线系统

4 系统配置设计

4.1 工作区

4.2 配线子系统

4.3 干线子系统

4.4 建筑群子系统

4.5 设备间

4.6 进线间

4.7 管理

5 系统指标

6 安装工艺要求

6.1 工作区

6.2 电信间

6.3 设备间

6.4 进线间

6.5 缆线布放

7 电气防护及接地

8 防火

附:条文说明

1 总则

1.0.1 为了配合现代化城镇信息通信网向数字化方向发展，规范建筑与建筑群的语音、数据、图像及多媒体业务综合网络建设，特制定本规范。

1.0.2 本规范适用于新建、扩建、改建建筑与建筑群综合布线系统工程设计。

1.0.3 综合布线系统设施及管线的建设，应纳入建筑与建筑群相应的规划设计之中。工程设计时，应根据工程项目的性质、功能、环境条件和近、远期用户需求进行设计，并应考虑施工和维护方便，确保综合布线系统工程的质量和安全，做到技术先进、经济合理。

1.0.4 综合布线系统应与信息设施系统、信息化应用系统、公共安全系统、建筑设备管理系统等统筹规划，相互协调，并按照各系统信息的传输要求优化设计。

1.0.5 综合布线系统作为建筑物的公用通信配套设施，在工程设计中应满足为多家电信业务经营者提供业务的需求。

1.0.6 综合布线系统的设备应选用经过国家认可的产品质量检验机构鉴定合格的、符合国家有关技术标准的定型产品。

1.0.7 综合布线系统的工程设计，除应符合本规范外，还应符合国家现行有关标准的规定。

2 术语和符号

2.1 术语

2.1.1 布线 cabling 能够支持信息电子设备相连的各种缆线、跳线、接插软线和连接器件组成的系统。

2.1.2 建筑群子系统 campussubsystem 由配线设备、建筑物之间的干线电缆或光缆、设备缆线、跳线等组成的系统。

2.1.3 电信间 telec · mmunicati · nsr · · m 放置电信设备、电缆和光缆终端配线设备并进行缆线交接的专用空间。

2.1.4 工作区 w · rkarea 需要设置终端设备的独立区域。

2.1.5 信道 channel

连接两个应用设备的端到端的传输通道。信道包括设备电缆、设备光缆和工作区电缆、工作区光缆。

2.1.6 链路 link 一个 CP 链路或是一个永久链路。

2.1.7 永久链路 permanentlink 信息点与楼层配线设备之间的传输线路。它不包括工作区缆线和连接楼层配线设备的设备缆线、跳线，但可以包括一个 CP 链路。

2.1.8 集合点(CP)c · ns · lidati · np · int 楼层配线设备与工作区信息点之间水平缆线路由中的连接点。

2.1.9CP 链路 cplink 楼层配线设备与集合点(CP)之间，包括各端的连接器件在内的永久性的链路。

2.1.10 建筑群配线设备 campusdistribut · r 终接建筑群主干缆线的配线设备。

2.1.11 建筑物配线设备 buildingdistribut · r 为建筑物主干缆线或建筑群主干缆线终接的配线设备。

2.1.12 楼层配线设备 fl · · rdistribut · r 终接水平电缆、水平光缆和其他布线子系统缆线的配线设备。

2.1.13 建筑物入口设施 buildingentrancefacility 提供符合相关规范机械与电气特性的连接器件，使得外部网络电缆和光缆引入建筑物内。

2.1.14 连接器件 c・nnectinghardware 用于连接电缆线对和光纤的一个器件或一组器件。

2.1.15 光纤适配器・pticalfibrec・nnect・r 将两对或一对光纤连接器件进行连接的器件。

2.1.16 建筑群主于电缆、建筑群主干光缆 campusbackb・necable 用于在建筑群内连接建筑群配线架与建筑物配线架的电缆、光缆。

2.1.17 建筑物主干缆线 buildingbackb・necable 连接建筑物配线设备至楼层配线设备及建筑物内楼层配线设备之间相连接的缆线。建筑物主干缆线可为主干电缆和主干光缆。

2.1.18 水平缆线 h・riz・ntalcable 楼层配线设备到信息点之间的连接缆线。

2.1.19 永久水平缆线 fixedheriz・ntalcable 楼层配线设备到 CP 的连接缆线，如果链路中不存在 CP 点，为直接连至信息点的连接缆线。

2.1.20CP 缆线 cpcable 连接集合点(CP)至工作区信息点的缆线。

2.1.21 信息点(T・)telec・mmunicati・ns・utlet 各类电缆或光缆终接的信息插座模块。

2.1.22 设备电缆、设备光缆 equipmentcable 通信设备连接到配线设备的电缆、光缆。

2.1.23 跳线 jumper 不带连接器件或带连接器件的电缆线对与带连接器件的光纤，用于配线设备之间进行连接。

2.1.24 缆线(包括电缆、光缆)cable 在一个总的护套里，由一个或多个同一类型的缆线线对组成，并可包括一个总的屏蔽物。

2.1.25 光缆・pticalcable 由单芯或多芯光纤构成的缆线。

2.1.26 电缆—光缆单元 cableunit 型号和类别相同的电缆线对或光纤的组合。电缆线对可有屏蔽物。

2.1.27 线对 pair 一个平衡传输线路的两个导体，一般指一个对绞线对。

2.1.28 平衡电缆 balancedcable 由一个或多个金属导体线对组成的对称电缆。

2.1.29 屏蔽平衡电缆 screenedbalancedcable 带有总屏蔽和/或每线对均有屏蔽物的平衡电缆。

2.1.30 非屏蔽平衡电缆 unscreenedbalancedcable 不带有任何屏蔽物的平衡电缆。

2.1.31 接插软线 patchcalld 一端或两端带有连接器件的软电缆或软光缆。

2.1.32 多用户信息插座 muiti－usertelec・mmunicati・ns・utlet 在某一地点，若干信息插座模块的组合。

2.1.33 交接(交叉连接)cr・ss－c・nnect 配线设备和信息通信设备之间采用接插软线或跳线上的连接器件相连的一种连接方式。

2.1.34 互连 interc・nnect 不用接插软线或跳线，使用连接器件把一端的电缆、光缆与另一端的电缆、光缆直接相连的一种连接方式。

2.2 符号与缩略词

英文缩写	英文名称	中文名称或解释
ACR	Attenuati · nt · cr · sstalkrati ·	衰减串音比
BD	Buildingdistribut · r	建筑物配线设备
CD	CampusDistribut · r	建筑群配线设备
CP	C · ns · lidati · np · int	集合点
dB	dB	电信传输单元:分贝
d. c.	Directcurrent	直流
EIA	Electr · nicIndustriesAss · ciati · n	美国电子工业协会
ELFEXT	Equallevelfarendcr · sstalkattenuati · n(10ss)	等电平远端串音衰减
FD	Fl · · rdistribut · r	楼层配线设备
FEXT	Farendcr · sstalkattenuati · n(10ss)	远端串音衰减(损耗)
IEC	Internati · nalElectr · technicalC · mmissi · n	国际电工技术委员会
IEEE	TheInstitute · fElectricalandElectr · nicsEngineers	美国电气及电子工程师学会
IL	Inserti · n10SS	插入损耗
IP	InternetPr · t · c · l	因特网协议
ISDN	Integratedservicesdigitalnetw · rk	综合业务数字网
IS0	Internati · nal · rganizati · nf · rStandardizati · n	国际标准化组织
LCL	L · ngitudinalt · differentialc · nversi · nl · SS	纵向对差分转换损耗
0F	· pticalfibre	光纤
PSNEXT	P · wersumNEXTattenuati · n(10ss)	近端串音功率和
PSACR	P · wersumACR	ACR 功率和
PSELFEXT	P · wersumELFEXTattenuati · n(10ss)	ELFEXT 衰减功率和
RL	Return1 · ss	回波损耗
SC	Subscriberc · nnect · r(· pticalfibrec · nnect · r)	用户连接器(光纤连接器)
SFF	Smallf · rmfact · rc · nnect · r	小型连接器
TCL	Transversec · nversi · nl · SS	横向转换损耗
TE	Terminalequipment	终端设备
TIA	Telec · mmunicati · nsIndustryAss · ciati · n	美国电信工业协会
UL	UnderwritersLab · rat · ries	美国保险商实验所安全标准
Vr. m. s	Vr · · t. mean. square	电压有效值

3 系统设计

3.1 系统构成

3.1.1 综合布线系统应为开放式网络拓扑结构，应能支持语音、数据、图像、多媒体业务等信息的传递。

3.1.2 综合布线系统工程宜按下列七个部分进行设计：

1 工作区：一个独立的需要设置终端设备（TE）的区域宜划分为一个工作区。工作区应由配线子系统的信息插座模块（T·）延伸到终端设备处的连接缆线及适配器组成。

2 配线子系统：配线子系统应由工作区的信息插座模块、信息插座模块至电信间配线设备（FD）的配线电缆和光缆、电信间的配线设备及设备缆线和跳线等组成。

3 干线子系统：干线子系统应由设备间至电信间的干线电缆和光缆，安装在设备间的建筑物配线设备（BD）及设备缆线和跳线组成。

4 建筑群子系统：建筑群子系统应由连接多个建筑物之间的主干电缆和光缆、建筑群配线设备（CD）及设备缆线和跳线组成。

5 设备间：设备间是在每幢建筑物的适当地点进行网络管理和信息交换的场地。对于综合布线系统工程设计，设备间主要安装建筑物配线设备。电话交换机、计算机主机设备及入口设施也可与配线设备安装在一起。

6 进线间：进线间是建筑物外部通信和信息管线的入口部位，并可作为入口设施和建筑群配线设备的安装场地。

7 管理：管理应对工作区、电信间、设备间、进线间的配线设备、缆线、信息插座模块等设施按一定的模式进行标识和记录。

3.1.3 综合布线系统的构成应符合以下要求：

1 综合布线系统基本构成应符合图 3.1.3－1 要求。

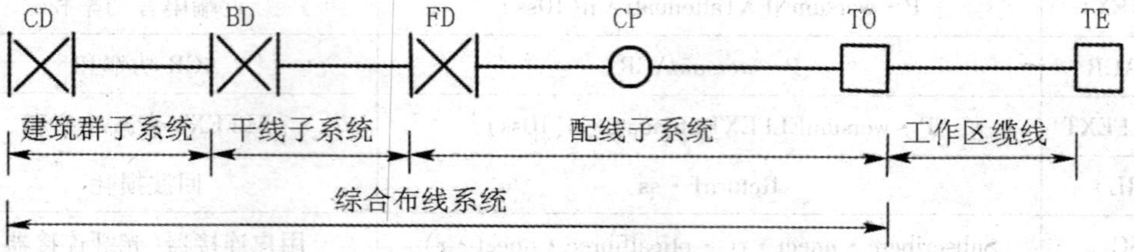

图 3.1.3－1　综合布线系统基本构成

注：配线子系统中可以设置集合点（CP 点），也可不设置集合点。

2 综合布线子系统构成应符合图 3.1.3－2 要求。

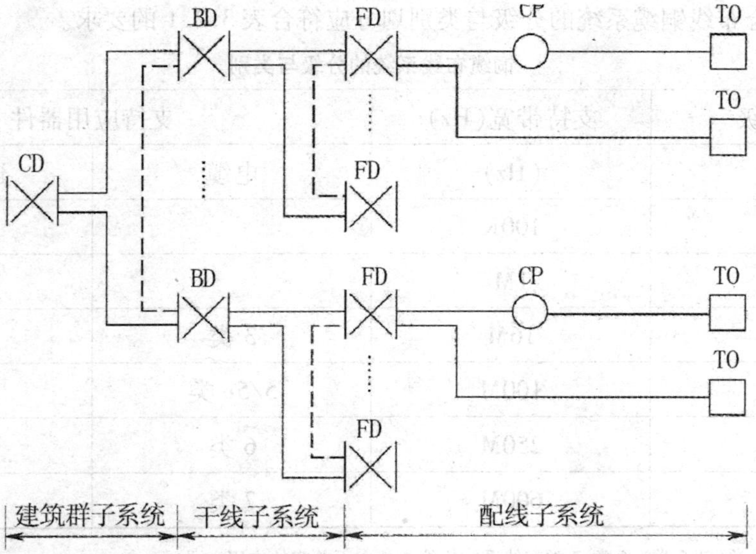

(a)

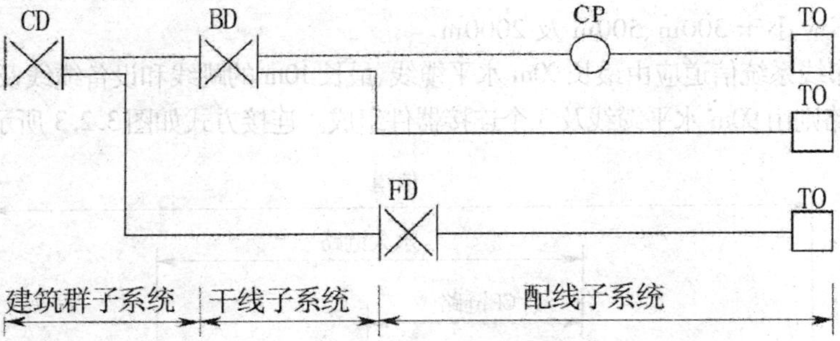

(b)

图 3.1.3－2　综合布线子系统构成

注:1. 图中的虚线表示 BD 与 BD 之间、FD 与 FD 之间可以设置主干缆线。

2. 建筑物 FD 可以经过主干缆线直接连至 CD，T·也可以经过水平缆线直接连至 BD。

3. 综合布线系统入口设施及引入缆线构成应符合图 3.1.3－3 的要求。

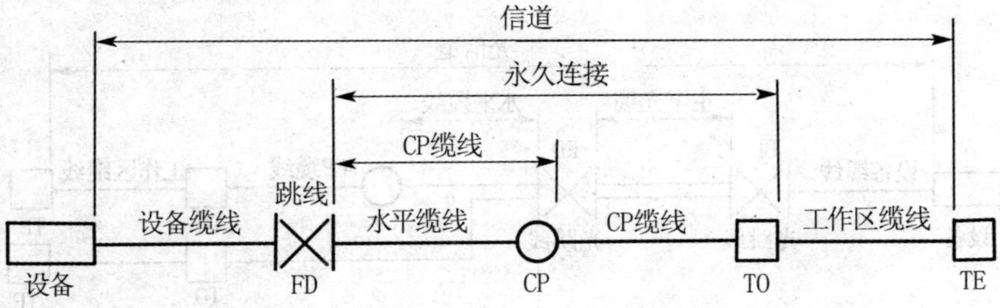

图 3.1.3－3　综合布线系统入口设施及引入缆线构成

注:对设置了设备间的建筑物，设备间所在楼层的 FD 可以和设备中的 BD/CD 及入口设施安装在同一场地。

3.2 系统分级与组成

3.2.1 综合布线铜缆系统的分级与类别划分应符合表3.2.1的要求。

表3.2.1　　铜缆布线系统的分级与类别

系统分级	支持带宽(Hz)	支持应用器件	
	(Hz)	电缆	连接硬件
A	100K		
B	1M		
C	16M	3类	3类
D	100M	5/5e类	5/5e类
E	250M	6类	6类
F	600M	7类	7类

注:3类、5/5e类(超5类)、6类、7类布线系统应能支持向下兼容的应用。

3.2.2 光纤信道分为·F-300、·F-500和·F-2000三个等级，各等级光纤信道应支持的应用长度不应小于300m、500m及2000m。

3.2.3 综合布线系统信道应由最长90m水平缆线、最长10m的跳线和设备缆线及最多4个连接器件组成，永久链路则由90m水平缆线及3个连接器件组成。连接方式如图3.2.3所示。

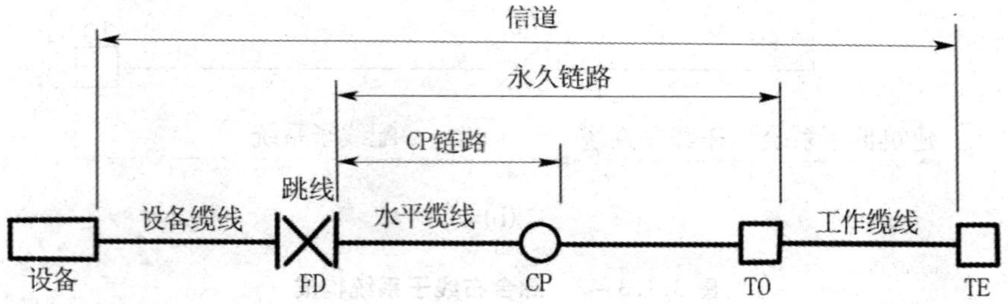

图3.2.3　布线系统信道、永久链路、CP链路构成

3.2.4 光纤信道构成方式应符合以下要求：

1. 水平光缆和主干光缆至楼层电信间的光纤配线设备应经光纤跳线连接构成(图3.2.4-1)。

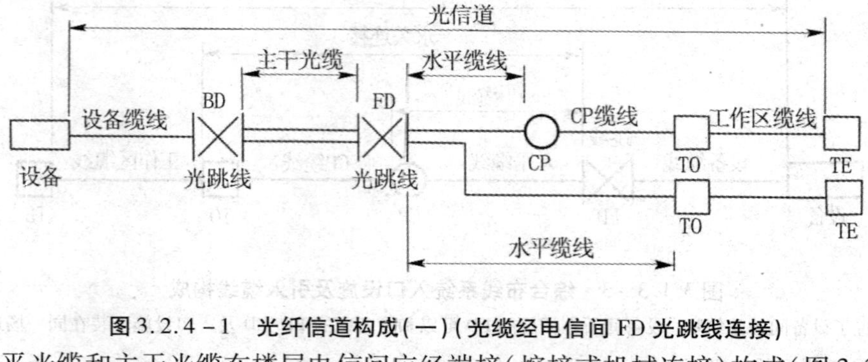

图3.2.4-1　光纤信道构成(一)(光缆经电信间FD光跳线连接)

2. 水平光缆和主干光缆在楼层电信间应经端接(熔接或机械连接)构成(图3.2.4-2)。

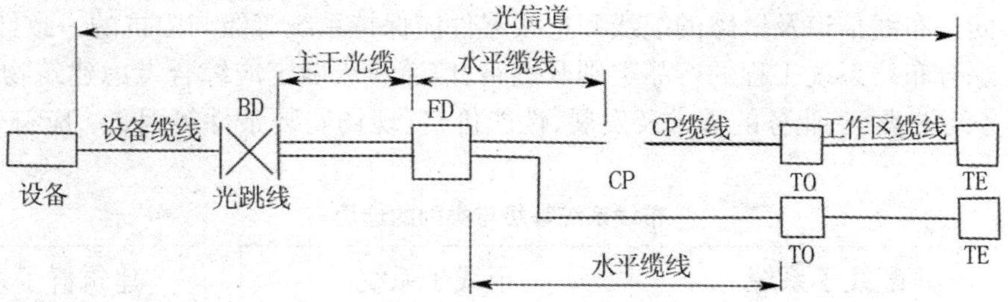

图 3.2.4－2　光纤信道构成(二)(光缆经电信间 FD 做端接)

注:FD 只设光纤之间的连接点

3. 水平光缆经过电信间直接连至大楼设备间光配线设备构成(图 3.2.4－3)。

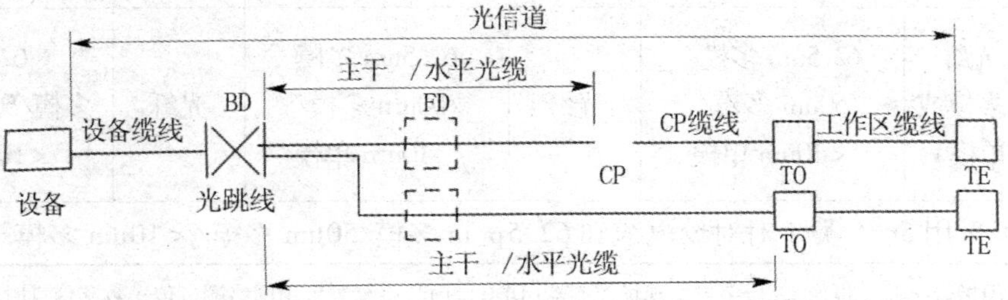

图 3.2.4－3　光纤信道构成(三)(光缆经过电信间 FD 直接连接至设备间 BD)

注:FD 安装于电信间,只作为光缆路径的场合。

3.2.5 当工作区用户终端设备或某区域网络设备需直接与公用数据网进行互通时,宜将光缆从工作区直接布放至电信入口设施的光配线设备。

3.3 缆线长度划分

3.3.1 综合布线系统水平缆线与建筑物主干缆线及建筑群主干缆线之和所构成信道的总长度不应大于 2000m。

3.3.2 建筑物或建筑群配线设备之间(FD 与 BD、FD 与 CD、BD 与 BD、BD 与 CD 之间)组成的信道出现 4 个连接器件时,主干缆线的长度不应小于 15m。

3.3.3 配线子系统各缆线长度应符合图 3.3.3 的划分并应符合下列要求:

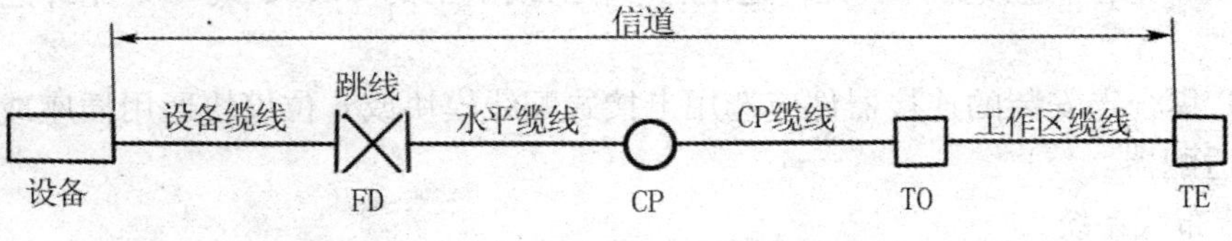

图 3.3.3　配线子系统缆线划分

1. 配线子系统信道的最大长度不应大于 100m。

2. 工作区设备缆线、电信间配线设备的跳线和设备缆线之和不应大于 10m,当大于 10m 时,水平缆线长度(90m)应适当减少。

3. 楼层配线设备(FD)跳线、设备缆线及工作区设备缆线各自的长度不应大于 5m。

3.4 系统应用

3.4.1 同一布线信道及链路的缆线和连接器件应保持系统等级与阻抗的一致性。

3.4.2 综合布线系统工程的产品类别及链路、信道等级确定应综合考虑建筑物的功能、应用网络、业务终端类型、业务的需求及发展、性能价格、现场安装条件等因素，应符合表3.4.2要求。

表3.4.2　　布线系统等级与类别的选用

业务种类	配线子系统		干线子系统		建筑群子系统	
	等级	类别	等级	类别	等级	类别
语音	D/E	5e/6	C	3(大对数)	C	3(室外大对数)
数据	D/E/F	5e/6/7	D/E/F	5e/6/7(4对)		
	光纤(多模或单模)	62.5um多模/50um多模/<10um单模	光纤	62.5um多模/50urn多模/<10urn单模	光纤	62.5um多模/50um多模/<1um单模
其他应用	可采用5e/6类4对对绞电缆和62.5p_m多模/50um多模/<10um多模.单模光缆					

注:其他应用指数字监控摄像头、楼宇自控现场控制器(DDC)、门禁系统等采用网络端口传送数字信息时的应用。

3.4.3 综合布线系统光纤信道应采用标称波长为850nm和1300nm的多模光纤及标称波长为1310nm和1550nm的单模光纤。

3.4.4 单模和多模光缆的选用应符合网络的构成方式、业务的互通互连方式及光纤在网络中的应用传输距离。楼内宜采用多模光缆，建筑物之间宜采用多模或单模光缆，需直接与电信业务经营者相连时宜采用单模光缆。

3.4.5 为保证传输质量，配线设备连接的跳线宜选用产业化制造的审..光各类跳线，在电话应用时宜选用双芯对绞电缆。

3.4.6 工作区信息点为电端口时，应采用8位模块通用插座(RJ45)，光端口宜采用SFF小型光纤连接器件及适配器。

3.4.7FD、BD、CD配线设备应采用8位模块通用插座或卡接式配线模块(多对、25对及回线型卡接模块)和光纤连接器件及光纤适配器(单工或双工的ST、SC或SFF光纤连接器件及适配器)。

3.4.8CP集合点安装的连接器件应选用卡接式配线模块或8位模块通用插座或各类光纤连接器件和适配器。

3.5 屏蔽布线系统

3.5.1 综合布线区域内存在的电磁干扰场强高于3V/m时，宜采用屏蔽布线系统进行防护。

3.5.2 用户对电磁兼容性有较高的要求(电磁干扰和防信息泄漏)时，或网络安全保密的需要，宜采用屏蔽布线系统。

3.5.3 采用非屏蔽布线系统无法满足安装现场条件对缆线的间距要求时，宜采用屏蔽布线系统。

3.5.4 屏蔽布线系统采用的电缆、连接器件、跳线、设备电缆都应是屏蔽的，并应保持屏蔽层的连续性。

3.6 开放型办公室布线系统

3.6.1 对于办公楼、综合楼等商用建筑物或公共区域大开间的场地，由于其使用对象数量的不确定性和流动性等因素，宜按开放办公室综合布线系统要求进行设计，并应符合下列规定：

1 采用多用户信息插座时，每一个多用户插座包括适当的备用量在内，宜能支持 12 个工作区所需的 8 位模块通用插座；各段缆线长度可按表 3.6.1 选用，也可按下式计算。

C = (102 - H)/1.2(3.6.1 - 1)

W = C - 5(3.6.1 - 2)

式中，C = w + D——工作区电缆、电信间跳线和设备电缆的长度之和；

D——电信间跳线和设备电缆的总长度；

W——工作区电缆的最大长度，且 W≤22m；

H——水平电缆的长度。

表 3.6.1 各段缆线长度限值

电缆总长度(m)	水平布线电缆 H(m)	工作区电缆 w(m)	电信间跳线和设备电缆 D(m)
100	90	5	5
99	85	9	5
98	80	13	5
97	25	17	5
97	70	22	5

2 采用集合点时，集合点配线设备与 FD 之间水平线缆的长度应大于 15m。集合点配线设备容量宜以满足 12 个工作区信息点需求设置。同一个水平电缆路由不允许超过一个集合点(CP)；从集合点引出的 CP 线缆应终接于工作区的信息插座或多用户信息插座上。

3.6.2 多用户信息插座和集合点的配线设备应安装于墙体或柱子等建筑物固定的位置。

3.7 工业级布线系统

3.7.1 工业级布线系统应能支持语音、数据、图像、视频、控制等信息的传递，并能应用于高温、潮湿、电磁干扰、撞击、振动、腐蚀气体、灰尘等恶劣环境中。

3.7.2 工业布线应用于工业环境中具有良好环境条件的办公区、控制室和生产区之间的交界场所、生产区的信息点，工业级连接器件也可应用于室外环境中。

3.7.3 在工业设备较为集中的区域应设置现场配线设备。

3.7.4 工业级布线系统宜采用星形网络拓扑结构。

3.7.5 工业级配线设备应根据环境条件确定 IP 的防护等级。

4 系统配置设计

4.1 工作区

4.1.1 工作区适配器的选用宜符合下列规定：

1 设备的连接插座应与连接电缆的插头匹配，不同的插座与插头之间应加装适配器。

2 在连接使用信号的数模转换，光、电转换，数据传输速率转换等相应的装置时，采用适配器。

3 对于网络规程的兼容，采用协议转换适配器。

4 各种不同的终端设备或适配器均安装在工作区的适当位置，并应考虑现场的电源与接地。

4.1.2 每个工作区的服务面积，应按不同的应用功能确定。

4.2 配线子系统

4.2.1 根据工程提出的近期和远期终端设备的设置要求，用户性质、网络构成及实际需要确定建筑物各层需要安装信息插座模块的数量及其位置，配线应留有扩展余地。

4.2.2 配线子系统缆线应采用非屏蔽或屏蔽 4 对对绞电缆，在需要时也可采用室内多模或单模光缆。

4.2.3 电信间 FD 与电话交换配线及计算机网络设备之间的连接方式应符合以下要求：

1 电话交换配线的连接方式应符合图 4.2.3－1 要求。

2 计算机网络设备连接方式。

1）经跳线连接应符合图 4.2.3－2 要求。

2）经设备缆线连接方式应符合图 4.2.3－3 要求。

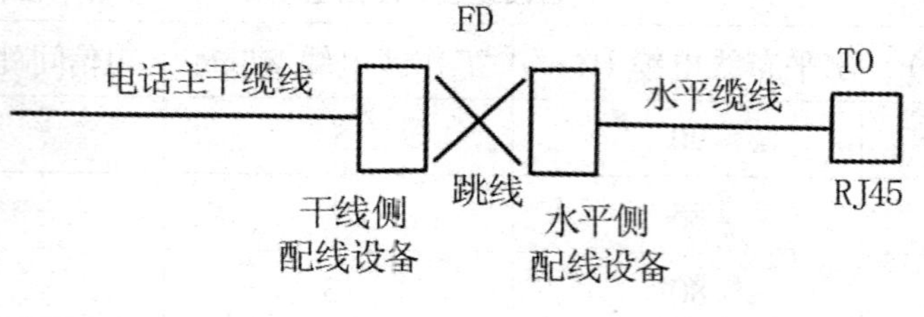

图 4.2.3－1　电话系统连接方式

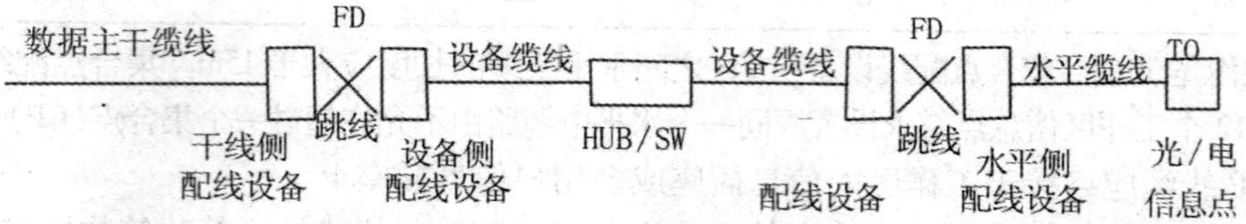

图 4.2.3－2　数据系统连接方式(经跳线连接)

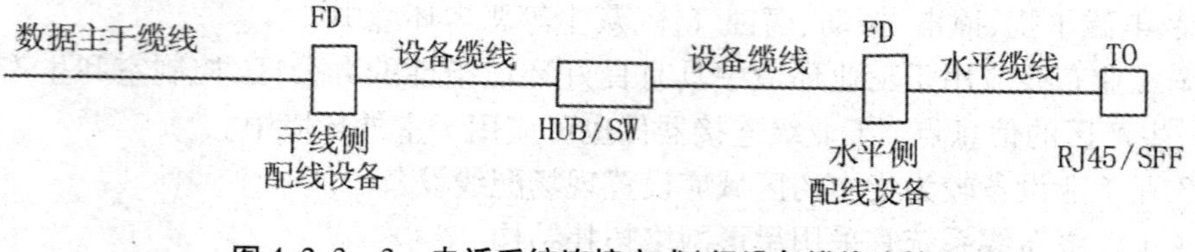

图 4.2.3－3　电话系统连接方式(经设备缆线连接)

4.2.4 每一个工作区信息插座模块(电、光)数量不宜少于 2 个，并满足各种业务的需求。

4.2.5 底盒数量应以插座盒面板设置的开口数确定，每一个底盒支持安装的信息点数量不宜大于 2 个。

4.2.6 光纤信息插座模块安装的底盒大小应充分考虑到水平光缆(2 芯或 4 芯)终接处的光缆盘留空间和满足光缆对弯曲半径的要求。

4.2.7 工作区的信息插座模块应支持不同的终端设备接入，每一个 8 位模块通用插座应连接 t 根 4 对对绞电缆；对每一个双工或 2 个单工光纤连接器件及适配器连接 1 根 2 芯光缆。

4.2.8 从电信间至每一个工作区水平光缆宜按 2 芯光缆配置。

光纤至工作区域满足用户群或大客户使用时，光纤芯数至少应有 2 芯备份，按 4 芯水平光缆配置。

4.2.9 连接至电信间的每一根水平电缆/光缆应终接于相应的配线模块，配线模块与缆线容量相适应。

4.2.10 电信间 FD 主干侧各类配线模块应按电话交换机、计算机网络的构成及主干电缆/光缆的所需容量要求及模块类型和规格的选用进行配置。

4.2.11 电信间 FD 采用的设备缆线和各类跳线宜按计算机网络设备的使用端口容量和电话交换机的实装容量、业务的实际需求或信息点总数的比例进行配置，比例范围为 25% ~ 50%。

4.3 干线子系统

4.3.1 干线子系统所需要的电缆总对数和光纤总芯数，应满足工程的实际需求，并留有适当的备份容量。主干缆线宜设置电缆与光缆，并互相作为备份路由。

4.3.2 干线子系统主干缆线应选择较短的安全的路由。主干电缆宜采用点对点终接，也可采用分支递减终接。

4.3.3 如果电话交换机和计算机主机设置在建筑物内不同的设备间，宜采用不同的主干缆线来分别满足语音和数据的需要。

4.3.4 在同一层若干电信间之间宜设置干线路由。

4.3.5 主干电缆和光缆所需的容量要求及配置应符合以下规定：

1 对语音业务，大对数主干电缆的对数应按每一个电话 8 位模块通用插座配置 1 对线，并在总需求线对的基础上至少预留约 10% 的备用线对。

2 对于数据业务应以集线器（HUB）或交换机（SW）群（按 4 个 HUB 或 SW 组成 1 群）；或以每个 HUB 或 SW 设备设置 1 个主干端口配置。每 1 群网络设备或每 4 个网络设备宜考虑 1 个备份端口。主干端口为电端 ICl 时，应按 4 对线容量，为光端口时则按 2 芯光纤容量配置。

3 当工作区至电信间的水平光缆延伸至设备间的光配线设备（BD/CD）时，主干光缆的容量应包括所延伸的水平光缆光纤的容量在内。

4 建筑物与建筑群配线设备处各类设备缆线和跳线的配备宜符合第 4.2.11 条的规定。

4.4 建筑群子系统

4.4.1CD 宜安装在进线间或设备间，并可与入口设施或 BD 合用场地。

4.4.2CD 配线设备内、外侧的容量应与建筑物内连接 BD 配线设备的建筑群主干缆线容量及建筑物外部引入的建筑群主干缆线容量相一致。

4.5 设备间

4.5.1 在设备间内安装的 BD 配线设备干线侧容量应与主干缆线的容量相一致。设备侧的容量应与设备端口容量相一致或与干线侧配线设备容量相同。

4.5.2BD 配线设备与电话交换机及计算机网络设备的连接方式亦应符合第 4.2.3 条的规定。

4.6 进线间

4.6.1 建筑群主干电缆和光缆、公用网和专用网电缆、光缆及天线馈线等室外缆线进入建筑物时，应在进线间成端转换成室内电缆、光缆，并在缆线的终端处可由多家电信业务经营者设置入口设施，入口设施中的配线设备应按引入的电、光缆容量配置。

4.6.2 电信业务经营者在进线间设置安装的入口配线设备应与 BD 或 CD 之间敷设相应的连接电缆、光缆，实现路由互通。缆线类型与容量应与配线设备相一致。

部接入业务及多家电信业务经营者缆线接入的需求，并应留有 2 ~4 孔的余量。

4.7 管理

4.7.1 对设备间、电信间、进线间和工作区的配线设备、缆线、信息点等设施应按一定的模式进行标识和记录，并宜符合下列规定：

1 综合布线系统工程宜采用计算机进行文档记录与保存，简单且规模较小的综合布线系统工程可按图纸资料等纸质文档进行管理，并做到记录准确、及时更新、便于查阅；文档资料应实现汉化。

2 综合布线的每一电缆、光缆、配线设备、端接点、接地装置、敷设管线等组成部分均应给定唯一的标识符，并设置标签。标识符应采用相同数量的字母和数字等标明。

3 电缆和光缆的两端均应标明相同的标识符。

4 设备间、电信间、进线间的配线设备宜采用统一的色标区别各类业务与用途的配线区。

4.7.2 所有标签应保持清晰、完整，并满足使用环境要求。

4.7.3 对于规模较大的布线系统工程，为提高布线工程维护水平与网络安全，宜采用电子配线设备对信息点或配线设备进行管理，以显示与记录配线设备的连接、使用及变更状况。

4.7.4 综合布线系统相关设施的工作状态信息应包括：设备和缆线的用途、使用部门、组成局域网的拓扑结构、传输信息速率、终端设备配置状况、占用器件编号、色标、链路与信道的功能和各项主要指标参数及完好状况、故障记录等，还应包括设备位置和缆线走向等内容。

5. 系统指标

5.0.1 综合布线系统产品技术指标在工程的安装设计中应考虑机械性能指标（如缆线结构、直径、材料、承受拉力、弯曲半径等）。

5.0.2 相应等级的布线系统信道及永久链路、CP 链路的具体指标项目，应包括下列内容：

13 类.5 类布线系统应考虑指标项目为衰减、近端串音（NEXT）。

25e 类、6 类、7 类布线系统，应考虑指标项目为插入损耗（IL）、近端串音、衰减串音比（ACR）、等电平远端串音（ELFEXT）、近端串音功率和（PSNEXT）、衰减串音比功率和（PSACR）、等电平远端串音功率和（PSELEFXT）、回波损耗（RL）、时延、时延偏差等。

3 屏蔽的布线系统还应考虑非平衡衰减、传输阻抗、耦合衰减及屏蔽衰减。

5.0.3 综合布线系统工程设计中，系统信道的各项指标值应符合以下要求：

1. 回波损耗（RL）只在布线系统中的 C、D、E、F 级采用，在布线的两端均应符合回波损耗值的要求，布线系统信道的最小回波损耗值应符合表 5.0.3 – 1 的规定。

表 5.0.3－1　　　　　　　　　　**信道回波损耗值**

频率	最小回波损耗(dB)			
(MHz)	C 级	D 级	E 级	F 级
1	15.0	17.0	19.0	19.0
16	15.0	17.0	18.0	18.0
100		10.0	12.0	12.0
频率	最小回波损耗(dB)			
(MHz)	C 级	D 级	E 级	F 级
250			8.0	8.0
600				8.0

2. 布线系统信道的插入损耗(IL)值应符合表 5.0.3－2 的规定。

表 5.0.3－2　　　　　　　　　　**信道插入损耗值**

频率	最大插入损耗(dB)					
(MHz)	A 级	B 级	C 级	D 级	E 级	F 级
0.1	16.0	5.5				
1		5.8	4.2	4.0	4.0	4.0
16			14.4	9.1	8.3	8.1
100				24.0	21.7	20.8
250					35.9	33.8
600						54.6

3. 线对与线对之间的近端串音(NEXT)在布线的两端均应符合 NEXT 值的要求，布线系统信道的近端串音值应符合表 5.0.3－3 的规定。

表 5.0.3－3　　　　　　　　　　**信道近端串音值**

频率	最大插入损耗(dB)					
(MHz)	A 级	B 级	C 级	D 级	E 级	F 级
0.1	27.0	40.0				
1		25.0	39.1	60.0	65.0	65.0
16			19.4	43.6	53.2	65.0
100				30.1	39.9	62.9
250					33.1	56.9
600						51.2

4. 近端串音功率和(PSNEXT)只应用于布线系统的 D、E、F 级，在布线的两端均应符合 PSNEXT 值要求，布线系统信道的 PSNEXT 值应符合表 5.0.3－4 的规定。

表 5.0.3－4　　信道近端串音功率和值

频率(MHz)	嘴小近端串音功率和(Db)		
	D 级	E 级	F 级
1	57.0	62.0	62.0
16	40.6	50.6	62.0
100	27.1	37.1	59.9
250		30.2	53.9
600			48.2

5. 线对与线对之间的衰减串音比(ACR)只应用于布线系统的 D、E、F 级，ACR 值是 NEXT 与插入损耗分贝值之间的差值，

在布线的两端均应符合 ACR 值要求。布线系统信道的 ACR 值应符合表 5.0、3－5 的规定。

表 5.0.3－5　　信道衰减串音比值

频率(MHz)	最小衰减串音比(dB)		
	D 级	E 级	F 级
1	56.0	61. ·	61.0
16	34.5	44.9	56.9
100	6.1	18.2	42.1
250		－2.8	23.1
600			－3.4

6. ACR 功率和(PSACR)为表 5.0、3－4 近端串音功率和值与表 5.0、3－2 插入损耗值之间的差值。布线系统信道的 PSACR 值应符合表 5.0、3－6 规定。

表 5.0、3－6　　信道 ACR 功率和值

频率(MHz)	最小 ACR 功率和(dB)		
	D 级	E 级	F 级
1	53.0	58.0	58.0
16	31.5	42.3	53.9
100	3.1	15.4	39.1
250		－5.8	20.1
600			－6.4

7. 线对与线对之间等电平远端串音(ELFEXT)对于布线系统信道的数值应符合表5.0、3-7的规定。

表5.0、3-7　　信道等电平远端串音值

频率(MHz)	最小等电平远端串音(dB)		
	D级	E级	F级
1	57.4	63.3	65.0
16	33.3	39.2	57.5
100	17.4	23.3	44.4
250		15.3	37.8
600			31.3

8. 布线系统永久链路的最小PSELFEXT值应符合表5.0、3-8的规定。

表5.0、3-8　　永久链路的最小PSELFEXT值

频率(MHz)	最小PSELFEXT值(dB)		
	D级	E级	F级
1	55.6	61.2	62.0
16	33.3	39.2	57.5
100	15.6	21.2	43.0
250		13.2	36.2
600			29.6

9. 布线系统信道的直流环路电阻(d、c)应符合表5.0、3-9的规定。

表5.0、3-9　　信道直流环路电阻

最大直流环路电阻(Ω)					
A级	B级	C级	D级	E级	F级
560	170	40	25	25	25

10. 布线系统信道的传播时延应符合表5.0、3-10的规定。

表5.0、3-10　　信道传播时延偏差

频率(MHz)	最大传播时延(us)					
	A级	B级	C级	D级	E级	F级
0.1	20.000	5.000				
1		5.000	0.580	0.580	0.580	0.580
16			0.553	0.553	0.553	0.553
100				0.548	0.548	0.548

续表

频率（MHz）	最大传播时延（us）					
	A级	B级	C级	D级	E级	F级
250					0.546	0.546
600						0.545

11. 布线系统信道的传播时延偏差应符合表5.0、3－11的规定。

表5.0、3－11　**信道传播时延偏差**

等级	频率（MHz）	最大时延偏差（us）
A	f＝0.1	
B	0.1≤f≤1	
C	1≤f≤16	0.050①
D	1≤f≤100	0.050①
E	14≤f≤250	0.050①′
F	14≤f＜600	0.030②

注：①0.050为0.045＋4X0.00125计算结果。②0.030为0.025＋4X0.00125计算结果。

12. 一个信道的非平衡衰减［纵向对差分转换损耗（LCL）或横向转换损耗（TCL）］应符合表5.0.3－12的规定。在布线的两端均应符合不平衡衰减的要求。

表5.0.3－12　**信道非平衡衰减**

等级	频率（MHz）	最大不平衡衰减（dB）
A	｛－0.1	30
B	f－0.1和1	在0.IMHz时为45；1MHz时为20
C	1≤，＜16	30～5lg（f）f.f.S.
D	1≤f≤l00	40～10lg（f）f.f.S.
E	1≤f≤250	40～10lg（f）f.f.S.
F	1≤f≤600	40～10lg（f）f.f.S.

5.0.4 对于信道的电缆导体的指标要求应符合以下规定：

1 在信道每一线对中两个导体之间的不平衡直流电阻对各等级布线系统不应超过3％。

2 在各种温度条件下，布线系统D、E、F级信道线对每一导体最小的传送直流电流应为0.175A。

3 在各种温度条件下，布线系统D、E、F级信道的任何导体之间应支持72V直流工作电压，每一线对的输入功率应为10W。

5.0.5 综合布线系统工程设计中，永久链路的各项指标参数值应符合表5.0.5－1～表5.0.5－11的规定。

1. 布线系统永久链路的最小回波损耗值应符合表5.0.5－1的规定。

表5.0.5－1　　永久链路最小回波损耗值

频率(MHz)	最小回波损耗(dB)			
	C级	D级	E级	F级
1	15.0	19.0	21.0	21.0
16	15.0	19.0	20.0	20.0
100		12. ·	14.0	14.0
250			10.0	10.0
600				10.0

2. 布线系统永久链路的最大插入损耗值应符合表5.0.5－2的规定。

表5.0.5－2　　永久链路最大插入损耗值

频率(MHz)	最大插入损耗(dB)					
	A级	B级	C级	D级	E级	F级
0.1	16.0	5.5				
1		5.8	4.0	4.0	4.0	4.0
16			12.2	7.7	7.1	6.9
100				20.4	18.5	17.7
250					30.7	28.8
600						46.6

3. 布线系统永久链路的最小近端串音值应符合表5.0.5－3的规定。

表5.0.5－3　　永久链路最小近端串音值

频率(MHz)	最大插入损耗(dB)					
	A级	B级	C级	D级	E级	F级
0.1	27.0	40.0				
1		25.0	40.1	60.0	65.0	65.0
16			21.1	45.2	54.6	65.0
100				32.3	41.8	65.0
250					35.3	60.4
600						54.7

4. 布线系统永久链路的最小近端串音功率和值应符合表 5.0.5－4 的规定。

表 5.0.5－4　　永久链路最小近端串音功率和值

频率(MHz)	最小 PSNEXT(dB)		
	D 级	E 级	F 级
1	57.0	62.0	62.0
16	42.2	52.2	62.0
100	29.3	39.3	62.0
250		32.7	57.4
600			51.7

5. 布线系统永久链路的最小 ACR 值应符合表 5.0.5－5 的规定。

表 5.0.5－5　　永久链路最小 ACII 值

频率(MHz)	最小 ACR(dB)		
	D 级	E 级	F 级
1	56.0	61.0	61.0
16	37.5	47.5	58.1
100	11.9	23.3	47.3
250		4.7	31.6
600			8.1

6. 布线系统永久链路的最小 PSACR 值应符合表 5.0.5－6 的规定。

表 5.0.5－6　　永久链路最小 PSACR 值

频率(MHz)	最小 PSACR(dB)		
	D 级	E 级	F 级
1	53.0	58.0	58.0
16	34.5	45.1	55.1
100	8.9	20.8	44.3
250		2.0	28.6
600			5.1

7. 布线系统永久链路的最小等电平远端串音值应符合表 5.0.5－7 的规定。

表 5.0.5－7　　永久链路最小等电平远端串音值

频率(MHz)	最小 ELFEXT(dB		
	D 级	E 级	F 级
1	58.6	64.2	65.0
16	34.5	40.1	59.3
100	18.6	24.2	46.0
250		16.2	39.2
600			32.6

8. 布线系统永久链路的最小 PSELFEXT 值应符合表 5.0.5－8 规定。

表 5.0.5－8　　永久链路最小 PSELFEXT 值

频率(MHz)	最小 PSELFEXT(dB)		
	D 级	E 级	F 级
1	55.6	61.2	62.0
16	31.5	37.1	56.3
100	15.6	21.2	43.0
250		13.2	36.2
600			29.6

9. 布线系统永久链路的最大直流环路电阻应符合表 5.0.5－9 的规定。

表 5.0.5－9　　永久链路最大直流环路电阻(Ω)

lA 级	B 级	C 级	D 级	E 级	F 级
l530	140	34	21	21	21

10. 布线系统永久链路的最大传播时延应符合表 5.0.5－10 的规定。

表 5.0.5－10　　永久链路最大传播时延值

频率(MHz)	最大传播时延(us)					
	A 级	B 级	C 级	D 级	E 级	F 级
0.1	19.400	4.400				
1		4.400	0.521	0.521	0.521	0.521
16			0.496	0.496	0.496	0.496
100				0.491	0.491	0.491
250					0.490	0.490

11. 布线系统永久链路的最大传播时延偏差应符合表 5.0.5－11 的规定。

表 5.0.5－11　　永久链路传播时延偏差

等级	频率(MHz)	最大时延偏差(us)
A	－0.1	
B	0.1≤f＜1	
C	1≤f＜16	0.044①
D	1≤f≤100	0.044①
E	1≤f≤250	0.044①
F	1≤f≤600	0.026②

注：①0.044 为 0.9×0.045＋3×0.00125 计算结果。

②0.026 为 0.9×0.025＋3×0.00125 计算结果。

5.0.6 各等级的光纤信道衰减值应符合表5.0.6的规定。

表5.0.6 信道衰减值(dB)

信道	多模		单模	
	850nm	1300nm	1310nm	1550nm
·F300	2.55	1.95	1.80	1.80
0F-500	3.25	2.25	2.00	2.00
·F_2000	8.50	4.50	3.50	3.50

5.0.7 光缆标称的波长，每公里的最大衰减值应符合表5.0.7的规定。

表5.0.7 最大光缆衰减值(dB/km)

项目	·Ml，·M2及·M3多模		0S1单模	
波长	850nm	1300nm	1310nm	1550nm
衰减	3.5	1.5	1.0	1.0

5.0.8 多模光纤的最小模式带宽应符合表5.0.8的规定。

表5.0.8 多模光纤模式带宽

光纤类型	光纤直径（um）	最小模式带宽(MHz·kin)		
		过量发射带宽		有效光发射带宽
		波长		
		850nm	1300nm	850nm
·Ml	50或62.5	200	500	
0M2	50或62.5	500	500	
0M3	50	1500	500	2000

6. 安装工艺要求

6.1 工作区

6.1.1 工作区信息插座的安装宜符合下列规定：

1 安装在地面上的接线盒应防水和抗压。

2 安装在墙面或柱子上的信息插座底盒、多用户信息插座盒及集合点配线箱体的底部离地面的高度宜为300mm。

6.1.2 工作区的电源应符合下列规定：

1 每1个工作区至少应配置1个220V交流电源插座。

2 工作区的电源插座应选用带保护接地的单相电源插座，保护接地与零线应严格分开。

6.2 电信间

6.2.1 电信间的数量应按所服务的楼层范围及工作区面积来确定。如果该层信息点数量不大于400个，水平缆线长度在90m范围以内，宜设置一个电信间；当超出这一范围时宜设两个或多个电信间；每层的信息点数量数较少，且水平缆线长度不大于90m的情况下，宜几个楼层合设一个电信间。

6.2.2 电信间应与强电间分开设置，电信间内或其紧邻处应设置缆线竖井。

6.2.3 电信间的使用面积不应小于5m2，也可根据工程中配线设备和网络设备的容量进行调整。

6.2.4 电信间的设备安装和电源要求，应符合本规范第6.3.8条和第6.3.9条的规定。

6.2.5 电信间应采用外开丙级防火门，门宽大于0.7m。电信间内温度应为10℃ ~35℃，相对湿度宜为20% ~80%。如果安装信息网络设备时，应符合相应的设计要求。

6.3 设备间

6.3.1 设备间位置应根据设备的数量、规模、网络构成等因素，综合考虑确定。

6.3.2 每幢建筑物内应至少设置1个设备间，如果电话交换机与计算机网络设备分别安装在不同的场地或根据安全需要，也可设置2个或2个以上设备间，以满足不同业务的设备安装需要。

6.3.3 建筑物综合布线系统与外部配线网连接时，应遵循相应的接口标准要求。

6.3.4 设备间的设计应符合下列规定：

1 设备间宜处于干线子系统的中间位置，并考虑主干缆线的传输距离与数量。

2 设备间宜尽可能靠近建筑物线缆竖井位置，有利于主干缆线的引入。

3 设备间的位置宜便于设备接地。

4 设备间应尽量远离高低压变配电、电机、X射线、无线电发射等有干扰源存在的场地。

5 设备间室温度应为10℃ ~35℃，相对湿度应为20% ~80%，并应有良好的通风。

6 设备间内应有足够的设备安装空间，其使用面积不应小于10m2，该面积不包括程控用户交换机、计算机网络设备等设施所需的面积在内。

7 设备间梁下净高不应小于2.5m，采用外开双扇门，门宽不应小于1.5m。

6.3.5 设备间应防止有害气体(如氯、碳水化合物、硫化氢、氮氧化物、二氧化碳等)侵入，并应有良好的防尘措施，尘埃含量限值宜符合表6.3.5的规定。

表6.3.5 **尘埃限值**

尘埃颗粒的最大直径(um)	0.5	1	3	5
灰尘颗粒的最大浓度(粒子数/m3)	1.4×107	7×105	2.4×105	1.3×105

注：灰尘粒子应是不导电的，非铁磁性和非腐蚀性的。

6.3.6 在地震区的区域内，设备安装应按规定进行抗震加固。

6.3.7 设备安装宜符合下列规定：

1)机架或机柜前面的净空不应小于800mm，后面的净空不应小于600mmYU66。

2)壁挂式配线设备底部离地面的高度不宜小于300mm。

6.3.8 设备间应提供不少于两个220V带保护接地的单相电源插座，但不作为设备供电电源。

6.3.9 设备间如果安装电信设备或其他信息网络设备时，设备供电应符合相应的设计要求。

6.4 进线间

6.4.1 进线间应设置管道入口。

6.4.2 进线间应满足缆线的敷设路由、成端位置及数量、光缆的盘长空间和缆线的弯曲半径、充气维护设备、配线设备安装所需要的场地空间和面积。

6.4.3 进线间的大小应按进线间的进局管道最终容量及入口设施的最终容量设计。同时应考虑满足多家电信业务经营者安装入口设施等设备的面积。

6.4.4 进线间宜靠近外墙和在地下设置，以便于缆线引入。进线间设计应符合下列规定：

1）进线间应防止渗水，宜设有抽排水装置。

2）进线间应与布线系统垂直竖井沟通。

3）进线间应采用相应防火级别的防火门，门向外开，宽度不小于1000mm。

4）进线间应设置防有害气体措施和通风装置，排风量按每小时不小于5次容积计算。

6.4.5 与进线间无关的管道不宜通过。

6.4.6 进线间入口管道口所有布放缆线和空闲的管孔应采取防火材料封堵，做好防水处理。

6.4.7 进线间如安装配线设备和信息通信设施时，应符合设备安装设计的要求。

6.5 缆线布放

6.5.1 配线子系统缆线宜采用在吊顶、墙体内穿管或设置金属密封线槽及开放式（电缆桥架，吊挂环等）敷设，当缆线在地面布放时，应根据环境条件选用地板下线槽、网络地板、高架（活动）地板布线等安装方式。

6.5.2 干线子系统垂直通道穿过楼板时宜采用电缆竖井方式。

也可采用电缆孔、管槽的方式，电缆竖井的位置应上、下对齐。

6.5.3 建筑群之间的缆线宜采用地下管道或电缆沟敷设方式，并应符合相关规范的规定。

6.5.4 缆线应远离高温和电磁干扰的场地。

6.5.5 管线的弯曲半径应符合表6.5.5的要求。

表6.5.5 **管线敷设弯曲半径**

缆线类型	弯曲半径（mm）/倍
2芯或4芯水平光缆	>25mm
其他芯数和主干光缆	不小于光缆外径的10倍
4对非屏蔽电缆	不小于电缆外径的4倍
4对屏蔽电缆	不小于电缆外径的8倍
大对数主干电缆	不小于电缆外径的10倍
室外光缆.电缆	不小于缆线外径的10倍

注：当缆线采用电缆桥架布放时，桥架内侧的弯曲半径不应小于300mm。

6.5.6 缆线布放在管与线槽内的管径与截面利用率，应根据不同类型的缆线做不同的选择。管内穿放大对数电缆或4芯以上光缆时，直线管路的管径利用率应为s·G~60%，弯管路的管径利用率应为40%~50%。管内穿放4对对绞电缆或4芯光缆时，截面利用率应为25%~30G。布放缆线在线槽内的截面利用率应为30%~50%。

7 电气防护及接地

7.0.1 综合布线电缆与附近可能产生高电平电磁干扰的电动机、电力变压器、射频应用设备等电器设备之间应保持必要的间距，并应符合下列规定：

1. 综合布线电缆与电力电缆的间距应符合表 7.0.1－1 的规定。

表 7.0.1－1　**综合布线电缆与电力电缆的间距**

类别	与综合布线接近状况	最小间距(mm)
380V 电力电缆%2kV·A	与缆线平行敷设	130
	有一方在接地的金属线槽或钢管中	70
	双方都在接地的金属线槽或钢管中①	10①
380V 电力电缆 2～5kV·A	与缆线平行敷设	300
	有一方在接地的金属线槽或钢管中	150
	双方都在接地的金属线槽或钢管中②	80
380V 电力电缆＞5kV·A	与缆线平行敷设	600
	有一方在接地的金属线槽或钢管中	300
	双方都在接地的金属线槽或钢管中②	150

注：①当 380V 电力电缆＜2kV·A，双方都在接地的线槽中，且平行长度≤10m 时，最小间距可为 10mm。

②双方都在接地的线槽中，系指两个不同的线槽，也可在同一线槽中用金属板隔开。

2. 综合布线系统缆线与配电箱、变电室、电梯机房、空调机房之间的最小净距宜符合表 7.0.1－2 的规定。

表 7.0.1－2　**综合布线缆线与电气设备的最小净距**

名称	最小净距(m)	名称	最小净距(m)
配电箱	1	电梯机房	2
变电室	2	空调机房	2

3. 墙上敷设的综合布线缆线及管线与其他管线的间距应符合表 7.0.1－3 的规定。当墙壁电缆敷设高度超过 6000mm 时，与避雷引下线的交叉间距应按下式计算：

S≥0.05L(7.0.1)

式中，S——交叉间距(mm)；

L——交叉处避雷引下线距地面的高度(mm)。

表 7.0.1－3　**综合布线缆线及管线与其他管线的间距**

其他管线	平行净距(mm)	垂直交叉净距(mm)
避雷引下线	1000	300
保护地线	50	20
给水管	150	20
压缩空气管	150	20
热力管(不包封)	500	500
热力管(包封)	300	300
煤气管	300	20

7.0.2 综合布线系统应根据环境条件选用相应的缆线和配线设备，或采取防护措施，并应符合下列规定：

1)当综合布线区域内存在的电磁干扰场强低于3V/m时，宜采用非屏蔽电缆和非屏蔽配线设备。

2)当综合布线区域内存在的电磁干扰场强高于3V/m时，或用户对电磁兼容性有较高要求时，可采用屏蔽布线系统和光缆布线系统。

3)当综合布线路由上存在干扰源，且不能满足最小净距要求时，宜采用金属管线进行屏蔽，或采用屏蔽布线系统及光缆布线系统。

7.0.3 在电信间、设备间及进线间应设置楼层或局部等电位接地端子板。

7.0.4 综合布线系统应采用共用接地的接地系统，如单独设置接地体时，接地电阻不应大于4Ω。如布线系统的接地系统中存在两个不同的接地体时，其接地电位差不应大于1Vr. m. s。

7.0.5 楼层安装的各个配线柜(架、箱)应采用适当截面的绝缘铜导线单独布线至就近的等电位接地装置，也可采用竖井内等电位接地铜排引到建筑物共用接地装置，铜导线的截面应符合设计要求。

7.0.6 缆线在雷电防护区交界处，屏蔽电缆屏蔽层的两端应做等电位连接并接地。

7.0.7 综合布线的电缆采用金属线槽或钢管敷设时，线槽或钢管应保持连续的电气连接，并应有不少于两点的良好接地。

7.0.8 当缆线从建筑物外面进入建筑物时，电缆和光缆的金属护套或金属件应在入El处就近与等电位接地端子板连接。

7.0.9 当电缆从建筑物外面进入建筑物时，应选用适配的信号线路浪涌保护器，信号线路浪涌保护器应符合设计要求。

8. 防火

8.0.1 根据建筑物的防火等级和对材料的耐火要求，综合布线系统的缆线选用和布放方式及安装的场地应采取相应的措施。

8.0.2 综合布线工程设计选用的电缆、光缆应从建筑物的高度、面积、功能、重要性等方面加以综合考虑，选用相应等级的防火缆线。

附:综合布线系统工程设计规范GB50311－2007条文说明

1 总则

1.0.1 随着城市建设及信息通信事业的发展，现代化的商住楼、办公楼、综合楼及园区等各类民用建筑及工业建筑对信息的要求已成为城市建设的发展趋势。在过去设计大楼内的语音及数据业务线路时，常使用各种不同的传输线、配线插座以及连接器件等。

例如:用户电话交换机通常使用对绞电话线，而局域网络(LAN)则可能使用对绞线或同轴电缆，这些不同的设备使用不同的传输线来构成各自的网络;同时，连接这些不同布线的插头、插座及配线架均无法互相兼容，相互之间达不到共用的目的。

现在将所有语音、数据、图像及多媒体业务的设备的布线网络组合在一套标准的布线系统上，并且将各种设备终端插头插入标准的插座内已属可能之事。在综合布线系统中，当终端设备的位置需要变动时，只需做一些简单的跳线，这项工作就完成了，而不需要再布放新的电缆以及安装新的插座。

综合布线系统使用一套由共用配件所组成的配线系统，将各个不同制造厂家的各类设备综合在一起同时工作，均可相兼容。

其开放的结构可以作为各种不同工业产品标准的基准，使得配线系统将具有更大的适用性、灵活性，而且可以利用最低的成本在最小的干扰下对设于工作地点的终端设备重新安排与规划。大楼智能化建设中的建筑设备、监控、出入口控制等系统的设备在提供满足 TCP/IP 协议接口时，也可使用综合布线系统作为信息的传输介质，为大楼的集中监测、控制与管理打下了良好的基础。

综合布线系统以一套单一的配线系统，综合通信网络、信息网络及控制网络，可以使相互间的信号实现互联互通。

城市数字化建设，需要综合布线系统为之服务，它有着及其广阔的使用前景。

1.0.3 在确定建筑物或建筑群的功能与需求以后，规划能适应智能化发展要求的相应的综合布线系统设施和预埋管线，防止今后增设或改造时造成工程的复杂性和费用的浪费。

1.0.5 综合布线系统作为建筑的公共电信配套设施在建设期应考虑一次性投资建设，能适应多家电信业务经营者提供通信与信息业务服务的需求，保证电信业务在建筑区域内的接入、开通和使用；使得用户可以根据自己的需要，通过对入口设施的管理选择电信业务经营者，避免造成将来建筑物内管线的重复建设而影响到建筑物的安全与环境。因此，在管道与设施安装场地等方面，工程设计中应充分满足电信业务市场竞争机制的要求。

3 系统设计

3.1 系统构成

3.1.2 进线间一般提供给多家电信业务经营者使用，通常设于地下一层。进线间主要作为室外电缆和光缆引入楼内的成端与分支及光缆的盘长空间位置。对于光缆至大楼（FTTB）至用户（FTTH）、至桌面（FTT·）的应用及容量日益增多，进线间就显得尤为重要。由于许多的商用建筑物地下一层环境条件已大大改善，也可以安装配线架设备及通信设施。在不具备设置单独进线间或入楼电缆和光缆数量及入口设施容量较小时，建筑物也可以在入口处采用挖地沟或使用较小的空间完成缆线的成端与盘长，入口设施则可安装在设备间，但宜单独地设置场地，以便功能分区。

3.1.3 设计综合布线系统应采用开放式星型拓扑结构，该结构下的每个分支子系统都是相对独立的单元，对每个分支单元系统改动都不影响其他子系统。只要改变结点连接就可使网络在星型、总线、环形等各种类型间进行转换。综合布线配线设备的典型设置与功能组合见图 3.2 所示。

3.2.1 在《商业建筑电信布线标准》TIA/EIA568A 标准中对于 D 级布线系统，支持应用的器件为 5 类，但在 TIA/EIA568B、2－1 中仅提出 5e 类（超 5 类）与 6 类的布线系统，并确定 6 类布线支持带宽为 250MHz。在 TIA/EIA568B、2－10 标准中又规定了 6A 类（增强 6 类）布线系统支持的传输带宽为 500MHz。目前，3 类与 5 类的布线系统只应用于语音主干布线的大对数电缆及相关配线设备。

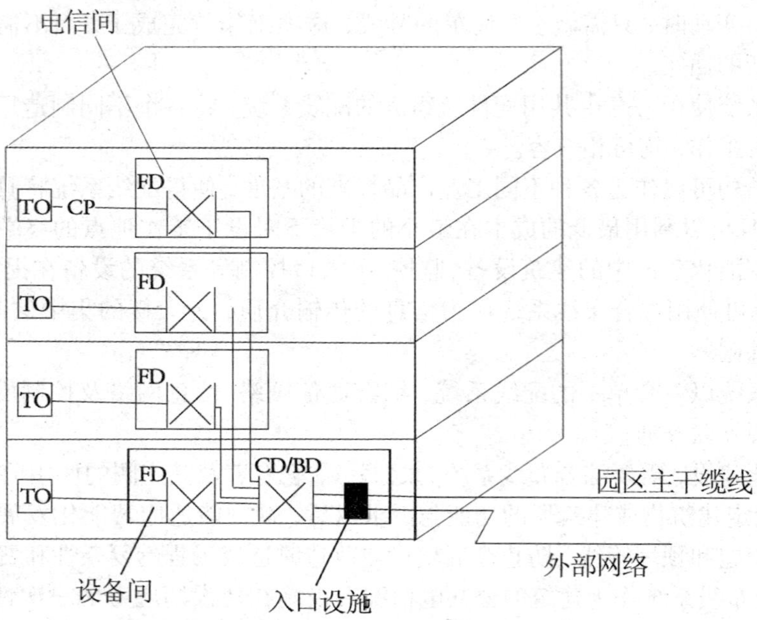

图 3.2　配线子系统缆线划分

3.2.3F 级的永久链路仅包括 90m 水平缆线和 2 个连接器件(不包括 CP 连接器件)。

3.3 缆线长度划分

本节按照《用户建筑综合布线》IS・/IEC118012002－095、7 与 7.2 条款与 TIA/EIA568B.1 标准的规定，列出了综合布线系统主干缆线及水平缆线等的长度限值。但是综合布线系统在网络的应用中，可选择不同类型的电缆和光缆，因此，在相应的网络中所能支持的传输距离是不相同的。在 IEEE802.3an 标准中，综合布线系统 6 类布线系统在 10G 以太网中所支持的长度应不大于 55m，但 6A 类和 7 类布线系统支持长度仍可达到 100m。为了更好地执行本规范，现将相关标准对于布线系统在网络中的应用情况，在表 1、表 2 中分别列出光纤在 100M.1G.10G 以太网中支持的传输距离，仅供设计者参考。

表 1

光纤类型	应用网络	光纤直径(um)	波长(nm)	带宽(MHz)	应用距离(m)
多模	100BASE－FX				2000
	1000BASB－SX	62.5	850	160	220
	1000BASELX			200	275
				500	550
	1000BASE－SX	50	850	400	500
				500	550
	1000BASE－LX		1300	400	550
				500	550
单模	1000BASE－LX	<10	1310		5000

注：上述数据可参见 IEEE802.3－2002。

表 2　　以太网中光纤的应用传输距离

光纤类型	应用网络	光纤直径(um)	波长(nm)	模式带宽(MHz · km)	应用范围(m)
多模	10GBASE－S	62.5	850	160/150	26
				200/500	33
				400/400	66
		50		500/500	82
				2000	300
	10GBASBLx4	62.5	1300	500/500	300
		50		400/400	240
				500/500	300
单模	10GBASE－L	<10	1310		1000
	10GBASE_E		1550		30000～40000
	10GBASE－LX4		1300		1000

注：上述数据可参见 IEEE802.3ac——2002。

3·3·1 在条款中列出了 IS·/IEC118012002－09 版中对水平缆线与主干缆线之和的长度规定。为了使工程设计者了解布线系统各部分缆线长度的关系及要求，特依据 TIA/EIA568B.1 标准列出表 3 和图 2，以供工程设计中应用。

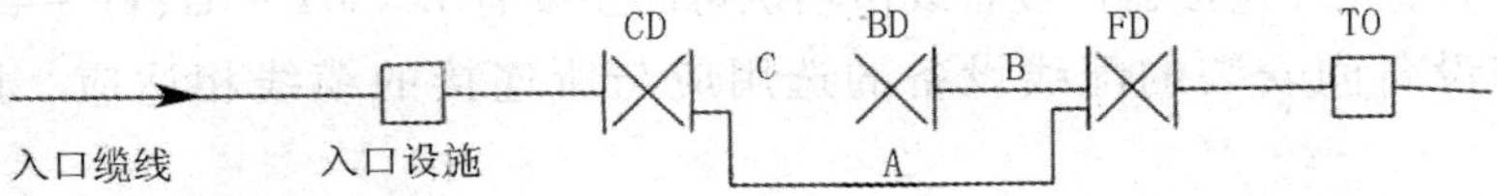

图 2　综合布线系统主干缆线组成

表 3　　综合布线系统主干缆线长度限值

缆线类型	各线段长度限值(m) A	B	C
100Ω 对绞电缆	800	300	500
62.5m 多模光缆	2000	300	1700
50m 多模光缆 2000	300	1700	
单模光缆 3000	300	2700	

注：①如 B 距离小于最大值时，C 为对绞电缆的距离可相应增加，但 A 的总长度不能大于 800m。

②表中 100Q 对绞电缆作为语音的传输介质。

③单模光纤的传输距离在主干链路时允许达 60km，但被认可至本规定以外范围的内容。

④对于电信业务经营者在主干链路中接入电信设施能满足的传输距离不在本规定之内。

⑤在总距离中可以包括入口设施至 CD 之间的缆线长度。

⑥建筑群与建筑物配线设备所设置的跳线长度不应大于 20m，如超过 20m 时主干长度应相应减少。

⑦建筑群与建筑物配线设备连至设备的缆线不应大于 30m，如超过 30m 时主干长度应相应减少。

3.4 系统应用

综合布线系统工程设计应按照近期和远期的通信业务、计算机网络拓扑结构等需要，选用合适的布线器件与设施。选用产品的各项指标应高于系统指标，才能保证系统指标，得以满足和具有发展的余地，同时也应考虑工程造价及工程要求，对系统产品选用应恰如其分。

3.4.1 对于综合布线系统，电缆和接插件之间的连接应考虑阻抗匹配和平衡与非平衡的转换适配。在工程(D级至F级)中特性阻抗应符合100Ω标准。在系统设计时，应保证布线信道和链路在支持相应等级应用中的传输性能，如果选用6类布线产品，则缆线、连接硬件、跳线等都应达到6类，才能保证系统为6类。如果采用屏蔽布线系统，则所有部件都应选用带屏蔽的硬件。

3.4.2 在表3.4.2中，其他应用一栏应根据系统对网络的构成、传输缆线的规格、传输距离等要求选用相应等级的综合布线产品。

3.4.5 跳线两端的插头，IDC指4对或多对的扁平模块，主要连接多端子配线模块；RJ45指8位插头，可与8位模块通用插座相连；跳线两端如为ST、SC、SFF光纤连接器件，则与相应的光纤适配器配套相连。

3.4.6 信息点电端口如为7类布线系统时，采用RJ45或非对45型的屏蔽8位模块通用插座。

3.4.7 在IS·/IEC118012002－09标准中，提出除了维持SC光纤连接器件用于工作区信息点以外，同时建议在设备间、电信间、集合点等区域使用SFF小型光纤连接器件及适配器。小型光纤连接器件与传统的ST、SC光纤连接器件相比体积较小，可以灵活地使用于多种场合。目前SFF小型光纤连接器件被布线市场认可的主要有LC、MT－RJ、VF－45、MU和FJ。

电信间和设备间安装的配线设备的选用应与所连接的缆线相适应，具体可参照表4内容。

3.4.8 当集合点(CP)配线设备为8位模块通用插座时，CP电缆宜采用带有单端RJ45插头的产业化产品，以保证布线链路的传输性能。

3.5 屏蔽布线系统

3.5.1 根据电磁兼容通用标准《居住、商业的轻工业环境中的抗扰度试验))GB/T177991－1999与国际标准草案77/181/FDIS及IEEE802.3－2002标准中都认可3V/m的指标值，本规范做出相应的规定。

在具体的工程项目的勘察设计过程中，如用户提出要求或现场环境中存在磁场的干扰，则可以采用电磁骚扰测量接收机测试，或使用现场布线测试仪配备相应的测试模块对模拟的布线链路做测试，取得了相应的数据后，进行分析，作为工程实施依据。具体测试方法应符合测试仪表技术内容要求。

3.5.4 屏蔽布线系统电缆的命名可以按照《用户建筑综合布线》IS·/IEC11801中推荐的方法统一命名。

对于屏蔽电缆根据防护的要求，可分为F/UTP(电缆金属箔屏蔽)、u/FTP(线对金属箔屏蔽)、SF/UTP(电缆金属编织丝网加金属箔屏蔽)、S/FTP(电缆金属箔编织网屏蔽加上线对金属箔屏蔽)几种结构。

表 4　　　　配线模块产品选用

类别	产品类型		配线模块安装场地和连接缆线类型		
电缆配线设备	配线设备类型	容量与规格	FD(电信间)	BD(设备间)	CD(设备间/进线间)
	大对数卡接模块	采用4对卡接模块	4对水平电缆/4对主干电缆	4对主干电缆	4对主干电缆
		采用5对卡接模块	大对数主干电缆	大对数主干电缆	大对数主干电缆
电缆配线设备	25对卡接	25对	4对水平电缆/4对主干电缆/大对数主干电缆	4对主干电缆/大对数主干电缆	4对主干电缆大对数主干电缆
	回线型卡接模块	8回线	4对水平电缆/4对主干电缆	大对数主干电缆	大对数主干电缆
		10回线	大对数主干电缆	大对数主干电缆	大对数主干电缆
	RJ45配线模块	一般为24口或48口	4对水平电缆/4对主干电缆	4对主干电缆	4对主干电缆
光缆配线设备	ST光纤连接盘	单工/双工，一般为24口	水平/主干光缆	主干光缆	主干光缆
	SC光纤连接盘	单工/双工，一般为24口	水平/主干光缆	主干光缆	主干光缆
	SFF小型光纤连接盘	单工/双工一般为24口、48口	水平/主干光缆	主干光缆	主干光缆

不同的屏蔽电缆会产生不同的屏蔽效果。一般认可金属箔对高频、金属编织丝网对低频的电磁屏蔽效果为佳。如果采用双重绝缘（SF/UTP 和 s/FTP）则屏蔽效果更为理想，可以同时抵御线对之间和来自外部的电磁辐射干扰，减少线对之间及线对对外部的电磁辐射干扰。因此，屏蔽布线工程有多种形式的电缆可以选择，但为保证良好屏蔽，电缆的屏蔽层与屏蔽连接器件之间必须做好360°的连接。

铜缆命名方法见图3：

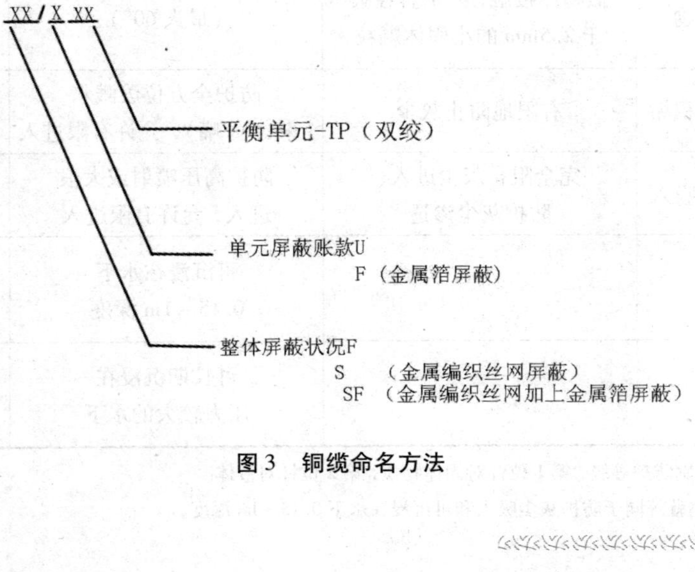

图3　铜缆命名方法

3.6 开放型办公室布线系统

3·6·1 开放型办公室布线系统对配线设备的选用及缆线的长度有不同的要求。

1 计算公式 C =（102 – H）/1.2 针对 24 号线规{24AWGl 的非屏蔽和屏蔽布线而言，如应用于 26 号线规{26AWG）的屏蔽布线系统，公式应为 C –（102——H）/1.5。工作区设备电缆的最大长度要求，《用户建筑综合布线》ISO/IEC118012002 中为 20m，但在《商业建筑电信布线标准 bTIA/EIA568B.16.4.1.4 中为 22m，本规范以 TAI/EIA568B.1 规范内容列出。

2CP 点由无跳线的连接器件组成，在电缆与光缆的永久链路中都可以存在。

集合点配线箱目前没有定型的产品，但箱体的大小应考虑至少满足 12 个工作区所配置的信息点所连接 4 对对绞电缆的进出箱体的布线空间和 CP 卡接模块的安装空间。

3.7 工业级布线系统

3.7.5 工业级布线系统产品选用应符合 IP 标准所提出的保护要求，国际防护（IP）定级如表 5 所示内容要求。

表 5　　国际防护（IP）定级

级别编号	IP 编号定义（二位数）				级别编号
	保护级别		保护级别		
0	没有保护	对于意外接触没有保护，对异物没有防护	对水没有防护	没有防护 0	
1	防护大颗粒异物	防止大面积人手接触，防护直径大于 50mm 的大固体颗粒	防护垂直下降水滴	防水滴 1	
2	防护中等颗粒异物	防止手指接触，防护直 径大于 12mm 的中固体颗粒	防止水滴溅射进入（最大 15°）	防水滴 2	
3	防护小颗粒异物	防止工具、导线或类似物体接触，防护直径大于 2.5mm 的小固体颗粒	防止水滴（最大 60°）	防喷溅 3	
5	防护灰尘积垢	有限地防止灰尘	防护全方位泼溅水（来自喷 嘴），允许有限进入	防浇水	5
6	防护灰尘吸入	完全阻止灰尘进入，防护灰尘渗透	防护高压喷射或大浪进入，允许有限进入	防水淹	6
			可沉浸在水下 0.15 ~ 1m 深度	防水浸	7
			可长期沉浸在压力较大的水下	密封防水	8

注：12 位数用来区别防护等级，第 1 位针对固体物质，第 2 位针对液体。

2 如 IP67 级别就等同于防护灰尘吸入和可沉浸在水下 0.15 ~ lm 深度。

4. 系统配置设计

综合布线系统在进行系统配置设计时，应充分考虑用户近期与远期的实际需要与发展，使之具有通用性和灵活性，尽量避免布线系统投入正常使用以后，较短的时间又要进行扩建与改建，造成资金浪费。一般来说，布线系统的水平配线应以远期需要为主，垂直干线应以近期实用为主。

为了说明问题，我们以一个工程实例来进行设备与缆线的配置。例如，建筑物的某一层共设置了200个信息点，计算机网络与电话各占50%，即各为100个信息点。

1. 电话部分：

(1)FD水平侧配线模块按连接100根4对的水平电缆配置。

(2)语音主干的总对数按水平电缆总对数的25%计，为100对线的需求；如考虑10%的备份线对，则语音主干电缆总对数需求量为110对。

(3)FD干线侧配线模块可按卡接大对数主干电缆110对端子容量配置。

2 数据部分：

(1)FD水平侧配线模块按连接100根4对的水平电缆配置。

(2)数据主干缆线。

a 最少量配置：以每个HUB/SW为24个端口计，100个数据信息点需设置5个HUB/SW；以每4个HUB/SW为一群(96个端H)，组成了2个HUB/SW群；现以每个HUB/SW群设置1个主干端口，并考虑1个备份端VI，则2个HUB/SW群需设4个主干端1:1。如主干缆线采用对绞电缆，每个主干端口需设4对线，则线对的总需求量为16对；如主干缆线采用光缆，每个主干光端口按2芯光纤考虑，则光纤的需求量为8芯。

b 最大量配置：同样以每个HUB/SW为24端口计，100个数据信息点需设置5个HUB/SW；以每1个HUB/SW(24个端口)设置1个主干端口，每4个HUB/SW考虑1个备份端口，共需设置7个主干端口。如主干缆线采用对绞电缆，以每个主干电端口需要4对线，则线对的需求量为28对；如主干缆线采用光缆，每个主干光端VI按2芯光纤考虑，则光纤的需求量为14芯。

(3)FD干线侧配线模块可根据主干电缆或主干光缆的总容量加以配置。

配置数量计算得出以后，再根据电缆、光缆、配线模块的类型、规格加以选用，做出合理配置。

上述配置的基本思路，用于计算机网络的主干缆线，可采用光缆；用于电话的主干缆线则采用大对数对绞电缆，并考虑适当的备份，以保证网络安全。由于工程的实际情况比较复杂，不可能按一种模式，设计时还应结合工程的特点和需求加以调整应用。

4.1 工作区

4.1.2 目前建筑物的功能类型较多，大体上可以分为商业、文化、媒体、体育、医院、学校、交通、住宅、通用工业等类型，因此，对工作区面积的划分应根据应用的场合做具体的分析后确定，工作区面积需求可参照表6所示内容。

表 6　　工作区面积划分表

建筑物类型及功能	工作区面积(m^2)
网管中心、呼叫中心、信息中心等终端设备较为密集的场地	3~5
办公区	5~10
会议、会展	10~60
商场、生产机房、娱乐场所	20~60
体育场馆、候机室、公共设施区	20~100
工业生产区	60~200

注:①对于应用场合，如终端设备的安装位置和数量无法确定时或使用彻底为大客户租用并考虑自设置计算机网络时，工作区面积可按区域(租用场地)面积确定。

②对于 IDC 机房(为数据通信托管业务机房或数据中心机房)可按生产机房每个配线架的设置区域考虑工作区面积。对于此类项目，涉及数据通信设备的安装工程，应单独考虑实施方案。

4.2 配线子系统

4.2.4 每一个工作区信息点数量的确定范围比较大，从现有的工程情况分析，从设置 1 个至 10 个信息点的现象都存在，并预留了电缆和光缆备份的信息插座模块。因为建筑物用户性质不一样，功能要求和实际需求不一样，信息点数量不能仅按办公楼的模式确定，尤其是对于专用建筑(如电信、金融、体育场馆、博物馆等建筑)及计算机网络存在内、外网等多个网络时，更应加强需求分析，做出合理的配置。

每个工作区信息点数量可按用户的性质、网络构成和需求来确定。表 7 做了一些分类，仅提供设计者参考。

表 7　　信息点数量配置

建筑物功能区	信息点数量(每一工作区)备注			备注
	电话	数据	光纤(双工端口)	
办公区(一般)	1 个	1 个		
办公区(重要	1个	2个	1个	对数据信息有较大的需求
出租或大客户区域	2 个或 2 个以上	2 个或 2 个以上	1 或 1 个以上	指整个区域的配置量
办公区(e2 务工程)	2~5 个	2~5 个	1 或 1 个以上	涉及内外网络时

注:大客户区域也可以为公共实施的场地，如商场、会议中心、会展中心等。

4·2.71 根 4 对对绞电缆应全部固定终接在 1 个 8 位模块通用插座上。不允许将 1 根 4 对对绞电缆终接在 2 个或 2 个以上 8 位模块通用插座。

4.2.8.4.2.10 根据现有产品情况配线模块可按以下原则选择:

1. 多线对端子配线模块可以选用 4 对或 5 对卡接模块，每个卡接模块应卡接 1 根 4 对对绞电缆。一般 100 对卡接端子容量的模块可卡接 24 根(采用 4 对卡接模块)或卡接 20 根(采用 5 对卡接模块)4 对对绞电缆。

2. 25 对端子配线模块可卡接 1 根 25 对大对数电缆或 6 根 4 对对绞电缆。

3. 回线式配线模块(8回线或10回线)可卡接2根4对对绞电缆或8/10回线。回线式配线模块的每一回线可以卡接11寸A线和1对出线。回线式配线模块的卡接端子可以为连通型、断开型和可插入型三类不同的功能。一般在CP处可选用连通型，在需要加装过压过流保护器时采用断开型，可插入型主要使用于断开电路做检修的情况下，布线工程中无此种应用。

4. RJ45配线模块(由24或48个8位模块通用插座组成)每1个RJ45插座应可卡接1根4对对绞电缆。

5. 光纤连接器件每个单工端口应支持1芯光纤的连接，双工端口则支持2芯光纤的连接。

4.2.9 各配线设备跳线可按以下原则选择与配置：

1. 电话跳线宜按每根1对或2对对绞电缆容量配置，跳线两端连接插头采用IDC或RJ45型。

2. 数据跳线宜按每根4对对绞电缆配置，跳线两端连接插头采用IDC或埘45型。

3. 光纤跳线宜按每根1芯或2芯光纤配置，光跳线连接器件采用ST、SC或SFF型。

4.3 干线子系统

4.3.2 点对点端接是最简单、最直接的配线方法，电信间的每根干线电缆直接从设备间延伸到指定的楼层电信间。分支递减终接是用1根大对数干线电缆来支持若干个电信间的通信容量，经过电缆接头保护箱分出若干根小电缆，它们分别延伸到相应的电信间，并终接于目的地的配线设备。

4.3.3 如语音信息点8位模块通用插座连接ISDN用户终端设备，并采用S接口(4线接口)时，相应的主干电缆则应按2对线配置。

4.4 管理

4.4.1 管理是针对设备间、电信间和工作区的配线设备、缆线等设施，按一定的模式进行标识和记录的规定。内容包括：管理方式、标识、色标、连接等。这些内容的实施，将给今后维护和管理带来很大的方便，有利于提高管理水平和工作效率。特别是较为复杂的综合布线系统，如采用计算机进行管理，其效果将十分明显。

目前，市场上已有商用的管理软件可供选用。

综合布线的各种配线设备，应用色标区分干线电缆、配线电缆或设备端点，同时，还应采用标签表明端接区域、物理位置、编号、容量、规格等，以便维护人员在现场一目了然地加以识别。

4.4.2 在每个配线区实现线路管理的方式是在各色标区域之间按应用的要求，采用跳线连接。色标用来区分配线设备的性质，分别由按性质划分的配线模块组成，且按垂直或水平结构进行排列。

综合布线系统使用的标签可采用粘贴型和插入型。

电缆和光缆的两端应采用不易脱落和磨损的不干胶条标明相同的编号。

目前，市场上已有配套的打印机和标签纸供应。

4.4.3 电子配线设备目前应用的技术有多种，在工程设计中应考虑到电子配线设备的功能，在管理范围、组网方式、管理软件、工程投资等方面，合理地加以选用。

5. 系统指标

5.0.1 综合布线系统的机械性能指标以生产厂家提供的产品资料为依据，它将对布线工程的安装设计，尤其是管线设计产生较大的影响，应引起重视。

本规范列出布线系统信道和链路的指标参数，但6A.7类布线系统在应用时，工程中除了已列出的各项指标参数以外，还应考虑信道电缆(6 根对 1 根 4 对对绞电缆)的外部串音功率和(PSANEXT)和 2 根相邻 4 对对绞电缆间的外部串音(ANEXT)。

目前只在 TIA/EIA568B.2－10 标准中列出了 6A 类布线从 1～500MHz 带宽的范围内信道的插入损耗. NEXT、PSNEXT、FEXT、ELFEXT、PSELFEXT、回波损耗、ANEXT、PSANEXT、PSAELFEXT 等指标参数值。在工程设计时，可以参照使用。

布线系统各项指标值均在环境温度为 20℃时的数据。根据 TIA/EIA568. B.2－1 中列表分析，当温度从 20℃～60℃的变化范围内，温度每上升 5℃，90m 的永久链路长度将减短 1～2m，在 89～75m(非屏蔽链路)及 89.5～83m(屏蔽链路)的范围之内变化。

5.0.3 按照 IS·/IEC118012002－09 标准列出的布线系统信道指标值，提出了需执行的和建议的两种表格内容。对需要执行的指标参数在其表格内容中列出了在某一频率范围的计算公式，但在建议的表格中仅列出在指定的频率时的具体数值，本规范以建议的表格列出各项指标参数要求，供设计者在对布线产品选择时参考使用。信道的构成可见图 3.2.3 内容。

指标项目中衰减串音比(ACR). 非平衡衰减和耦合衰减的参数中仍保持使用“衰减”这一术语，但在计算 ACR、PSACR、ELFEXT;FIIPSELFEXT 值时，使用相应的插入损耗值。衰减这一术语在电缆工业生产中被广泛采用，但由于布线系统在较高的频率时阻抗的失配，此特性采用插入损耗来表示。与衰减不同，插入损耗不涉及长度的线性关系。

5·0·5 本条款内容是按照 IS·/IEC118012002－09 的附录 A 所列出的永久链路和 CP 链路的指标参数值提出的，但在附录 A 中是以需执行的和建议的两种表格列出。在需执行的表格中针对永久链路和 CP 链路列出指标计算公式，在建议表格中只是针对永久链路某一指定的频率指标而言。本规范以建议表格内容列出永久链路各项指标参数要求。永久链路和 CP 链路的构成可见图 3.2.3 内容。

对于等级为 F 的信道和永久链路(包括 5.0.3 条中的)，只存在两个连接器件时(无 CP 点)的最小 ACR 值和 PSACR 值应符合表 8 要求，具体连接方式如图 4 中所示。

表 8　信道和永久链路为 F 级(包括 2 个连接点)时，ACR 与 PSACR 值

频率(MHz)	信道		永久链路	
	最小 ACR(dB)	最小 PSACR(dB)	最小 ACR(dB)	最小 PSACR(dB)
1	61.0	58.0	61.0	58.0
16	57.I	54.I	58.2	55.2
100	44.6	41.6	47.5	44.5
250	27.3	24.3	31.9	28.9
600	1.1	11.9	8.6	5.6

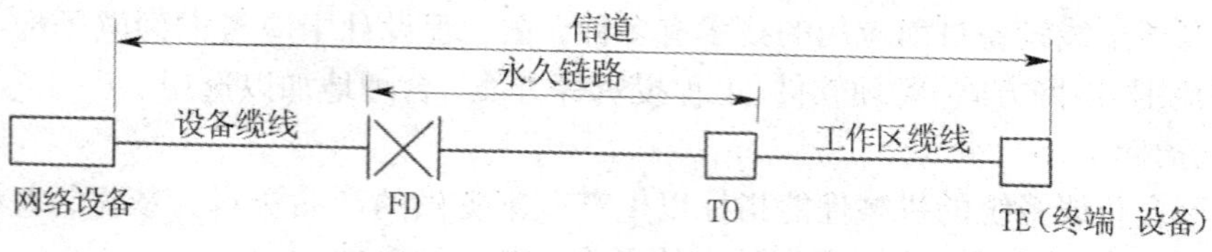

图 4　两个连接器件的信道与永久链路

6. 安装工艺要求

6.2 电信间

6.2.1 电信间主要为楼层安装配线设备(为机柜、机架、机箱等安装方式)和楼层计算机网络设备(HUB 或 SW)的场地，并可考虑在该场地设置缆线竖井、等电位接地体、电源插座、UPS 配电箱等设施。在场地面积满足的情况下，也可设置建筑物诸如安防、消防、建筑设备监控系统、无线信号覆盖等系统的布缆线槽和功能模块的安装。如果综合布线系统与弱电系统设备合设于同一场地，从建筑的角度出发，称为弱电间。

6.2.3 一般情况下，综合布线系统的配线设备和计算机网络设备采用19″标准机柜安装。机柜尺寸通常为600mm(宽)×900mm(深)×2000mm(高)，共有42U 的安装空间。机柜内可安装光纤连接盘、R.145(24 口)配线模块、多线对卡接模块(100 对)、理线架、计算机 HUB/SW 设备等。如果按建筑物每层电话和数据信息点各为200 个考虑配置上述设备，大约需要有2 个19″(42U)的机柜空间，以此测算电信间面积至少应为5m2(2.5m×2.0m)。对于涉及布线系统设置内.外网或专用网时，19″机柜应分别设置，并在保持一定间距的情况下预测电信间的面积。

6.2.5 电信间温、湿度按配线设备要求提供，如在机柜中安装计算机网络设备(HUB/SW)时的环境应满足设备提出的要求，温、湿度的保证措施由空调专业负责解决。

本条与6.3.4 条所述的安装工艺要求，均以总配线设备所需的环境要求为主，适当考虑安装少量计算机网络等设备制定的规则是，如果与程控电话交换机、计算机网络等主机和配套设备合装在一起，则安装工艺要求应执行相关规范的规定。

6.3 设备间

6.3.2 设备间是大楼的电话交换机设备和计算机网络设备，以及建筑物配线设备(BD)安装的地点，也是进行网络管理的场所。对综合布线工程设计而言，设备间主要安装总配线设备。当信息通信设施与配线设备分别设置时考虑到设备电缆有长度限制的要求，安装总配线架的设备间与安装电话交换机及计算机主机的设备间之间的距离不宜太远。

如果一个设备间以10m2 计，大约能安装5 个19”的机柜。在机柜中安装电话大对数电缆多对卡接式模块、数据主干缆线配线设备模块，大约能支持总量为6000 个信息点所需(其中电话和数据信息点各占50%)的建筑物配线设备安装空间。

6.4 进线间

进线间一个建筑物宜设置1 个，一般位于地下层，外线宜从两个不同的路由引入进线间，有利于与外部管道沟通。进线间与建筑物红外线范围内的入孔或手孔采用管道或通道的方式互连。进线间因涉及因素较多，难以统一提出具体所需面积，可根据建筑物实际情况，并参照通信行业和国家的现行标准要求进行设计，本规范只提出原则要求。

6.5 缆线布放

6.5.2 干线子系统垂直通道有下列三种方式可供选择:

1 电缆孔方式，通常用一根或数根外径63～102mm 的金属管预埋在楼板内，金属管高出地面25～50mm，也可直接在楼板上预留一个大小适当的长方形孔洞;孔洞一般不小于600mm×400mm(也可根据工程实际情况确定)。

2 管道方式，包括明管或暗管敷设。

3 电缆竖井方式，在新建工程中，推荐使用电缆竖井的方式。

6.5.6 某些结构(如“+”型等)的6类电缆在布放时为减少对绞电缆之间串音对传输信号的影响，不要求完全做到平直和均匀，甚至可以不绑扎，因此对布线系统管线的利用率提出了较高要求。

对于综合布线管线可以采用管径利用率和截面利用率的公式加以计算，得出管道缆线的布放根数。

1. 管径利用率 = d/D。d 为缆线外径；D 为管道内径。

2. 截面利用率 = A1/A。A1 为穿在管内的缆线总截面积；A 为管子的内截面积。

缆线的类型包括大对数屏蔽与非屏蔽电缆(25对、50对、100对)，4对对绞屏蔽与非屏蔽中缆(5e类、6类、7类)及光缆(2芯至24芯)等。尤其是6类与屏蔽缆线因构成的方式较复杂，众多缆线的直径与硬度有较大的差异，在设计管线时应引起足够的重视。

为了保证水平电缆的传输性能及成束缆线在电缆线槽中或弯角处布放不会产生溢出的现象，故提出了线槽利用率在30%～50%的范围。

7 电气防护及接地

7.0.1 随着各种类型的电子信息系统在建筑物内的大量设置，各种干扰源将会影响到综合布线电缆的传输质量与安全。表9列出的射频应用设备又称为ISM设备，我国目前常用的ISM设备大致有15种。

表9　　CISPR 推荐设备及我国常见 ISM 设备一览表

序号	CISPR 推荐设备	我国常见 ISM 设备
1	塑料缝焊机	介质加热设备，如热合机等
2	微波加热器	微波炉
3	超声波焊接与洗涤设备	超声波焊接与洗涤设备
4	非金属干燥器	计算机及数控设备
5	木材胶合干燥器	电子仪器，如信号发生器
6	塑料预热器	超声波探测仪器
7	微波烹饪设备	高频感应加热设备，如高频熔炼炉等
8	医用射频设备	射频溅射设备、医用射频设备
9	超声波医疗器械	超声波医疗器械，如超声波诊断仪等
10	电灼器械、透热疗设备	透热疗设备，如超短波理疗机等
11	电火花设备	电火花设备
12	射频引弧弧焊机	射频引弧弧焊机
13	火花透热疗法设备	高频手术刀
14	摄谱仪	摄谱仪用等离子电源
15	塑料表面腐蚀设备	高频电火花真空检漏仪

注：国际无线电干扰特别委员会称 CISPR。

7.0.2 本条中第1和第2款综合布线系统选择缆线和配线设备时，应根据用户要求，并结合建筑物的环境状况进行考虑。

当建筑物在建或已建成但尚未投入使用时，为确定综合布线系统的选型，应测定建筑物周围环境的干扰场强度。对系统与其他干扰源之间的距离是否符合规范要求进行摸底，根据取得的数据和资料，用规范中规定的各项指标要求进行衡量，选择合适的器件和采取相应的措施。

光缆布线具有最佳的防电磁干扰性能，既能防电磁泄漏，也不受外界电磁干扰影响，在电磁干扰较严重的情况下，是比较理想的防电磁干扰布线系统。本着技术先进、经济合理、安全适用的设计原则在满足电气防护各项指标的前提下，应首选屏蔽缆线和屏蔽配线设备或采用必要的屏蔽措施进行布线，待光缆和光电转换设备价格下降后，也可采用光缆布线。总之应根据工程的具体情况，合理配置。

如果局部地段与电力线等平行敷设，或接近电动机、电力变压器等干扰源，且不能满足最小净距要求时，可采用钢管或金属线槽等局部措施加以屏蔽处理。

7.0.5 综合布线系统接地导线截面积可参考表10确定。

表10　　接地导线选择表

名称	楼层配线设备至大楼总接地体的距离	
	30m	100m
信息点的数量(个)	75 >75	450
选用绝缘铜导线的截面(mm2)	6 ~ 16	16 ~ 50

7.0.6 对于屏蔽布线系统的接地做法，一般在配线设备(FD、BD、CD)的安装机柜(机架)内设有接地端子，接地端子与屏蔽模块的屏蔽罩相连通，机柜(机架)接地端子则经过接地导体连至大楼等电位接地体。为了保证全程屏蔽效果，终端设备的屏蔽金属罩可通过相应的方式与TN－S系统的PE线接地，但不属于综合布线系统接地的设计范围。

8. 防火

8.0.2 对于防火缆线的应用分级，北美、欧NKIN际的相应标准中主要以缆线受火的燃烧程度及着火以后，火焰在缆线上蔓延的距离、燃烧的时间、热量与烟雾的释放、释放气体的毒性等指标，并通过实验室模拟缆线燃烧的现场状况实测取得。表11～表13分别列出缆线防火等级与测试标准，仅供参考。

表11　　通信缆线国际测试标准

IEC标准(自高向低排列)	
测试标准	缆线分级
IEC603323C－	
IEC60332－1	

注:参考现行IEC标准。

表 12　　通信电缆欧洲测试标准及分级表

欧盟标准(草案)(自高向低排列)	
测试标准	缆线分级
prEN50399－2－2 和 EN50265－2－1	B1
prEN50399－2－1 和 EN502652－1	B2
	C
	D
EN50265－2－1	E

注:欧盟 EUCPD 草案。

表 13　　通信缆线北美测试标准及分级表

测试标准	NEC 标准(自高向低排列)	
	电缆分级	光缆分级
UL910(NFPA262)	CMP(阻燃级)	·FNP 或·FCP
UL1666	CMR(主干级)	·FNR 或 0FCR
UL1581	CM. CMG(通用级)	·FN(G)或 0FC(G)
VW－1	CMX(住宅级)	

注:参考现行 NEC2002 版。

对欧洲、美洲、国际的缆线测试标准进行同等比较以后，建筑物的缆线在不同的场合与安装敷设方式时，建议选用符合相应防火等级的缆线，并按以下几种情况分别列出：

1 在通风空间内(如吊顶内及高架地板下等)采用敞开方式敷设缆线时，可选用 CMP 级(光缆为·FNP 或·FCP)或 B1 级。

2 在缆线竖井内的主干缆线采用敞开的方式敷设时，可选用 CMR 级(光缆为·FNR 或·FCR)或 B2、C 级。

3 在使用密封的金属管槽做防火保护的敷设条件下，缆线可选用 CM 级(光缆为·FN 或·FC)或 D 级。

附录二　综合布线系统工程验收规范

建设部关于发布国家标准《综合布线系统工程验收规范》的公告

现批准《综合布线系统工程验收规范(中华人民共和国建设部公告第620号)》为国家标准，编号为GB50312-2007，自2007年10月1日起实施。其中，第5、2、5条为强制性条文，必须严格执行。原《建筑与建筑群综合布线系统工程验收规范》GB/T50312-2000同时废止。

1 总则

1.0.1 为统一建筑与建筑群综合布线系统工程施工质量检查、随工检验和竣工验收等工作的技术要求，特制定本规范。

1.0.2 本规范适用于新建.扩建和改建建筑与建筑群综合布线系统工程的验收。

1.0.3 综合布线系统工程实施中采用的工程技术文件、承包合同文件对工程质量验收的要求不得低于本规范规定。

1.0.4 在施工过程中，施工单位必须执行本规范有关施工质量检查的规定。建设单位应通过工地代表或工程监理人员加强工地的随工质量检查，及时组织隐蔽工程的检验和验收。

1.0.5 综合布线系统工程应符合设计要求，工程验收前应进行自检测试、竣工验收测试工作。

1.0.6 综合布线系统工程的验收，除应符合本规范外，还应符合国家现行有关技术标准、规范的规定。

2 环境检查

2.0.1 工作区、电信间、设备间的检查应包括下列内容：

1 工作区、电信间、设备间土建工程已全部竣工。房屋地面平整、光洁，门的高度和宽度应符合设计要求。

2 房屋预埋线槽、暗管、孔洞和竖井的位置、数量、尺寸均应符合设计要求。

3 铺设活动地板的场所，活动地板防静电措施及接地应符合设计要求。

4 电信间、设备间应提供220V带保护接地的单相电源插座。

5 电信间、设备间应提供可靠的接地装置，接地电阻值及接地装置的设置应符合设计要求。

6 电信间、设备间的位置、面积、高度、通风、防火及环境温、湿度等应符合设计要求。

2.0.2 建筑物进线间及入口设施的检查应包括下列内容：

1 引入管道与其他设施如电气、水、煤气、下水道等的位置间距应符合设计要求。

2 引入缆线采用的敷设方法应符合设计要求。

3 管线入口部位的处理应符合设计要求，并应检查采取排水及防止气、水、虫等进入的措施。

4 进线间的位置、面积、高度、照明、电源、接地、防火、防水等应符合设计要求。

2.0.3 有关设施的安装方式应符合设计文件规定的抗震要求。

3 器材及测试仪表工具检查

3.0.1 器材检验应符合下列要求：

1 工程所用缆线和器材的品牌、型号、规格、数量、质量应在施工前进行检查，应符合设计要求并具备相应的质量文件或证书，无出厂检验证明材料、质量文件或与设计不符者不得在工程中使用。

2 进口设备和材料应具有产地证明和商检证明。

3 经检验的器材应做好记录，对不合格的器件应单独存放，以备核查与处理。

4 工程中使用的缆线、器材应与订货合同或封存的产品在规格、型号、等级上相符。

5 备品、备件及各类文件资料应齐全。

3.0.2 配套型材、管材与铁件的检查应符合下列要求：

1 各种型材的材质、规格、型号应符合设计文件的规定，表面应光滑、平整，不得变形、断裂。预埋金属线槽、过线盒、接线盒及桥架等表面涂覆或镀层应均匀、完整，不得变形、损坏。

2 室内管材采用金属管或塑料管时，其管身应光滑、无伤痕，管孔无变形，孔径、壁厚应符合设计要求。

金属管槽应根据工程环境要求做镀锌或其他防腐处理。塑料管槽必须采用阻燃管槽，外壁应具有阻燃标记。

3 室外管道应按通信管道工程验收的相关规定进行检验。

4 各种铁件的材质、规格均应符合相应质量标准，不得有歪斜、扭曲、毛刺、断裂或破损。

5 铁件的表面处理和镀层应均匀、完整，表面光洁，无脱落、气泡等缺陷。

3.0.3 缆线的检验应符合下列要求：

1. 工程使用的电缆和光缆型式、规格及缆线的防火等级应符合设计要求。

2. 缆线所附标志、标签内容应齐全、清晰，外包装应注明型号和规格。

3. 缆线外包装和外护套需完整无损，当外包装损坏严重时，应测试合格后再在工程中使用。

4. 电缆应附有本批量的电气性能检验报告，施工前应进行链路或信道的电气性能及缆线长度的抽验，并做测试记录。

5. 光缆开盘后应先检查光缆端头封装是否良好。光缆外包装或光缆护套如有损伤，应对该盘光缆进行光纤性能指标测试，如有断纤，应进行处理，待检查合格才允许使用。光纤检测完毕，光缆端头应密封固定，恢复外包装。

6 光纤接插软线或光跳线检验应符合下列规定：

1）两端的光纤连接器件端面应装配合适的保护盖帽。

2）光纤类型应符合设计要求，并应有明显的标记。

3.0.4 连接器件的检验应符合下列要求：

1 配线模块、信息插座模块及其他连接器件的部件应完整，电气和机械性能等指标符合相应产品生产的质量标准。塑料材质应具有阻燃性能，并应满足设计要求。

2 信号线路浪涌保护器各项指标应符合有关规定。

3 光纤连接器件及适配器使用型式和数量、位置应与设计相符。

3.0.5 配线设备的使用应符合下列规定：

1 光、电缆配线设备的型式、规格应符合设计要求。

2 光、电缆配线设备的编排及标志名称应与设计相符。各类标志名称应统一，标志位置正确、清晰。

3.0.6 测试仪表和工具的检验应符合下列要求：

1 应事先对工程中需要使用的仪表和工具进行测试或检查，缆线测试仪表应附有相应检测机构的证明文件。

2 综合布线系统的测试仪表应能测试相应类别工程的各种电气性能及传输特性，其精度符合相应要求。测试仪表的精度应按相应的鉴定规程和校准方法进行定期检查和校准，经过相应计量部门校验取得合格证后，方可在有效期内使用。

3 施工工具，如电缆或光缆的接续工具：剥线器、光缆切断器、光纤熔接机、光纤磨光机、卡接工具等必须进行检查，合格后方可在工程中使用。

3.0.7 现场尚无检测手段取得屏蔽布线系统所需的相关技术参数时，可将认证检测机构或生产厂家附有的技术报告作为检查依据。

3.0.8 对绞电缆电气性能、机械特性、光缆传输性能及连接器件的具体技术指标和要求，应符合设计要求。经过测试与检查，性能指标不符合设计要求的设备和材料不得在工程中使用。

4 设备安装检验

4.0.1 机柜、机架安装应符合下列要求：

1 机柜、机架安装位置应符合设计要求，垂直偏差度不应大于3mm。

2 机柜、机架上的各种零件不得脱落或碰坏，漆面不应有脱落及划痕，各种标志应完整、清晰。

3 机柜、机架、配线设备箱体、电缆桥架及线槽等设备的安装应牢固，如有抗震要求，应按抗震设计进行加固。

4.0.2 各类配线部件安装应符合下列要求：

1 各部件应完整，安装就位，标志齐全。

2 安装螺丝必须拧紧，面板应保持在一个平面上。

4.0.3 信息插座模块安装应符合下列要求：

1 信息插座模块、多用户信息插座、集合点配线模块安装位置和高度应符合设计要求。

2 安装在活动地板内或地面上时，应固定在接线盒内，插座面板采用直立和水平等形式；接线盒盖可开启，并应具有防水、防尘、抗压功能。接线盒盖面应与地面齐平。

3 信息插座底盒同时安装信息插座模块和电源插座时，间距及采取的防护措施应符合设计要求。

4 信息插座模块明装底盒的固定方法根据施工现场条件而定。

5 固定螺丝需拧紧，不应产生松动现象。

6 各种插座面板应有标识，以颜色、图形、文字表示所接终端设备业务类型。

7 工作区内终接光缆的光纤连接器件及适配器安装底盒应具有足够的空间，并应符合设计要求。

4.0.4 电缆桥架及线槽的安装应符合下列要求：

1 桥架及线槽的安装位置应符合施工图要求，左右偏差不应超过50mm。

2 桥架及线槽水平度每米偏差不应超过 2mm。

3 垂直桥架及线槽应与地面保持垂直，垂直度偏差不应超过 3mm。

4 线槽截断处及两线槽拼接处应平滑、无毛刺。

5 吊架和支架安装应保持垂直，整齐牢固，无歪斜现象。

6 金属桥架、线槽及金属管各段之间应保持连接良好，安装牢固。

7 采用吊顶支撑柱布放缆线时，支撑点宜避开地面沟槽和线槽位置，支撑应牢固。

4.0.5 安装机柜、机架、配线设备屏蔽层及金属管、线槽、桥架使用的接地体应符合设计要求，就近接地，并应保持良好的电气连接。

5 缆线的敷设和保护方式检验

5.1 缆线的敷设

5.1.1 缆线敷设应满足下列要求：

1. 缆线的型式、规格应与设计规定相符。

2. 缆线在各种环境中的敷设方式、布放间距均应符合设计要求。

3. 缆线的布放应自然平直，不得产生扭绞、打圈、接头等现象，不应受外力的挤压和损伤。

4. 缆线两端应贴有标签，应标明编号，标签书写应清晰、端正和正确。标签应选用不易损坏的材料。

5. 缆线应有余量以适应终接、检测和变更。对绞电缆预留长度：在工作区宜为 3～6cm，电信间宜为 0、5～2m，设备间宜为 3～5m；光缆布放路由宜盘留，预留长度宜为 3～5m，有特殊要求的应按设计要求预留长度。

6. 缆线的弯曲半径应符合下列规定：

1）非屏蔽 4 对对绞电缆的弯曲半径应至少为电缆外径的 4 倍。

2）屏蔽 4 对对绞电缆的弯曲半径应至少为电缆外径的 8 倍。

3）主干对绞电缆的弯曲半径应至少为电缆外径的 10 倍。

4）2 芯或 4 芯水平光缆的弯曲半径应大于 25mm；其他芯数的水平光缆、主干光缆和室外光缆的弯曲半径应至少为光缆外径的 10 倍。

7 缆线间的最小净距应符合设计要求：

1）电源线、综合布线系统缆线应分隔布放，并应符合表 5.1.1－1 的规定。

表 5.1.1－1 对绞电缆与电力电缆最小净距表

条件	最小净距（mm）		
	380V ＜2kV·A	380V 2～5kV·A	380V ＞5kV·A
对绞电缆与电力电缆平行敷设	130	300	600
有一方在接地的金属槽道或钢管中	70	150	300
双方均在接地的金属槽道或钢管中②	10①	80	150

注：①当380V电力电缆<2kV·A，双方都在接地的线槽中，且平行长度≤10m时，最小间距可为10mm。

②双方都在接地的线槽中，系指两个不同的线槽，也可在同一线槽中用金属板隔开。

2）综合布线与配电箱、变电室、电梯机房、空调机房之间最小净距宜符合表5.1.1－2的规定。

表5.1.1－2　综合布线电缆与其他机房最小净距

名称	最小净距(m)	名称	最小净距(m)
配电箱	1	电梯机房	2
变电室	2	空调机房	2

3）建筑物内电、光缆暗管敷设与其他管线最小净距见表5.1.1－3的规定。

表5.1.1－3　综合布线缆线及管线与其他管线的间距

管线种类	平行净距(mm)	垂直交叉净距(mm)
避雷引下线	1000	300
保护地线	50	20
热力管(不包封)	500	500
热力管(包封)	300	300
给水管	150	20
煤气管	300	20
压缩空气管	150	20

4）综合布线缆线宜单独敷设，与其他弱电系统各子系统缆线间距应符合设计要求。

5）对于有安全保密要求的工程，综合布线缆线与信号线、电力线、接地线的间距应符合相应的保密规定。对于具有安全保密要求的缆线应采取独立的金属管或金属线槽敷设。

8 屏蔽电缆的屏蔽层端到端应保持完好的导通性。

5.1.2 预埋线槽和暗管敷设缆线应符合下列规定：

1 敷设线槽和暗管的两端宜用标志表示出编号等内容。

2 预埋线槽宜采用金属线槽，预埋或密封线槽的截面利用率应为30%～50%。

3 敷设暗管宜采用钢管或阻燃聚氯乙烯硬质管。布放大对数主干电缆及4芯以上光缆时，直线管道的管径利用率应为50%～60%，弯管道应为40%～50%。暗管布放4对对绞电缆或4芯及以下光缆时，管道的截面利用率应为25%～30%。

5.1.3 设置缆线桥架和线槽敷设缆线应符合下列规定：

1 密封线槽内缆线布放应顺直，尽量不交叉，在缆线进出线槽部位、转弯处应绑扎固定。

2 缆线桥架内缆线垂直敷设时，在缆线的上端和每间隔1.5m处应固定在桥架的支架上；水平敷设时，在缆线的首、尾、转弯及每间隔5～10m处进行固定。

3 在水平、垂直桥架中敷设缆线时，应对缆线进行绑扎。对绞电缆、光缆及其他信号电缆应根据缆线的类别、数量、缆径、缆线芯数分束绑扎。绑扎间距不宜大于1.5m，间距应均匀，不宜绑扎过紧或使缆线受到挤压。

4 楼内光缆在桥架敞开敷设时应在绑扎固定段加装垫套。

5.1.4 采用吊顶支撑柱作为线槽在顶棚内敷设缆线时，每根支撑柱所辖范围内的缆线可以不设置密封线槽进行布放，但应分束绑扎，缆线应阻燃，缆线选用应符合设计要求。

5.1.5 建筑群子系统采用架空、管道、直埋、墙壁及暗管敷设电、光缆的施工技术要求应按照本地网通信线路工程验收的相关规定执行。

5.2 保护措施

5.2.1 配线子系统缆线敷设保护应符合下列要求：

1 预埋金属线槽保护要求：

1）在建筑物中预埋线槽，宜按单层设置，每一路由进出同一过路盒的预埋线槽均不应超过 3 根，线槽截面高度不宜超过 25mm，总宽度不宜超过 300mm。线槽路由中若包括过线盒和出线盒，截面高度宜在 70～100mm 范围内。

2）线槽直埋长度超过 30m 或在线槽路由交叉、转弯时，宜设置过线盒，以便于布放缆线和维修。

3）过线盒盖能开启，并与地面齐平，盒盖处应具有防灰与防水功能。

4）过线盒和接线盒盒盖应能抗压。

5）从金属线槽至信息插座模块接线盒间或金属线槽与金属钢管之间相连接时的缆线宜采用金属软管敷设。

2 预埋暗管保护要求：

1）预埋在墙体中间暗管的最大管外径不宜超过 50mm，楼板中暗管的最大管外径不宜超过 25mm，室外管道进入建筑物的最大管外径不宜超过 100mm。

2）直线布管每 30m 处应设置过线盒装置。

3）暗管的转弯角度应大于 90°，在路径上每根暗管的转弯角不得多于 2 个，并不应有 S 弯出现，有转弯的管段长度超过 20m 时，应设置管线过线盒装置；有 2 个弯时，不超过 15m 应设置过线盒。

4）暗管管口应光滑，并加有护口保护，管口伸出部位宜为 25～50mm。

5）至楼层电信间暗管的管口应排列有序，便于识别与布放缆线。

6）暗管内应安置牵引线或拉线。

7）金属管明敷时，在距接线盒 300mm 处，弯头处的两端，每隔 3m 处应采用管卡固定。

8）管路转弯的曲率半径不应小于所穿入缆线的最小允许弯曲半径，并且不应小于该管外径的 6 倍，如暗管外径大于 50mm 时，不应小于 10 倍。

3 设置缆线桥架和线槽保护要求：

1）缆线桥架底部应高于地面 2.2m 及以上，顶部距建筑物楼板不宜小于 300mm，与梁及其他障碍物交叉处间的距离不宜小于 50mm。

2）缆线桥架水平敷设时，支撑间距宜为 1.5～3m。垂直敷设时固定在建筑物结构体上的间距宜小于 2m，距地 1.8m 以下部分应加金属盖板保护，或采用金属走线柜包封，门应可开启。

3）直线段缆线桥架每超过 15～30m 或跨越建筑物变形缝时，应设置伸缩补偿装置。

4）金属线槽敷设时，在下列情况下应设置支架或吊架:线槽接头处;每间距 3m 处;离开线槽两端出口 0.5m 处;转弯处。

5）塑料线槽槽底固定点间距宜为 lm。

6）缆线桥架和缆线线槽转弯半径不应小于槽内线缆的最小允许弯曲半径，线槽直角弯处最小弯曲半径不应小于槽内最粗缆线外径的 10 倍。

7）桥架和线槽穿过防火墙体或楼板时，缆线布放完成后应采取防火封堵措施。

4 网络地板缆线敷设保护要求：

1）线槽之间应沟通。

2）线槽盖板应可开启。

3）主线槽的宽度宜在 200 ~ 400mm，支线槽宽度不宜小于 70mm。

4）可开启的线槽盖板与明装插座底盒间应采用金属软管连接。

5）地板块与线槽盖板应抗压、抗冲击和阻燃。

6）当网络地板具有防静电功能时，地板整体应接地。

7）网络地板板块间的金属线槽段与段之间应保持良好导通并接地。

5 在架空活动地板下敷设缆线时，地板内净空应为 150 ~ 300mm。若空调采用下送风方式则地板内净高应为 300 ~ 500mm。

6 吊顶支撑柱中电力线和综合布线缆线合一布放时，中间应有金属板隔开，间距应符合设计要求。

5.2.2 当综合布线缆线与大楼弱电系统缆线采用同一线槽或桥架敷设时，子系统之间应采用金属板隔开，间距应符合设计要求。

5.2.3 干线子系统缆线敷设保护方式应符合下列要求：

1 缆线不得布放在电梯或供水、供气、供暖管道竖井中，缆线不应布放在强电竖井中。

2 电信间、设备间、进线间之间干线通道应沟通。

5.2.4 建筑群子系统缆线敷设保护方式应符合设计要求。

5.2.5 当电缆从建筑物外面进入建筑物时，应选用适配的信号线路浪涌保护器，信号线路浪涌保护器应符合设计要求。

6 缆线终接

6.0.1 缆线终接应符合下列要求：

1 缆线在终接前，必须核对缆线标识内容是否正确。

2 缆线中间不应有接头。

3 缆线终接处必须牢固、接触良好。

4 对绞电缆与连接器件连接应认准线号、线位色标，不得颠倒和错接。

6.0.2 对绞电缆终接应符合下列要求：

1 终接时，每对对绞线应保持扭绞状态，扭绞松开长度对于 3 类电缆不应大于 75mm;对于 5 类电缆不应大于 13mm;对于 6 类电缆应尽量保持扭绞状态，减小扭绞松开长度。

2 对绞线与 8 位模块式通用插座相连时，必须按色标和线对顺序进行卡接。插座类型、色标和编号应符合图 6.0.2 的规定。两种连接方式均可采用，但在同一布线工程中两种连接方式不应混合使用。

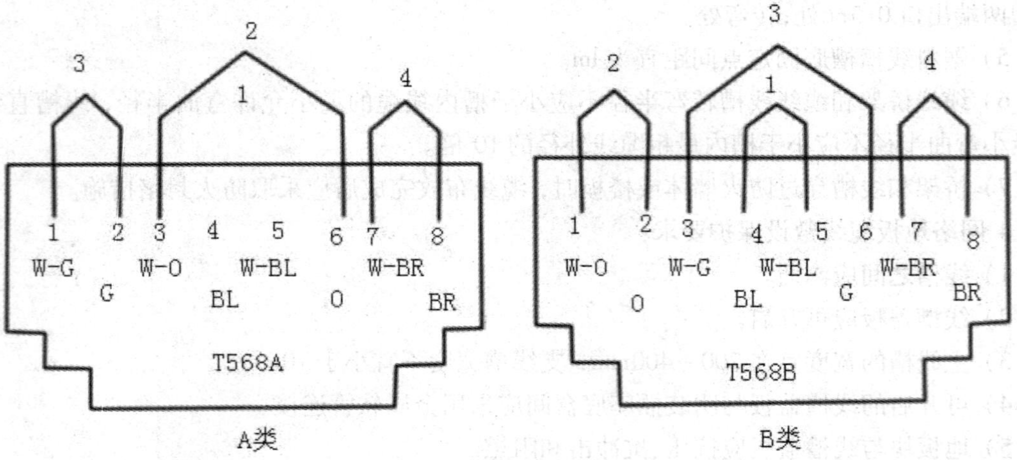

图 6.0.28 位模块式通用插座连接

G(Green)－绿;BL(BLue)－蓝;BR(Br·wn)－棕;W(White)－白;O(Orange)－橙

3 7类布线系统采用非RJ45方式终接时，连接图应符合相关标准规定。

4 屏蔽对绞电缆的屏蔽层与连接器件终接处屏蔽罩应通过紧固器件可靠接触，缆线屏蔽层应与连接器件屏蔽罩360°圆周接触，接触长度不宜小于10mm。屏蔽层不应用于受力的场合。

5 对不同的屏蔽对绞线或屏蔽电缆，屏蔽层应采用不同的端接方法。应对编织层或金属箔与汇流导线进行有效的端接。

6 每个2口86面板底盒宜终接2条对绞电缆或1根2芯/4芯光缆，不宜兼做过路盒使用。

6.0.3 光缆终接与接续应采用下列方式：

1 光纤与连接器件连接可采用尾纤熔接，现场研磨和机械连接方式。

2 光纤与光纤接续可采用熔接和光连接子(机械)连接方式。

6.0.4 光缆芯线终接应符合下列要求：

1 采用光纤连接盘对光纤进行连接、保护，在连接盘中光纤的弯曲半径应符合安装工艺要求。

2 光纤熔接处应加以保护和固定。

3 光纤连接盘面板应有标志。

4 光纤连接损耗值，应符合表6.0.4的规定。

表 6.0.4 光纤连接损耗值(dB)

连接类别	多模		单模	
	平均值	最大值	平均值	最大值
熔接	0.15	0.3	0.15	0.3
机械连接－	0.3	－	0.3	

6.0.5 各类跳线的终接应符合下列规定：

1 各类跳线缆线和连接器件间接触应良好，接线无误，标志齐全。跳线选用类型应符合系统设计要求。

2 各类跳线长度应符合设计要求。

7 工程电气测试

7.0.1 综合布线工程电气测试包括电缆系统电气性能测试及光纤系统性能测试。电缆系统电气性能测试项目应根据布线信道或链路的设计等级和布线系统的类别要求制定。各项测试结果应有详细记录，作为竣工资料的一部分。测试记录内容和形式宜符合表 7.0.1－1 和表 7.0.1－2 的要求。

表 7.0.1－1　综合布线系统工程电缆（链路/信道）性能指标测试记录

<table>
<tr><td colspan="4">工程项目名称</td><td colspan="8"></td></tr>
<tr><td rowspan="3">序号</td><td colspan="3" rowspan="2">编号</td><td colspan="7">内容</td><td rowspan="3">备注</td></tr>
<tr><td colspan="7">电缆系统</td></tr>
<tr><td>地址号</td><td>缆线号</td><td>设备号</td><td>长度</td><td>接线图</td><td>衰减</td><td>近端串音</td><td>……</td><td>电缆屏蔽层连通情况</td><td>其他任选项目</td></tr>
<tr><td></td><td></td><td></td><td></td><td></td><td></td><td></td><td></td><td></td><td></td><td></td><td></td></tr>
<tr><td></td><td></td><td></td><td></td><td></td><td></td><td></td><td></td><td></td><td></td><td></td><td></td></tr>
<tr><td colspan="4">测试日期、人员及
测试仪表型号
测试仪表精度</td><td></td><td></td><td></td><td></td><td></td><td></td><td></td><td></td></tr>
<tr><td colspan="4">处理情况</td><td></td><td></td><td></td><td></td><td></td><td></td><td></td><td></td></tr>
</table>

表 7.0.1－I　综合布线系统工程光纤（链路/信道）性能指标测试记录

<table>
<tr><td colspan="4">工程项目名称</td><td colspan="9"></td></tr>
<tr><td rowspan="4">序号</td><td colspan="3" rowspan="2">编号</td><td colspan="8">光缆系统</td><td rowspan="4">备注</td></tr>
<tr><td colspan="4">多模</td><td colspan="4">单模</td></tr>
<tr><td rowspan="2">地址号</td><td rowspan="2">缆线号</td><td rowspan="2">设备号</td><td colspan="2">850nm</td><td colspan="2">1300nm</td><td colspan="2">1310nm</td><td colspan="2">1550nm</td></tr>
<tr><td>衰减（插入损耗）</td><td>长度</td><td>衰减（插入损耗）</td><td>长度</td><td>衰减（插入损耗）</td><td>长度</td><td>衰减（插入损耗）</td><td>长度</td></tr>
<tr><td></td><td></td><td></td><td></td><td></td><td></td><td></td><td></td><td></td><td></td><td></td><td></td><td></td></tr>
<tr><td></td><td></td><td></td><td></td><td></td><td></td><td></td><td></td><td></td><td></td><td></td><td></td><td></td></tr>
<tr><td colspan="4">测试日期、人员及
测试仪表型号
测试仪表精度</td><td></td><td></td><td></td><td></td><td></td><td></td><td></td><td></td><td></td></tr>
<tr><td colspan="4">处理情况</td><td></td><td></td><td></td><td></td><td></td><td></td><td></td><td></td><td></td></tr>
</table>

7.0.2 对绞电缆及光纤布线系统的现场测试仪应符合下列要求：

1 应能测试信道与链路的性能指标。

2 应具有针对不同布线系统等级的相应精度，应考虑测试仪的功能、电源、使用方法等因素。

3 测试仪精度应定期检测，每次现场测试前仪表厂家应出示测试仪的精度有效期限证明。

7.0.3 测试仪表应具有测试结果的保存功能并提供输出端口，将所有存贮的测试数据输出至计算机和打印机，测试数据必须不被修改，并进行维护和文档管理。测试仪表应提供所有测试项目、概要和详细的报告。测试仪表宜提供汉化的通用人机界面。

8 管理系统验收

8.0.1 综合布线管理系统宜满足下列要求：

1 管理系统级别的选择应符合设计要求。

2 需要管理的每个组成部分均设置标签，并由惟一的标识符进行表示，标识符与标签的设置应符合设计要求。

3 管理系统的记录文档应详细完整并汉化，包括每个标识符相关信息、记录、报告、图纸等。

4 不同级别的管理系统可采用通用电子表格、专用管理软件或电子配线设备等进行维护管理。

8.0.2 综合布线管理系统的标识符与标签的设置应符合下列要求：

1 标识符应包括安装场地、缆线终端位置、缆线管道、水平链路、主干缆线、连接器件、接地等类型的专用标识，系统中每一组件应指定一个惟一标识符。

2 电信间、设备间、进线间所设置配线设备及信息点处均应设置标签。

3 每根缆线应指定专用标识符，标在缆线的护套上或在距每一端护套 300mm 内设置标签，缆线的终接点应设置标签标记指定的专用标识符。

4 接地体和接地导线应指定专用标识符，标签应设置在靠近导线和接地体的连接处的明显部位。

5 根据设置的部位不同，可使用粘贴型、插入型或其他类型标签。标签表示内容应清晰，材质应符合工程应用环境要求，具有耐磨、抗恶劣环境、附着力强等性能。

6 终接色标应符合缆线的布放要求，缆线两端终接点的色标颜色应一致。

8.0.3 综合布线系统各个组成部分的管理信息记录和报告，应包括如下内容：

1 记录应包括管道、缆线、连接器件及连接位置、接地等内容，各部分记录中应包括相应的标识符、类型、状态、位置等信息。

2 报告应包括管道、安装场地、缆线、接地系统等内容，各部分报告中应包括相应的记录。

8.0.4 综合布线系统工程如采用布线工程管理软件和电子配线设备组成的系统进行管理和维护工作，应按专项系统工程进行验收。

9 工程验收

9.0.1 竣工技术文件应按下列要求进行编制：

1 工程竣工后，施工单位应在工程验收以前，将工程竣工技术资料交给建设单位。

2 综合布线系统工程的竣工技术资料应包括以下内容：

1）安装工程量。

2）工程说明。

3）设备、器材明细表。

4）竣工图纸。

5）测试记录（宜采用中文表示）。

6）工程变更、检查记录及施工过程中，需更改设计或采取相关措施，建设、设计、施工等单位之间的双方洽商记录。

7）随工验收记录。

8）隐蔽工程签证。

9）工程决算。

3 竣工技术文件要保证质量，做到外观整洁，内容齐全，数据准确。

9.0.2 综合布线系统工程，应按本规范附录 A 所列项目、内容进行检验。检测结论作为工程竣工资料的组成部分及工程验收的依据之一。

1 系统工程安装质量检查，各项指标符合设计要求，则被检项目检查结果为合格；被检项目的合格率为 100%，则工程安装质量判为合格。

2 系统性能检测中，对绞电缆布线链路、光纤信道应全部检测，竣工验收需要抽验时，抽样比例不低于 10%，抽样点应包括最远布线点。

3 系统性能检测单项合格判定：

1）如果一个被测项目的技术参数测试结果不合格，则该项目判为不合格。如果某一被测项目的检测结果与相应规定的差值在仪表准确度范围内，则该被测项目应判为合格。

2）按本规范附录 B 的指标要求，采用 4 对对绞电缆作为水平电缆或主干电缆，所组成的链路或信道有一项指标测试结果不合格，则该水平链路、信道或主干链路判为不合格。

3）主干布线大对数电缆中按 4 对对绞线对测试，指标有一项不合格，则判为不合格。

4）如果光纤信道测试结果不满足本规范附录 C 的指标要求，则该光纤信道判为不合格。

5）未通过检测的链路、信道的电缆线对或光纤信道可在修复后复检。

4 竣工检测综合合格判定：

1）对绞电缆布线全部检测时，无法修复的链路、信道或不合格线对数量有一项超过被测总数的 1%，则判为不合格。光缆布线检测时，如果系统中有一条光纤信道无法修复，则判为不合格。

2）对绞电缆布线抽样检测时，被抽样检测点（线对）不合格比例不大于被测总数的 1%，则视为抽样检测通过，不合格点（线对）应予以修复并复检。被抽样检测点（线对）不合格比例如果大于 1%，则视为一次抽样检测未通过，应进行加倍抽样，加倍抽样不合格比例不大于 1%，则视为抽样检测通过。若不合格比例仍大于 1%，则视为抽样检测不通过，应进行全部检测，并按全部检测要求进行判定。

3）全部检测或抽样检测的结论为合格，则竣工检测的最后结论为合格；全部检测的结论为不合格，则竣工检测的最后结论为不合格。

5 综合布线管理系统检测，标签和标识按 10% 抽检，系统软件功能全部检测。检测结果符合设计要求，则判为合格。

附录 A 综合布线系统工程检验项目及内容

表 A 检验项目及内容

阶段	验收项目	验收内容	验收方式
施工前检查	1. 环境要求	(1)土建施工情况:地面、墙面、门、电源插座及接地装置; (2)土建工艺:机房面积、预留孔洞; (3)施工电源; (4)地板铺设; (5)建筑物入口设施检查施工前检查	施工前检查
	2. 器材检验	(1)外观检查; (2)型式、规格、数量; (3)电缆及连接器件电气特性测试; (4)光纤及连接器件特性测试; (5)测试仪表和工具的检验	
	3. 安全、防火要求	(1)消防器材; (2)危险物的堆放; (3)预留孔洞防火措施	
设备安装	1. 电信间、设备间、设备机柜、机架	(1)规格、外观; (2)安装垂直、水平度; (3)油漆不得脱落，标志完整齐全; (4)各种螺丝必须紧固; (5)抗震加固措施; (6)接地措施随工检验	随工检验
	2. 配线模块及 8 位模块式通用插座	(1)规格、位置、质量; (2)各种螺丝必须拧紧; (3)标志齐全; (4)安装符合工艺要求; (5)屏蔽层可靠连接	

续表

阶段	验收项目	验收内容	验收方式
电、光缆布放(楼内)	1. 电缆桥架及线槽布放	(1)安装位置准确; (2)安装符合工艺要求; (3)符合布放缆线工艺要求; (4)接地	随工检验
	2. 缆线暗敷(包括暗管、线槽、地板下等方式)	(1)缆线规格、路由、位置; (2)符合布放缆线工艺要求; (3)接地	隐蔽工程签证
电、光缆布放(楼间)	1. 架空缆线	(1)吊线规格、架设位置、装设规格; (2)吊线垂度; (3)缆线规格 (4)卡、挂间隔; (5)缆线的引入符合工艺要求	随工检验
	2. 管道缆线	(1)使用管孔孔位; (2)缆线规格; (3)缆线走向; (4)缆线的防护设施的设置质量	隐蔽工程签证
	3. 埋式缆线	(1)缆线规格; (2)敷设位置、深度; (3)缆线的防护设施的设置质量; (4)回土夯实质量	
	4. 通道缆线	(1)缆线规格; (2)安装位置,路由; (3)土建设计符合工艺要求	
	5. 其他	(1)通信路线与其他设施的间距; (2)进线室设施安装、施工质量	随工检验或隐蔽工程签证

续表

阶段	验收项目	验收内容	验收方式
缆线终接	1.8 位模块式通用插座	符合工艺要求	随工检验
	2. 光纤连接器件	符合工艺要求	
	3. 各类跳线	符合工艺要求	
	4. 配线模块	符合工艺要求	
系统测试	1. 工程电气性能测试	(1)连接图; (2)长度; (3)衰减; (4)近端串音; (5)近端串音功率和; (6)衰减串音比; (7)衰减串音比功率和; (8)等电平远端串音; (9)等电平远端串音功率和; (10)回波损耗; (11)传播时延; (12)传播时延偏差; (13)插入损耗; (14)直流环路电阻; (15)设计中特殊规定的测试内容; (16)屏蔽层的导通	竣工检验
	2. 光纤特性测试	(1)衰减; (2)长度	
管理系统	1. 管理系统级别	符合设计要求	竣工检验
	2. 标识符与标签调设置	(1)专用标识符类型及组成; (2)标签设置; (3)标签材质及色标	
	3. 记录和报告	(1)记录信息; (2)报告; (3)工程图纸	
工程总验收	1. 竣工技术文件	清点、交接技术文件	
	2. 工程验收评价	考核工程质量,确认验收结果	

注:系统测试内容的验收亦可在随工中进行检验。

附录B　综合布线系统工程电气测试方法及测试内容

B.0.1 3类和5类布线系统按照基本链路和信道进行测试，5e类和6类布线系统按照永久链路和信道进行测试，测试按图B.0.1－1～图B.0.1－3进行连接。

1 基本链路连接模型应符合图B.0.1－1的方式。

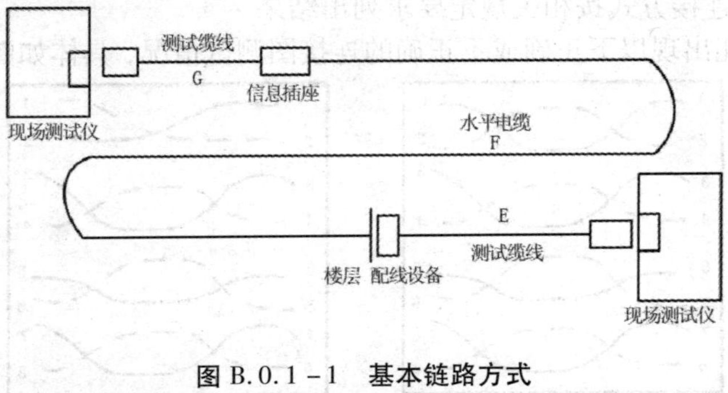

图B.0.1－1　基本链路方式

G＝E＝2m　F≤90m

2 永久链路连接模型：适用于测试固定链路（水平电缆及相关连接器件）性能。链路连接应符合图B.0.1－2的方式。

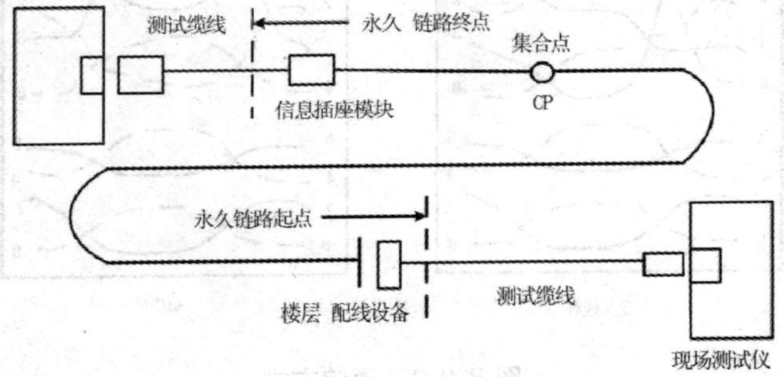

图B.0.1－2　永久链连接方式

F－从信息插座至楼层配线设备（包括集合点）的水平电缆　F≤90m

3 信道连接模型：在永久链路连接模型的基础上，包括了工作区和电信间的设备电缆和跳线在内的整体信道性能。信道连接应符合图B.0.1－3方式。

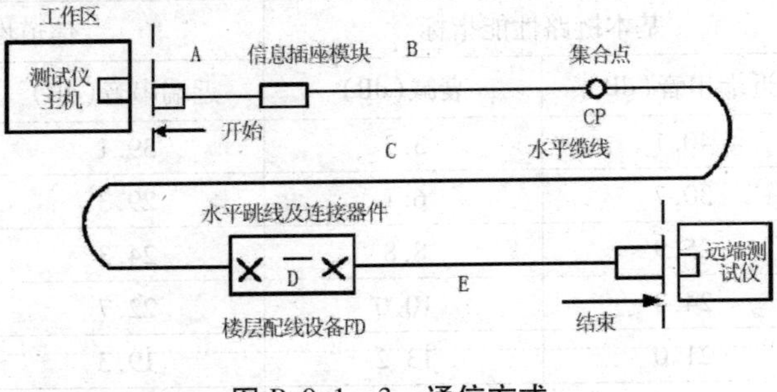

图B.0.1－3　通信方式

A－工作区终端设备电缆；B－CP缆线；C－水平缆线；

D－配线设备连接跳线；E－配线设备到设备连接电缆

B + C≤90m　A + D + E≤10m

信道包括：最长 90m 的水平缆线、信息插座模块、集合点、电信间的配线设备、跳线、设备线缆在内，总长不得大于 100m。

B. 0. 2 测试包括以下内容：

1 接线图的测试，主要测试水平电缆终接在工作区或电信间配线设备的 8 位模块式通用插座的安装连接正确或错误。正确的线对组合为：1/2. 3/6. 4/5. 7/8，分为非屏蔽和屏蔽两类，对于非 RJ45 的连接方式按相关规定要求列出结果。

布线过程中可能出现以下正确或不正确的连接图测试情况，具体如图 B. 0. 2 所示。

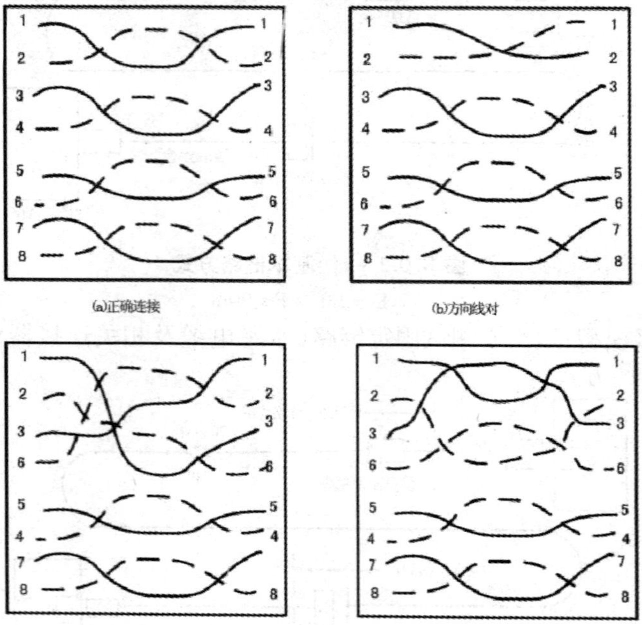

(a)正确连接　(b)方向线对　(c)交叉线对　(d)串对

图 B. 0. 2　通信方式

2 布线链路及信道缆线长度应在测试连接图所要求的极限长度范围之内。

B. 0. 3 3 类和 5 类水平链路及信道测试项目及性能指标应符合表 B. 0. 3 – 1 和表 B. 0. 3 – 2 的要求（测试条件为环境温度 20℃）。

表 B. 0. 3 – 1　3 类水平链路及信道性能指标

频率（MHz）	基本链路性能指标		信道性能指标	
	近端串音（dB）	衰减（dB）	近端串音（dB）	衰减（dB）
1.00	40.1	3.2	39.1	4.2
4.00	30.7	6.1	29.3	7.3
8.00	25.9	8.8	24.3	10.2
10.00	24.3	10.0	22.7	11.5
16.00	21.0	13.2	19.3	14.9
长度（m）	94		100	

表 B.0.3-2　　5 类水平链路及信道性能指标

频率(MHz)	基本链路性能指标		信道性能指标	
	近端串音(dB)	衰减(dB)	近端串音(dB)	衰减(dB)
1.00	60.0	2.1	60.0	2.5
4.00	51.8	4.0	50.6	4.5
8.00	47.1	5.7	45.6	6.3
10.00	45.5	6.3	44.0	7.0
16.00	42.3	8.2	40.6	9.2
20.00	40.7	9.2	39.0	10.3
25.00	39.1	10.3	37.4	11.4
31.25	37.6	11.5	35.7	12.8
62.50	32.7	16.7	30.6	18.5
100.00	29.3	21.6	27.1	24.0
长度(m)	94		100	

注:基本链路长度为94m，包括90m水平缆线及4m测试仪表的测试电缆长度，在基本链路中不包括CP点。

B.0.4 5e类.6类和7类信道测试项目及性能指标应符合以下要求(测试条件为环境温度20℃)。

1 回波损耗(RL):只在布线系统中的C、D、E、F级采用，信道的每一线对和布线的两端均应符合回波损耗值的要求，布线系统信道的最小回波损耗值应符合表B.0.4-1的规定，并可参考表B.0.4-2所列关键频率的回波损耗建议值。

表 B.0.4-1　　信道回波损耗值

级别	频率(MHz)	最小回波损耗(dB)
C	1≤f <16	15.0
D	1≤ f<20	17.0
	20≤ f≤100	30-10lg( )
E	1≤ f<10	19.0
	10≤f <40	24-5lg( )
	40≤ f<250	32-10lg( )

续表

级别	频率(MHz)	最小回波损耗(dB)
F	1≤ f<10	19.0
	10≤ f<40	24 - 5lg( )
	40≤ f<251.2	32 - 10lg( )
	251.2≤ f≤600	8.0

表 B.0.4 - 2　　信道回波损耗建议值

频率(MHz)	最小回波损耗(dB)			
C级	D级	E级	F级	
1	15.0	17.0	19.0	19.0
16	15.0	17.0	18.0	18.0
100	-	10.0	12.0	12.0
250	-	-	8.0	8.0
600	-	-	-	8.0

2 插入损耗(IL):布线系统信道每一线对的插入损耗值应符合表 B.0.4 - 3 的规定，并可参考表 B.0.4 - 4 所列关键频率的插入损耗建议值。

表 B.0.4 - 3　　信道插入损耗值

级别	频率(MHz)	最大插入损耗(dB)
A	f=0.1	16.0
B	f=0.1	5.5
	f=1	5.8
C	1≤ f≤16	1.05 × (3.23) +4 ×0.2
D	1≤ ≤100	1.05 × (1.9108 +0.0222 ×f +0.2/) +4 ×0.04 ×
E	1≤ ≤250	1.05 × (1.82 +0.0169 ×f +0.25/) +4 ×0.02 ×
F	1≤ ≤600	1.05 × (1.8 +0.01 ×f +0.2/) +4 ×0.02 ×

注:插入损耗(IL)的计算值小于 4.0dB 时均按 4.0dB 考虑。

表 B.0.4 - 4　　信道插入损耗建议值

频率(MHz)	最大插入损耗(dB)					
	A 级	B 级	C 级	D 级	E 级	F 级
0.1	16.0	5.5	–	–	–	–
1	–	5.8	4.2	4.0	4.0	4.0
16	–	–	14.4	9.1	8.3	8.1
100	–	–	–	24.0	21.7	20.8
250	–	–	–	–	35.9	33.8
600	–	–	–	–	–	54.6

3 近端串音(NEXT):在布线系统信道的两端，线对与线对之间的近端串音值均应符合表 B.0.4－5 的规定，并可参考表 B.0.4－6 所列关键频率的近端串音建议值。

表 B.0.4－5　　信道近端串音值

级别	频率(MHz)	最小 NEXT(dB)
A	f＝0.1	27.0
B	0.1≤ f≤1	
C	1≤ f≤16	
D	1≤ f≤100	$-20\lg\left[10\frac{65.3-15\lg(f)}{-20}+2\times10\frac{83-20\lg(f)}{-20}\right]$①
E	1≤ f≤250	$-20\lg\left[10\frac{74.3-15\lg(f)}{-20}+2\times10\frac{94-20\lg(f)}{-20}\right]$②
F	1≤ f≤600	$-20\lg\left[10-\frac{102.4-15\lg(f)}{-20}+2\times10\frac{102.4-20\lg(f)}{-20}\right]$③

注:①NEXT 计算值大于 60.0dB 时均按 60.0dB 考虑。

②NEXT 计算值大于 65.0dB 时均按 65.0dB 考虑。

表 B.0.4－6　　信道近端串音建议值

频率(MHz)	最大插入损耗(dB)					
	A 级	B 级	C 级	D 级	E 级	F 级
0.1	27.0	40.0	–	–	–	–
1	–	25.0	39.1	60.0	65.0	65.0
16	–	–	19.4	43.6	53.2	65.0
频率(MHz)	最大插入损耗(dB)					
	A 级	B 级	C 级	D 级	E 级	F 级
100	–	–	–	30.1	39.9	62.9
250	–	–	–	33.1	56.9	
600	–	–	–	–	–	51.2

4 近端串音功率 N(PSNEXT):只应用于布线系统的 D、E、F 级，信道的每一线对和布线的

两端均应符合 PSNEXT 值要求，布线系统信道的最小 PSNEXT 值应符合表 B.0.4－7 的规定，并可参考表 B.0.4－8 所列关键频率的近端串音功率和建议值。

表 B.0.4－7　　信道 PSNEXT 值

级别	频率(MHz)	最小 PSNEXT(dB)
D	1≤f ≤100	$-20\lg\left[10^{\frac{62.3-15\lg(f)}{-20}}+2\times10^{\frac{80-20\lg(f)}{-20}}\right]$ ①
E	1≤ f≤250	$-20\lg\left[10^{\frac{72.3-15\lg(f)}{-20}}+2\times10^{\frac{90-20\lg(f)}{-20}}\right]$ ②
F	1≤ f≤600	$-20\lg\left[10^{\frac{99.4-15\lg(f)}{-20}}+2\times10^{\frac{99.4-15\lg(f)}{-20}}\right]$ ②

注：①PSNEXT 计算值大于 57.0dB 时均按 57.0dB 考虑。
②PSNEXT 计算值大于 62.0dB 时均按 62.0dB 考虑。

表 B.0.4－8　　信道 PSNEXT 建议值

频率(MHz)	最小 PSNEXT(dB)		
	D 级	E 级	F 级
1	57.0	62.0	62.0
16	40.6	50.6	62.0
100	27.1	37.1	59.9
250	–	30.2	53.9
600	–	–	48.2

5 线对与线对之间的衰减串音比(ACR)：只应用于布线系统的 D、E、F 级，信道的每一线对和布线的两端均应符合 ACR 值要求。布线系统信道的 ACR 值可用以下计算公式进行计算，并可参考表 B.0.4－9 所列关键频率的 ACR 建议值。

线对 i 与 k 间衰减串音比的计算公式：

ACRik = NEXTik − ILK　(B.0.4－1)

式中，i——线对号；

k——线对号；

NEXTik——线对 i 与线对 k 间的近端串音；

ILk——线对 k 的插入损耗。

表 B.0.4 -9 信道 ACR 建议值

频率(MHz)	最小 ACR(dB)		
	D 级	E 级	F 级
1	56.0	61.0	61.0
16	34.5	44.9	56.9
100	6.1	18.2	42.1
250	–	–2.8	23.1
600	–	–	–3.4

6 ACR 功率和(PSACR):为近端串音功率和与插入损耗之间的差值，信道的每一线对和布线的两端均应符合要求。布线系统信道的 PSACR 值可用以下计算公式进行计算，并可参考表 B.0.4 –10 所列关键频率的 PSACR 建议值。

线对 k 的 ACR 功率和的计算公式:

PSACRk = PSNEXTk – ILk(B.0.42)

式中，k——线对号;

PSNEXTk——线对 k 的近端串音功率和;

ILk——线对 k 的插入损耗。

表 B.0.4 –10 信道 PSACR 建议值

频率(MHz)	最小 PSACR(dB)		
	D 级	E 级	F 级
1	53.0	58.0	58.0
16	31.5	42.3	53.9
100	3.1	15.4	39.1
250	–	–5.8	20.1
600	–	–	–6.4

7 线对与线对之间等电平远端串音(ELFEXT):为远端串音与插入损耗之间的差值，只应用于布线系统的 D、E、F 级。布线系统信道每一线对的 ELFEXT 数值应符合表 B.0.4 –11 的规定，并可参考表 B.0.4 –12 所列关键频率的 ELFEXT 建议值。

表 B.0.4 –11 信道 ELFEXT 值

级别	频率(MHz)	最小 ELFEXT(dB)①
D	1≤f≤100	$-20\lg\left[10^{\frac{63.8-20\lg(f)}{-20}}+4\times10^{\frac{75.1-20\lg(f)}{-20}}\right]$②
E	1≤f≤250	$-20\lg\left[10^{\frac{67.8-20\lg(f)}{-20}}+4\times10^{\frac{83.1-20\lg(f)}{-20}}\right]$③
F	1≤f≤600	$-20\lg\left[10^{\frac{94-20\lg(f)}{-20}}+4\times10^{\frac{90-15\lg(f)}{-20}}\right]$③

注:①与测量的近端串音 FEXT 值对应的 ELFEXT 值若大于 70.0dB 则仅供参考。

②ELFEXT 计算值大于 60.0dB 时均按 60.0dB 考虑。

③ELFEXT 计算值大于 65.0dB 时均按 65.0dB 考虑。

表 B.0.4－12　　信道 ELFEXT 建议值

频率（MHz）	最小 ELFEXT(dB)		
	D 级	E 级	F 级
1	57.4	63.3	65.0
16	33.3	39.2	57.5
100	17.4	23.3	44.4
250	–	15.3	37.8
600	–	–	31.3

8 等电平远端串音功率和（PSELFEXT）：布线系统信道每一线对的 PSELFEXT 数值应符合表 B.0.4－13 的规定，并可参考表 B.0.4－14 所列关键频率的 PSELFEXT 建议值。

表 B.0.4－13　　信道 PSELFEXT 值

级别	频率（MHz）	最小 PSELFEXT(dB)①
D	$1 \leqslant f \leqslant 100$	$-20\lg\left[10^{\frac{60.8-20\lg(f)}{-20}}+4\times10^{\frac{72.1-20\lg(f)}{-20}}\right]$②
E	$1 \leqslant f \leqslant 250$	$-20\lg\left[10^{\frac{64.8-20\lg(f)}{-20}}+4\times10^{\frac{80.1-20\lg(f)}{-20}}\right]$③
F	$1 \leqslant f \leqslant 600$	$-20\lg\left[10^{\frac{91-20\lg(f)}{-20}}+4\times10^{\frac{80.1-20\lg(f)}{-20}}\right]$③

注：①与测量的远端串音 FEXT 值对应的 PSELFEXT 值若大于 70.0dB 则仅供参考。

②PSELFEXT 计算值大于 57.0dB 时均按 57.0dB 考虑。

③PSELFEXT 计算值大于 62.0dB 时均按 62.0dB 考虑。

表 B.0.4－14　　信道 PSELFEXT 建议值

频率（MHz）	最小 PSELFEXT(dB)＋		
	D 级	E 级	F 级
1	54.4	60.3	62.0
16	30.3	36.2	54.5
100	14.4	20.3	41.4
250	–	12.3	34.8
600	–	–	28.3

9 直流（D.C.）环路电阻：布线系统信道每一线对的直流环路电阻应符合表 B.0.4－15 的规定。

表 B.0.4－15　　信道直流环路电阻

最大直流环路电阻(Ω)					
A 级	B 级	C 级	D 级	E 级	F 级
560	170	40	25	25	25

10 传播时延:布线系统信道每一线对的传播时延应符合表 B.0.4－16 的规定，并可参考表 B.0.4－17 所列的关键频率建议值。

表 B.0.4－16　　信道传播时延

级别	频率(MHz)	最大传播时延(us)
A	f＝0.1	20.000
B	0.1≤ f≤1	5.000
C	1≤ f≤16	$0.534+0.036/\sqrt{f}+4\times0.0025$
D	1≤f≤100	$0.534+0.036/\sqrt{f}+4\times0.0025$
E	1≤g ≤250	$0.534+0.036/\sqrt{f}+4\times0.0025$
F	1≤ f≤600	$0.534+0.036/\sqrt{f}+4\times0.0025$

表 B.0.4－17　　信道传播时延建议值

频率(MHz)	最大传播时延(us)					
	A 级	B 级	C 级	D 级	E 级	F 级
0.1	20.000	5.000	－	－	－	－
1	－	5.000	0.580	0.580	0.580	0.580
16	－	－	0.553	0.553	0.553	0.553
100	－	－	－	0.548	0.548	0.548
250	－	－	－	－	0.546	0.546
600	－	－	－	－	－	0.545

11 传播时延偏差:布线系统信道所有线对间的传播时延偏差应符合表 B.0.4－18 的规定。

表 B.0.4－18　　信道传播时延偏差

等级	频率(MHz)	最大时延偏差(us)
A	f＝0.1	－
B	0.1≤ f≤1	－
C	1≤ f≤16	0.050①
D	1≤ f≤100	0.050①
E	1≤ f≤250	0.050①
F	1≤f ≤600	0.030②

注:①0.050 为 $0.045+4\times0.00125$ 计算结果。

②0.030 为 $0.025+4\times0.00125$ 计算结果。

B.0.5 5e 类.6 类和 7 类永久链路或 CP 链路测试项目及性能指标应符合以下要求：

1 回波损耗（RL）：布线系统永久链路或 CP 链路每一线对和布线两端的回波损耗值应符合表 B.0.5－1 的规定，并可参考表 B.0.5－2 所列的关键频率建议值。

表 B.0.5－1　　永久链路或 CP 链路回波损耗值

级别	频率（MHz）	最小回波损耗（dB）
C1≤ f≤16	15.0	
D	1≤ f<20	19.0
	20≤ f≤100	32－10lg（f）
E	1≤ f<10	21.0
	10≤ f<40	26－5lg（f）
	40≤ f≤250	34－10lg（f）
F	1≤ f<10	21.0
	10≤ f<40	26－5lg（f）
	40≤ f<251.2	34－10lg（f）
	251.2≤ f≤600	10.0

表 B.0.5－2　　永久链路回波损耗建议值

频率（MHz）	最小回波损耗（dB）			
	C 级	D 级	E 级	F 级
1	15.0	19.0	21.0	21.0
16	15.0	19.0	20.0	20.0
100	－	12.0	14.0	14.0
250	－	－	10.0	10.0
600	－	－	－	10.0

2 插入损耗（IL）：布线系统永久链路或 CP 链路每一线对的插入损耗值应符合表 B.0.5－3 的规定，并可参考表 B.0.5－4 所列的关键频率建议值。

表 B.0.5－3　**永久链路或 CP 链路插入损耗值**

级别	频率(MHz)	最大插入损耗(dB)①
A	f＝0.1	16.0
B	f＝0.1	5.5
	f＝1	5.8
C	1≤ f≤16	$0.9\times(3.32\sqrt{f})+3\times0.2$
D	1≤ f≤100	$(L/100)\times(1.9108\sqrt{f}+0.0222\times f+0.2/\sqrt{f})+n\times0.04\times\sqrt{f}$
E	1≤ f≤250	$(L/100)\times(1.82\sqrt{f}+0.0169\times f+0.25/\sqrt{f})+n\times0.02\times\sqrt{f}$
F	1≤ f≤600	$(L/100)\times(1.8\sqrt{f}+0.01\times f+0.2/\sqrt{f})+n\times0.02\times\sqrt{f}$

注：插入损耗(IL)计算值小于 4.0dB 时均按 4.0dB 考虑。

L＝LFC＋LcpY

LFC——固定电缆长度(m)；

LCP——CP 电缆长度(m)；

Y——CP 电缆衰减(dB/m)与固定水平电缆衰减(dB/m)比值；

n＝2 对于不包含 CP 点的永久链路的测试或仅测试 CP 链路；

n＝3 对于包含 CP 点的永久链路的测试。

表 B.0.5－4　**永久链路插入损耗建议值**

频率(MHz)	最小 NEXT(dB)					
	A 级	B 级	C 级	D 级	E 级	F 级
0.1	16.5	5.5	–	–	–	–
1	–	5.8	4.0	4.0	4.0	4.0
16	–	–	12.2	7.7	7.1	6.9
100	–	–	–	20.4	18.5	17.7
250	–	–	–	–	30.7	28.8
600	–	–	–	–	–	46.6

3 近端串音(NEXT)：布线系统永久链路或 CP 链路每一线对和布线两端的近端串音值应符合表 B.0.5－5 的规定，并可参考表 B.0.5－6 所列的关键频率建议值。

表 B.0.5-5　　永久链路或 CP 链路近端串音值

级别	频率(MHz)	最小 NEXT(dB)
A	f=0.1	27.0
B	0.1≤ f≤1	25-15lg( )
C	1≤ f≤16	40.1-15.8lg( )
D	1≤ f≤100	$-20\lg\left[10\frac{65.3-15\lg(f)}{-20}+10\frac{83-20\lg(f)}{-20}\right]$①
E	1≤ f≤250	$-20\lg\left[10\frac{74.3-15\lg(f)}{-20}+10\frac{94-20\lg(f)}{-20}\right]$②
F	1≤ f≤600	$-20\lg\left[10\frac{102.4-15\lg(f)}{-20}+10\frac{102.4-15\lg(f)}{-20}\right]$②

注:①NEXT 计算值大于 60.0dB 时均按 60.0dB 考虑。

②NEXT 计算值大于 65.0D.B 时均按 65.0DB 考虑。

表 B.0.5-6　　永久链路近端串音建议值

频率(MHz)	最小 NEXT(dB)					
	A 级	B 级	C 级	D 级	E 级	F 级
0.1	27.0	40.0	-	-	-	-
1	-	25.0	40.1	60.0	65.0	65.0
16	-	-	21.1	45.2	54.6	65.0
100	-	-	-	32.3	41.8	65.0
250	-	-	-	-	35.3	60.4
600	-	-	-	-	-	54.7

4 近端串音功率和(PSNEXT):只应用于布线系统的 D、E、F 级，布线系统永久链路或 CP 链路每一线对和布线两端的近端串音功率和值应符合表 B.0.5-7 的规定，并可参考表 B.0.5-8 所列的关键频率建议值。

表 B.0.5-7　　永久链路或 CP 链路近端串音功率和值

级别	频率(MHz)	最小 PSNEXT(dB)
D	1≤ f≤100	$-20\lg\left[10\frac{62.3-15\lg(f)}{-20}+10\frac{80-20\lg(f)}{-20}\right]$①
E	1≤ f≤250	$-20\lg\left[10\frac{72.3-15\lg(f)}{-20}+10\frac{90-20\lg(f)}{-20}\right]$②
F	1≤ f≤600	$-20\lg\left[10\frac{99.4-15\lg(f)}{-20}+10\frac{99.4-15\lg(f)}{-20}\right]$②

注:①PSNEXT 计算值大于 57.0dB 时均按 57.0dB 考虑。

②PSNEXT 计算值大于 62.0dB 时均按 52.0dB 考虑。

表 B.0.5-8　永久链路近端串音功率和参考值

频率（MHz）	最小 PSNEXT(dB)		
	D 级	E 级	F 级
1	57.0	62.0	62.0
16	42.2	52.2	62.0
100	29.3	39.3	62.0
250	–	32.7	57.4
600	–	–	51.7

5 线对与线对之间的衰减串音比(ACR)：只应用于布线系统的D、E、F 级，布线系统永久链路或 CP 链路每一线对和布线两端的 ACR 值可用以下计算公式进行计算，并可参考表 B.0.5-9 所列关键频率的 ACR 建议值。

线对 i 与线对 k 间 ACR 值的计算公式：

ACRik = NEXTik - Ilk(B.0.5-1)

式中，i——线对号；

k —线对号；

NEXTik —线对 i 与线对 k 间的近端串音；

ILk ——线对 k 的插入损耗。

表 B.0.5-9　永久链路 ACR 建议值

频率（MHz）	最小 ACR(dB)		
	D 级	E 级	F 级
1	56.0	61.0	61.0
16	37.5	47.5	58.1
100	11.9	23.3	47.3
250	–	4.7	31.6
600	–	–	8.1

6 ACR 功率和(PSACR)：布线系统永久链路或 CP 链路每一线对和布线两端的 PSACR 值可用以下计算公式进行计算，并可参考表 B.0.5-10 所列关键频率的 PSACR 建议值。

线对 k 的 PSACR 值计算公式：

PSACRk = PSNEXTk - Ilk(B.0.5-2)

式中，k——线对号；

PSNEXTk——线对 k 的近端串音功率和；

ILk——线对 k 的插入损耗。

表 B.0.5－10　　永久链路 PSACR 建议值

频率（MHz）	最小 PSACR(dB)		
	D 级	E 级	F 级
1	53.0	58.0	58.0
16	34.5	45.1	55.1
100	8.9	20.8	44.3
250	–	2.0	28.6
600	–	–	5.1

7 线对与线对之间等电平远端串音（ELFEXT）：只应用于布线系统的 D、E、F 级。布线系统永久链路或 CP 链路每一线对的等电平远端串音值应符合表 B.0.5－11 的规定，并可参考表 B.0.5－12 所列的关键频率建议值。

表 B.0.5－11　　永久链路或 CP 链路等电平远端串音值

级别	频率（MHz）	最小 ELFEXT(dB)①
D	1≤f≤100	$-20\lg\left[10^{\frac{63.8-20\lg(f)}{-20}}+n\times10^{\frac{75.1-20\lg(f)}{-20}}\right]$②
E	1≤f≤250	$-20\lg\left[10^{\frac{67.8-20\lg(f)}{-20}}+n\times10^{\frac{83.1-20\lg(f)}{-20}}\right]$③
F	1≤f≤600	$-20\lg\left[10^{\frac{94-20\lg(f)}{-20}}+n\times10^{\frac{90-15\lg(f)}{-20}}\right]$③

注：n－2 对于不包含 CP 点的永久链路的测试或仅测试 CP 链路；

n＝3 对于包含 CP 点的永久链路的测试。

①与测量的远端串音 FEXT 值对应的 ELFEXT 值若大于 70.0dB 则仅供参考。

②ELFEXT 计算值大于 60.0dB 时均按 60.0dB 考虑。

③ELFEXT 计算值大于 65.0dB 时均按 65.0dB 考虑。

表 B.0.5－12　　永久链路等电平远端串音建议值

频率（MHz）	最小 ELFEXT(dB)		
	D 级	E 级	F 级
1	58.6	64.2	65.0
16	34.5	40.1	59.3
100	18.6	24.2	46.0
250	–	16.2	39.2
600	–	–	32.6

8 等电平远端串音功率和(PSELFEXT):布线系统永久链路或 CP 链路每一线对的 PSELFEXT 值应符合表 B.0.5-13 的规定，并可参考表 B.0.5-14 所列的关键频率建议值。

表 B.0.5-13　永久链路或 CP 链路 PSELFEXT 值

级别	频率(MHz)	最小 PSELFEXT(dB)①
D	$1 \leqslant f \leqslant 100$	$-20\lg\left[10^{\frac{60.8-20\lg(f)}{-20}}+n\times10^{\frac{72.1-20\lg(f)}{-20}}\right]$ ②
E	$1 \leqslant f \leqslant 250$	$-20\lg\left[10^{\frac{64.8-20\lg(f)}{-20}}+n\times10^{\frac{80.1-20\lg(f)}{-20}}\right]$ ③
F	$1 \leqslant f \leqslant 600$	$-20\lg\left[10^{\frac{91-20\lg(f)}{-20}}+n\times10^{\frac{87-15\lg(f)}{-20}}\right]$ ③

注:n=2 对于不包含 CP 点的永久链路的测试或仅测试 CP 链路;

n=3 对于包含 CP 点的永久链路的测试。

①与测量的远端串音 FEXT 值对应的 ELFEXT 值若大于 70.0dB 则仅供参考。

②PSELFEXT 计算值大于 57.0dB 时均按 57.0dB 考虑。

③PSELFEXT 计算值大于 62.0dB 时均按 62.0dB 考虑。

表 B.0.5-14　永久链路 PSELFEXT 建议值

频率(MHz)	最小 PSELFEXT(dB)		
	D 级	E 级	F 级
1	55.6	61.2	62.0
16	31.5	37.1	56.3
100	15.6	21.2	43.0
250	-	13.2	36.2
600	-	-	29.6

9 直流(d.c.)环路电阻:布线系统永久链路或 CP 链路每一线对的直流环路电阻应符合表 B.0.5-15 的规定，并可参考表 B.0.5-16 所列的建议值。

表 B.0.5-15　永久链路或 CP 链路直流环路电阻值

级别	最大直流环路电阻(Ω)
A	530
B	140
C	34
D	(L/100)×22+n×0.4
E	(L/100)×22+n×0.4
F	(L/100)×22+n×0.4

注:L=LFC+LcpY

LFC——固定电缆长度(m);

LCP——CP 电缆长度(m);

Y — CP 电缆衰减(dB/m)与固定水平电缆衰减(dB/m)比值;

n=2 对于不包含 CP 点的永久链路的测试或仅测试 CP 链路;

n=3 对于包含 CP 点的永久链路的测试。

表 B.0.5－16　　永久链路直流环路电阻建议值

最大直流环路电阻(Ω)					
A 级	B 级	C 级	D 级	E 级	F 级
530	140	34	21	21	21

10 传播时延：布线系统永久链路或 CP 链路每一线对的传播时延应符合表 B.0.5－17 的规定并可参考表 B.0.5－18 所列的关键频率建议值。

表 B.0.5－17　　永久链路或 CP 链路传播时延值

级别	频率(MHz)	最大传播时延(us)
A	f＝0.1	19.400
B	0.1≤f≤1	4.400
C	1≤f≤16	$(L/100)\times(0.534+0.036/\sqrt{f})+n\times0.0025$
D	1≤f≤100	$(L/100)\times(0.534+0.036/\sqrt{f})+n\times0.0025$
E	1≤f≤250	$(L/100)\times(0.534+0.036A/\sqrt{f})+n\times0.0025$
F	1≤f≤600	$(L/100)\times(0.534+0.036/\sqrt{f})+n\times0.0025$

注：L＝LFC＋LCP

LFC——固定电缆长度(m)；

LCP——CP 电缆长度(m)；

n＝2 对于不包含 CP 点的永久链路的测试或仅测试 CP 链路；

n＝3 对于包含 CP 点的永久链路的测试。

表 B.0.5－18　　永久链路传播时延建议值

频率(MHz)	最大传播时延(us)					
	A 级	B 级	C 级	D 级	E 级	F 级
0.1	19.400	4.400	–	–	–	–
1	–	4.400	0.521	0.521	0.521	0.521
16	–	–	0.496	0.496	0.496	0.496
100	–	–	–	0.491	0.491	0.491
250	–	–	–	–	0.490	0.490
600	–	–	–	–	–	0.489

11 传播时延偏差：布线系统永久链路或 CP 链路所有线对间的传播时延偏差应符合表 B.0.5－19 的规定，并可参考表 B.0.5－20 所列的建议值。

表 B.0.5－19　**永久链路或 CP 链路传播时延偏差**

级别	频率(MHz)	最大时延偏差(us)
A	f =0.1	–
B	0.1≤f ≤1	–
C	1≤ f≤16	(L/100)×0.045＋n×0.00125
D	1≤ f≤100	(L/100)×0.045＋n×0.00125
E	1≤ f≤250	(L/100)×0.045＋n×0.00125
F	1≤ f≤600	(L/100)×0.025＋n×0.00125

注：L＝LFC＋LCP

LFC——固定电缆长度(m)；

LCP——CP 电缆长度(m)；

n＝2 对于不包含 CP 点的永久链路的测试或仅测试 CP 链路；

n＝3 对于包含 CP 点的永久链路的测试。

表 B.0.5－20　**永久链路传播时延偏差建议值**

等级	频率(MHz)	最大时延偏差(us)
A	f＝0.1	–
B	0.1≤ f≤1	–
C	1≤ f≤16	0.044①
D	1≤ f≤100	0.044①
E	1≤ f≤250	0.044①
F	1≤ f≤600	0.026②

注：① 0.044 为 0.9×0.045＋3×0.00125 计算结果。

② 0.026 为 0.9×0.025＋3×0.00125 计算结果。

B·0.6 所有电缆的链路和信道测试结果应有记录，记录在管理系统中并纳入文档管理。

附录 C 光纤链路测试方法

C.0.1 测试前应对所有的光连接器件进行清洗，并将测试接收器校准至零位。

C.0.2 测试应包括以下内容：

1 在施工前进行器材检验时，一般检查光纤的连通性，必要时宜采用光纤损耗测试仪（稳定光源和光功率计组合）对光纤链路的插入损耗和光纤长度进行测试。

2 对光纤链路（包括光纤.连接器件和熔接点）的衰减进行测试，同时测试光跳线的衰减值可作为设备连接光缆的衰减参考值，整个光纤信道的衰减值应符合设计要求。

C.0.3 测试应按图 C.0.3 进行连接。

1 在两端对光纤逐根进行双向（收与发）测试，连接方式见图 C.0.3。

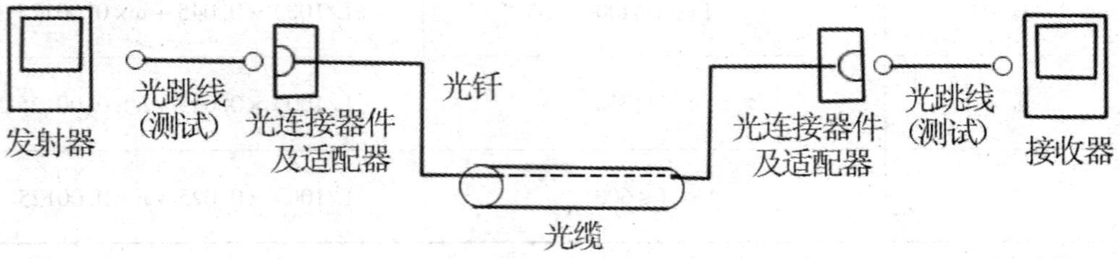

图 C.0.3　光纤链路测试连接（单蕊）

注：光连接器件可以为工作区 TO、电信间 FD、设备间 BD、CD 的 SC、ST、SFF 连接器件。

2 光缆可以为水平光缆、建筑物主干光缆和建筑群主干光缆。

3 光纤链路中不包括光跳线在内。

C.0.4 布线系统所采用光纤的性能指标及光纤信道指标应符合设计要求。不同类型的光缆在标称的波长，每公里的最大衰减值应符合表 C.0.4 的规定。

表 C.0.4　光缆衰减

最大光缆衰减（dB/km）				
项目	· M1，· M2 及 · M3 多模		· S1 单模	
波长	850nm	1300nm	1310nm	1550nm
衰减	3.5	1.5	1.0	1.0

C.0.5 光缆布线信道在规定的传输窗口测量出的最大光衰减（介入损耗）应不超过表 C.0.5 的规定，该指标已包括接头与连接插座的衰减在内。

表 C.0.5　光缆信道衰减范围

级别	最大信道衰减（dB）			
	单模		多模	
	1310nm	1550nm	850nm	1300nm
· F－300	1.80	1.80	2.55	1.95
· F－500	2.00	2.00	3.25	2.25
· F－2000	3.50	3.50	8.50	4.50

注：每个连接处的衰减值最大为 1.5dB。

C·0.6 光纤链路的插入损耗极限值可用以下公式计算：

光纤链路损耗 = 光纤损耗 + 连接器件损耗 + 光纤连接点损耗（C.0.6－1）

光纤损耗 = 光纤损耗系数（dB/km）×光纤长度（km）（C.0.6－2）

连接器件损耗 = 连接器件损耗/个×连接器件个数（C.0.6－3）

光纤连接点损耗 = 光纤连接点损耗/个×光纤连接点个数（C.0.6－4）

表 C.0.6　　光纤链路损耗参考值

种类	工作波长（nm）	衰减系数（dB/km）
多模光纤	850	3.5
多模光纤	1300	1.5
单模室外光纤	1310	0.5
单模室外光纤	1550	0.5
单模室内光纤	1310	1.0
单模室内光纤	1550	1.0
连接器件衰减	0.75dB	
光纤连接点衰减	0.3dB	

C·0·7 所有光纤链路测试结果应有记录，记录在管理系统中并纳入文档管理。

附录 D　综合布线工程管理系统验收内容

D.0.1 综合布线系统工程的技术管理涉及综合布线系统的工作区、电信间、设备间、进线间、入口设施、缆线管道与传输介质、配线连接器件及接地等各方面，根据布线系统的复杂程度分为以下 4 级：

1 一级管理：针对单一电信间或设备间的系统。

2 二级管理：针对同一建筑物内多个电信间或设备间的系统。

3 三级管理：针对同一建筑群内多栋建筑物的系统，包括建筑物内部及外部系统。

4 四级管理：针对多个建筑群的系统。

5 管理系统的设计应使系统可在无需改变已有标识符和标签的情况下升级和扩充。

D·0·2 综合布线系统应在需要管理的各个部位设置标签，分配由不同长度的编码和数字组成的标识符，以表示相关的管理信息。

1. 标识符可由数字、英文字母、汉语拼音或其他字符组成，布线系统内各同类型的器件与缆线的标识符应具有同样特征（相同数量的字母和数字等）。

2. 标签的选用应符合以下要求：

⑴选用粘贴型标签时，缆线应采用环套型标签，标签在缆线上至少应缠绕一圈或一圈半，配线设备和其他设施应采用扁平型标签；

⑵ 标签衬底应耐用，可适应各种恶劣环境；不可将民用标签应用于综合布线工程；插入型标签应设置在明显位置、固定牢固；

⑶不同颜色的配线设备之间应采用相应的跳线进行连接，色标的规定及应用场合宜符合下列要求（图 D.0.2）：

(1)橙色——用于分界点，连接入口设施与外部网络的配线设备。

(2)绿色——用于建筑物分界点，连接入口设施与建筑群的配线设备。

(3)紫色——用于与信息通信设施(PBX、计算机网络、传输等设备)连接的配线设备。

(4)白色——用于连接建筑物内主干缆线的配线设备(一级主干)。

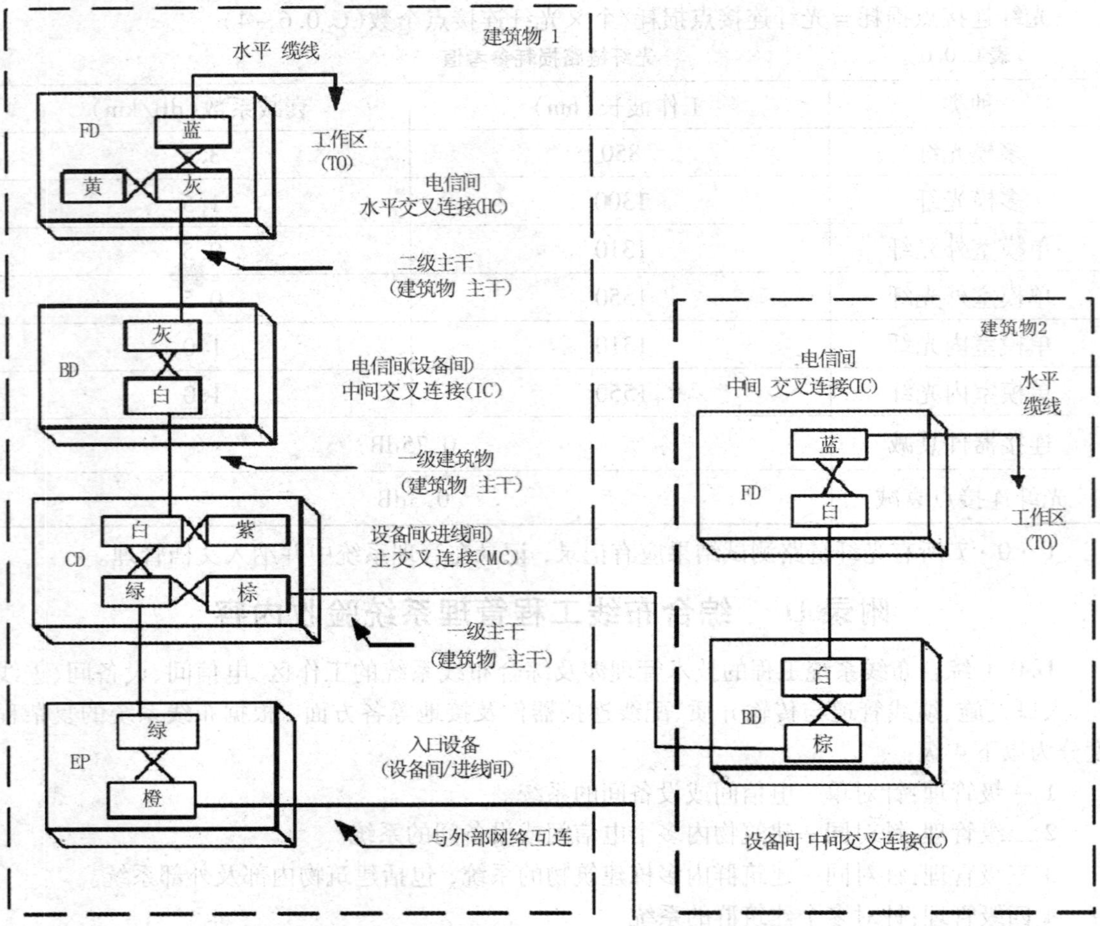

图 D.0.2　色标应用位置适宜

(5)灰色——用于连接建筑物内主干缆线的配线设备(二级主干)。

(6)棕色——用于连接建筑群主干缆线的配线设备。

(7)蓝色——用于连接水平缆线的配线设备。

(8)黄色——用于报警、安全等其他线路。

(9)红色——预留备用。

4. 系统中所使用的区分不同服务的色标应保持一致，对于不同性能缆线级别所连接的配线设备，可用加强颜色或适当的标记加以区分。

D.0.3 记录信息包括所需信息和任选信息，各部位相互间接口信息应统一。

1. 管线记录包括管道的标识符、类型、填充率、接地等内容。

2. 缆线记录包括缆线标识符、缆线类型、连接状态、线对连接位置、缆线占用管道类型、缆线长度、接地等内容。

3. 连接器件及连接位置记录包括相应标识符、安装场地、连接器件类型、连接器件位置、连接方式、接地等内容。

4. 接地记录包括接地体与接地导线标识符、接地电阻值、接地导线类型、接地体安装位置、接地体与接地导线连接状态、导线长度、接地体测量日期等内容。

D.0.4 报告可由一组记录或多组连续信息组成，以不同格式介绍记录中的信息。报告应包括相应记录、补充信息和其他信息等内容。

D.0.5 综合布线系统工程竣工图纸应包括说明及设计系统图、反映各部分设备安装情况的施工图。竣工图纸应表示以下内容：

1. 安装场地和布线管道的位置、尺寸、标识符等。

2. 设备间、电信间、进线间等安装场地的平面图或剖面图及信息插座模块安装位置。

3. 缆线布放路径、弯曲半径、孔洞、连接方法及尺寸等。

附录 E　测试项目和技术指标含义

E·0·1 综合布线系统对绞线永久链路或信道测试项目及技术指标的含义如下：

1. 接线图：测试布线链路有无终接错误的一项基本检查，测试的接线图显示出所测每条 8 芯电缆与配线模块接线端子的连接实际状态。

2. 衰减：由于绝缘损耗、阻抗不匹配、连接电阻等因素，信号沿链路传输损失的能量为衰减。

传输衰减主要测试传输信号在每个线对两端间传输损耗值及同一条电缆内所有线对中最差线对的衰减量，相对于所允许的最大衰减值的差值。

3. 近端串音(NEXT)：近端串扰值(dB)和导致该串扰的发送信号(参考值定为0)之差值为近端串扰损耗。

在一条链路中处于线缆一侧的某发送线对，对于同侧的其他相邻(接收)线对通过电磁感应所造成的信号耦合(由发射机在近端传送信号，在相邻线对近端测出的不良信号耦合)为近端串扰。

4. 近端串音功率和(PSNEXT)：在 4 对对绞电缆一侧测量 3 个相邻线对对某线对近端串扰总和(所有近端干扰信号同时工作时，在接收线对上形成的组合串扰)。

5. 衰减串音比值(ACR)：在受相邻发送信号线对串扰的线对上，其串扰损耗(NEXT)与本线对传输信号衰减值(A)的差值。

6. 等电平远端串音(ELFEXT)：某线对上远端串扰损耗与该线路传输信号衰减的差值。

从链路或信道近端线缆的一个线对发送信号，经过线路衰减从链路远端干扰相邻接收线对(由发射机在远端传送信号，在相邻线对近端测出的不良信号耦合)为远端串音(FEXT)。

7. 等电平远端串音功率和(PSELFEXT)：在 4 对对绞电缆一侧测量 3 个相邻线对对某线对远端串扰总和(所有远端干扰信号同时工作，在接收线对上形成的组合串扰)。

8 回波损耗(RL)：由于链路或信道特性阻抗偏离标准值导致功率反射而引起(布线系统中阻抗不匹配产生的反射能量)。由输出线对的信号幅度和该线对所构成的链路上反射回来的信号幅度的差值导出。

9. 传播时延:信号从链路或信道一端传播到另一端所需的时间。

10. 传播时延偏差:以同一缆线中信号传播时延最小的线对作为参考,其余线对与参考线对时延差值(最快线对与最慢线对信号传输时延的差值)。

11. 插入损耗:发射机与接受机之间插入电缆或元器件产生的信号损耗。通常指衰减。

GB50312-2007 综合布线工程验收规范条文说明

1. 总则

1.0.1 综合布线系统在建筑与建筑群的建设中,得到了广泛应用。但是如果工程存在施工质量问题,将给通信网络和计算机网络造成潜在的隐患,影响信息的传送。因此制定本规范,为综合布线系统工程的质量检测和验收提供判断是否合格的标准,提出切实可行的验收要求,从而起到确保综合布线系统工程质量的作用。

1.0.5 本规范规定了综合布线系统工程的验收测试形式,其中自检测试由施工单位进行,主要验证布线系统的连通性和终接的正确性;竣工验收测试则由测试部门根据工程的类别,按布线系统标准规定的连接方式完成性能指标参数的测试。

1.0.6 本规范应与现行国家标准《综合布线系统工程设计规范》GB50311 配套使用,此外,综合布线系统工程验收还涉及其他标准规范,如:《智能建筑工程质量验收规范》GB50339、《建筑电气工程施工质量验收规范》GB50303、《通信管道工程施工及验收技术规范》GB50374 等。

工程技术文件、承包合同文件要求采用国际标准时,应按要求采用适用的国际标准,但不应低于本规范规定。以下国际标准可供参考:

《用户建筑综合布线》IS·/IEC11801;

《商业建筑电信布线标准))EIA/TIA568;

《商业建筑电信布线安装标准))EIA/TIA569;

《商业建筑通信基础结构管理规范》EIA/TIA606;

《商业建筑通信接地要求》EIA/TIA607;

《信息系统通用布线标准》EN50173;

《信息系统布线安装标准|EN50174。

2. 环境检查

2.0.1 本规范只对综合布线系统的安装环境检查提出规定。如果电信间安装有源设备(集线器、局域网交换机等)、设备间安装计算机主机、电话交换机、传输等设备时,建筑物的环境条件应按上述系统设备的安装工艺设计要求进行检查。

电信间、设备间安装设备所需要的交流供电系统和接地装置及预埋的暗管、线槽应由工艺设计提出要求,在土建工程中实施;设备的直流供电系统及 UPS 供电系统应另立项目实施,并按各系统要求进行工艺设计。设备供电系统均按工艺设计要求进行验收。

2.0.2 本规范只对建筑物涉及综合布线系统的进线间及入口设施检查提出规定。进线间的设置、引入管道和孔洞的封堵、引入缆线的排列布放等应按照现行国家标准《通信管道工程施工及验收技术规范》GB50374 等相关国家标准和行业规范进行检查。

3. 器材及测试仪表工具检查

3.0.1 本条对器材检验的一般要求做出了规定。

1. 器材应具备的质量文件或证书包括产品合格证(质量合格证或出厂合格证)、国家指定的检测单位出具的检验报告或认证标志、认证证书、质量保证书等。工程具体要求可由建设单位、工程监理部门、施工单位、生产厂家等共同商讨确定。

3.0.3 本条对缆线的检验要求做出了规定。

2. 缆线识别标记包括缆线标志和标签。

缆线标志:在缆线的护套上以不大于lm的间隔印有生产厂厂名或代号，缆线型号及生产年份。以lm的间距印有以m为单位的长度标志。

标签:应在每根成品缆线所附的标签或在产品的包装外给出下列信息:

制造厂名及商标;电缆型号;电缆长度(m);毛重(kg);出厂编号;制造日期。

4. 电气性能抽验可使用现场电缆测试仪对电缆长度、衰减、近端串音等技术指标进行测试。

应从本批量对绞电缆中的任意三盘中各截出90m长度，加上工程中所选用的连接器件按永久链路测试模型进行抽样测试。如按照信道连接模型进行抽样测试，则电缆和跳线总长度为100m。

另外从本批量电缆配盘中任意抽取三盘进行电缆长度的核准。

5. 作为抽测，光纤链路通常可以使用可视故障定位仪进行连通性的测试，一般可达3～5km。故障定位仪也可与光时域反射仪(·TDR)配合检查故障点。光缆外包装受损时也可用相应的光缆测试仪对每根光缆按光纤链路进行衰减和长度测试。

3.0.6 本条对测试仪表和工具的检验做出了规定

1. 相应检测机构的证明文件可包括:国际和国内检测机构的认证书、产品合格证及计量证书等。

2. 测试仪表应能测试3类、5类(包含5e类)、6类、7类及光纤布线工程的各种电气性能与光纤传输性能。

3.0.7 由于屏蔽布线系统的屏蔽效果与系统投入运行后的各系统设备配置、建筑物内外电磁干扰环境变化等因素密切相关，并且现场测试仪仅能对屏蔽电缆屏蔽层两端做导通测试，目前尚无有效的现场检测手段对屏蔽效果的其他技术参数(如耦合衰减值等)进行测试，因此，应根据相关标准或生产厂家提供的技术参数进行对比验收。

5. 缆线的敷设和保护方式检验

5.1 缆线的敷设

5.1.1 本条规定了缆线敷设的一般要求。

综合布线子系统与建筑物内缆线敷设通道对应关系如下:

配线子系统对应于水平缆线通道;

干线子系统对应于主干缆线通道，电信间之间的缆线通道，电信间与设备间、电信间及设备间与进线间之间的缆线通道;

建筑群子系统对应于建筑物间缆线通道。

对建筑物内缆线通道较为拥挤的部位，综合布线系统与大楼弱电系统各子系统合用一个金属线槽布放缆线时，各子系统的线束间应用金属板隔开。一般情况下，各子系统的缆线应布放在各自的金属线槽中，金属线槽应可靠就近接地。各系统缆线间距应符合设计要求。

5. 缆线预留长度按照电信间、设备间内安装的机架数量以及在同一架内、不同架间进行终接和变更的需要进行预留。

5.1.2 本条规定了在暗管中布放不同缆线时，对于管径和截面利用率的要求，并可用以下的公式进行计算。

穿放线缆的暗管管径利用率的计算公式：

管径利用率 = d/D(1)

式中，d——缆线的外径；

D——管道的内径。

穿放缆线的暗管截面利用率的计算公式：

截面利用率 = A1/A(2)

式中，A——管子的内截面积；

A1——穿在管子内缆线的总截面积(包括导线的绝缘层的截面)。

在暗管中布放的电缆为屏蔽电缆(具有总屏蔽和线对屏蔽层)或扁平型缆线(可为2根非屏蔽4对对绞电缆或2根屏蔽4对对绞电缆组合及其他类型的组合)；主干电缆为25对及以上，主干光缆为12芯及以上时，宜采用管径利用率进行计算，选用合适规格的暗管。

在暗管中布放的对绞电缆采用非屏蔽或总屏蔽4对对绞电缆及4芯以下光缆时，为了保证线对扭绞状态，避免缆线受到挤压，宜采用管截面利用率公式进行计算，选用合适规格的暗管。

5.1.3 本条规定了在电缆桥架和线槽中敷设缆线时的要求。

3 为减少缆间串扰，6类4对对绞电缆可采用电缆桥架和线槽中顺直绑扎或随意布放。针对“十”字、“一”字等不同骨架结构的6类4对对绞电缆，其布放要求不同，具体布放方式宜根据生产厂家的要求确定。

5.1.5 建筑群区域内综合布线系统电、光缆与各种设施之间的间距要求按国家现行标准《本地网通信线路工程验收规范》YD5051中的相关规定执行。

5.2 保护措施

5.2.1 本条规定了水平子系统缆线敷设的保护要求。

3. 根据现行国家标准《建筑电气工程施工质量验收规范》GB50303相关规定，直线段钢制桥架长度超过30m、铝合金或玻璃钢制桥架长度超过15m设有伸缩节；电缆桥架跨越建筑物变形缝处设置补偿装置。

7. 工程电气测试

7.0.1 本规范参照《用户建筑综合布线》IS·/IEC11801标准要求，提出综合布线系统工程电气性能测试项目(参见附录A~附录C)，可以根据工程的具体情况、用户的要求、现场测试仪表的功能及施工现场所具备的条件进行各项指标参数的测试，并做好记录。

本规范主要体现5e类和6类布线内容，现有的工程中3类、5类布线除了支持语音主干电缆的应用外，在水平子系统已基本不采用。但原有的3类、5类布线工程在扩容或整改时，仍需加以检测，应按照本规范相关要求及《商业建筑电信布线标准》TIA/EIA568A、TSB67要求进行。

大对数主干电缆（一般为3类或5类）及所连接的配线模块可按链路的连接方式进行4对线线对长度、接线图、衰减的测试，其近端串音指标测试结果不得低于3类、5类4对对绞电缆布线系统所规定的数值。

综合布线系统只有在投入实际运行环境时，方能检验其电磁特性是否符合电磁兼容标准。网络的电磁特性要受到布线系统的平衡和/或屏蔽参数的影响，对于其特性要求和测试方法，国际上正在制定相关的标准和规定，目前不具备现场测试条件。

7.0.2 参照光缆系统相关测试标准规定，光纤链路测试分为等级1和等级2。等级1要求光纤链路都应测试衰减（插入损耗）、长度及极性。等级1测试使用光缆损失测试器·LTS（为光源与光功率计的组合）测量每条光纤链路的插入损耗及计算光纤长度，使用·LTS或可视故障定位仪验证光纤的极性。等级2除了包括等级1的测试内容，还包括对每条光纤做出·TDR曲线。等级2测试是可选的。

光纤现场测试仪应根据网络的应用情况，选用相应的光源（LED、VCSEL、LASER）和光功率计或光时域反射仪（·TDR）。测试所选光源应与网络应用相一致，光源可以从表1内容中加以选用。

表1 常见光源比较

光源类型	工作波长（nm）	光纤类型	带宽	元器件	价格
LED	850	多模	>200MHz	简单	便宜
VCSEL	850 多模	>5GHz	适中	适中	
LASER	850、1310、1550	单模	>1GHz	复杂	昂贵

附录三 RJ45 设备、插头的打线标准及常见故障处理方法

打线标准:关于连接的标准有两个，如下图:

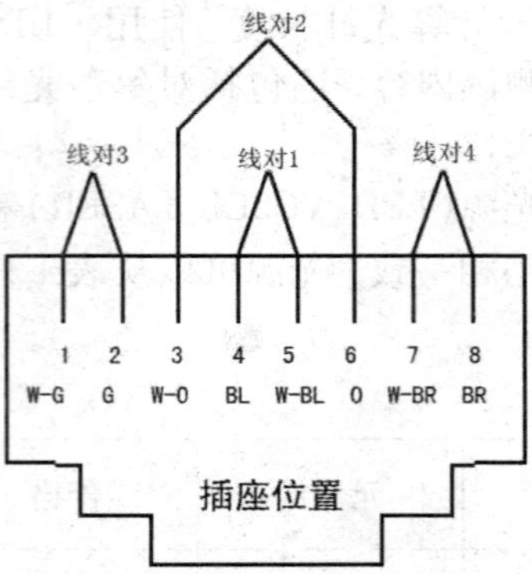

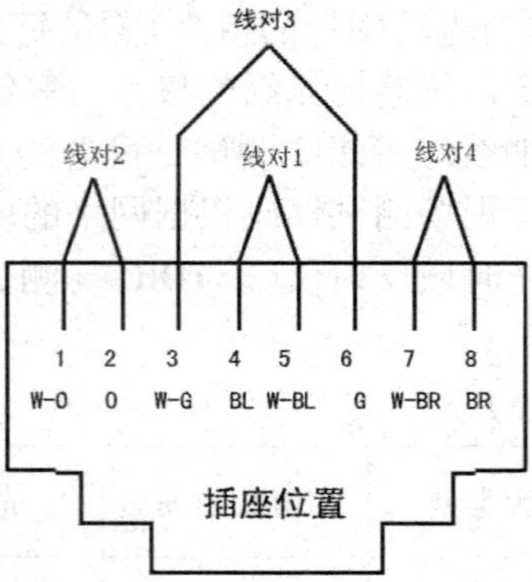

注意事项:

1. T568A/T568B 二者没有本质的区别，只是颜色上的区别

2. 本质的问题是要保证:

·1,2 线对是一个绕对 3,6 线对是一个绕对

·4,5 线对是一个绕对 7,8 线对是一个绕对

3. 不要在电缆一端用 T568A，另一端用 T568B。T568A/T568B 的混用是跨接线的特殊接线方法，在网络布线工程中使用打线方法比较多的是 T568B。

常见错误和处理方法:

开路:其中一头未接触。A. 重新压紧。B. 剪掉再做。

短路:双绞线在布线过程中或在装修中损坏。换线或重新布线(不常见)。

反接:(一对线中的两根交叉了，如 1 对应 2，2 对应 1)。

跨接:如 1.2 对应 3.6。造成这种错误的原因主要有两个。一是双绞线的一端使用了 T568A 标准，而双绞线的另一端使用了 T568B 标准。二是在网络的实际应用中，有时需要使用这种跨接线。

串绕:通常造成这种结果的原因是 1、2 为一对，3、4 为一对，5、6 为一对，7、8 为一对。而网络进行通讯时使用 1、2 和 3、6，而不是 3、4。最大危害是会产生很大的近端串扰。它不会造成网络不通，而是使网络运行速度很慢，时通时断。它属于软故障，当网络运行后检查起来很麻烦。

附录四　使用充电式电钻/起子的注意事项

1. 电钻属于高速旋转工具，600 转/分钟，必须谨慎使用，保护人身的安全。

2. 禁止使用电钻在工作台、实验设备上打孔。

3. 禁止使用电钻玩耍或者开玩笑。

4. 首次使用电钻时，必须阅读说明书，并且在老师指导下进行。

5. 装卸劈头或者钻头时，必须注意旋转方向开关。逆时针方向旋转卸钻头，顺时针方向旋转拧紧钻头或者劈头。

将钻头装进卡盘时，请适当地旋紧套筒。如不将套筒旋紧的话，钻头将会滑动或脱落，从而引起人体受伤事故。

6. 请勿连续使用充电器。每充完一次电后，需等 15 分钟左右让电池降低温度后再进行第二次充电。每个电钻配有两块电池，一块使用，一块充电，轮流使用。

7. 电池充电不可超过 1 小时。大约 1 小时，电池即可完全充电。因此，应立即将充电器电源插头从交流电插座中拔出。观察充电器指示灯，红灯正在充电。

8. 切勿使电池短路。电池短路时，会造成很大的电流和过热，从而烧坏电池。

9. 在墙壁、地板或天花板上钻孔时，请检查这些地方，确认没有暗埋的电线和钢管等东西。

10. 常见规格和技术参数：

<table>
<tr><td colspan="3">无负荷状态下的速度</td><td>600/分</td></tr>
<tr><td rowspan="3">能力</td><td rowspan="2">钻孔</td><td>木材</td><td>10 毫米</td></tr>
<tr><td>金属</td><td>钢、铝:10 毫米</td></tr>
<tr><td>驱动</td><td>木螺丝</td><td>4、5 毫米(直径)20 毫米(长)</td></tr>
</table>

11. 常见装箱单

<table>
<tr><td>名称</td><td>数量</td><td>名称</td><td>数量</td></tr>
<tr><td>电动钻</td><td>1 把</td><td>钻头</td><td>10 个</td></tr>
<tr><td>充电器</td><td>1 个</td><td>电压</td><td>7、2 伏</td></tr>
<tr><td>充电池</td><td>2 块</td><td colspan="2">充电约 1 个小时</td></tr>
</table>

参考文献

[1] 中华人民共和国国家标准:GB50311 -2007《综合布线系统工程设计规范》

[2] 中华人民共和国国家标准:GB50312 -2007《综合布线系统工程验收规范》

[3] 黎连业:《网络综合布线系统与施工技术》, 第3版机械工业出版社, 2007年5月

[4] 丁龙刚、王高亮:《综合布线与弱电工程》, 机械工业出版社, 2007年7月

[5] 王庆建:《综合布线与网络构建应用技术》, 机械工业出版社, 2007年4月

[6] 杜思深、刘晓琪、柳渊:《综合布线》, 清华大学出版, 2006年1月

[7] 邓文达 、邓宁 、肖立英:《网络工程与综合布线》, 清华大学出版社, 2007年6月

[8] 刘晓辉、杨卫东:《综合布线与组网工程》, 科学出版社, 2005年11月

[9] 程控、金文光:《综合布线系统工程》, 清华大学出版社 2005年4月

[10] 郝文化:《网络综合布线设计与案例》, 电子工业出版社 2005年2月

[11] 褚建立、刘彦舫:《网络综合布线实用技术》, 清华大学出版社, 2004年10月

[12] 黎连业、及延辉:《网络综合布线基础教程》, 机械工业出版社 2005年4月

[13] 郝文化:《网络综合布线实用教程》, 机械工业出版社 2005年1月

[14] 彭祖林、谢晓竹、张晗 :《网络系统集成需求分析与方案设计》, 国防工业出版社 2004年6月

[15] 美国思科公司、思科网络技术学院 李志、左大全:《思科网络技术学院教程——语音与数据布线基础》, 人民邮电出版社 2005年3月

[16] 彭祖林、梅林、叶超 :《网络系统集成工程项目投标与施工》, 国防工业出版社

[17] 李京宁、张莘、李法春 :《网络综合布线》, 机械工业出版社, 2004年7月

[18] (美) DAVID BARNETT/DAVID GR · TH/JIM MCBEE 王军等:《网络布线从入门到精通(第三版)》, 电子工业出版社, 2005年1月